高等学校土建类专业实践性教学系列指导书

U0956761

土木工程类专业实习指导

主　编　于明鑫　张　姝
副主编　曲　萍　汪婷婷　崔　旭　王志博

武汉理工大学出版社
·武　汉·

内 容 简 介

本书详细描述了土木工程类专业实习的相关内容，涵盖"现场施工岗位实习指导"、"现场安全管理岗位实习指导"和"材料管理岗位实习指导"三部分内容，与土木工程领域一线岗位的具体要求紧密结合。本书主要内容包括专业实习的相关介绍和组织安排，工程测量施工，土石方工程，基坑工程，地基与桩基工程，模板工程，钢筋工程，混凝土工程，钢结构工程，幕墙工程，砌体工程，现场安全生产管理，建筑施工现场基础设施、常用设备安全布置，脚手架搭设安全文明施工，钢筋混凝土工程安全文明施工，材料的现场管理，建筑材料的验收，材料的储存保管和使用管理制度等内容。

本书内容介绍详细，条理清晰，适用于各类院校土木工程类专业学生的实习指导，同时也可为相关工程技术人员的具体工作提供参考依据。

图书在版编目(CIP)数据

土木工程类专业实习指导 / 于明鑫，张姝主编. -- 武汉 ：武汉理工大学出版社，2024. 5. -- ISBN 978-7-5629-7072-9

Ⅰ. TU-45

中国国家版本馆 CIP 数据核字第 20245D9W38 号

项目负责人：王利永(027-87290908)
责 任 编 辑：张明华
责 任 校 对：王　威
版 式 设 计：正风图文
出 版 发 行：武汉理工大学出版社
地　　　址：武汉市洪山区珞狮路 122 号
邮　　　编：430070
网　　　址：http：//www. wutp. com. cn
经　　　销：各地新华书店
印　　　刷：武汉市籍缘印刷厂
开　　　本：787 × 1092　1/16
印　　　张：17
字　　　数：423 千字
版　　　次：2024 年 5 月第 1 版
印　　　次：2024 年 5 月第 1 次印刷
定　　　价：48.00 元

凡购本书，如有缺页、倒页、脱页等印装质量问题，请向出版社发行部调换。
本社购书热线电话：027-87523148　027-87391631　027-87165708(传真)
·版权所有，盗版必究·

前　言

专业实习是高校土木类相关专业实践教学的重要环节之一，是理论联系实际的重要途径，是教学过程中综合性、实践性的训练，是保证实现人才培养目标、保证学生达到毕业要求的重要环节。规范和加强专业实习教学指导，能够维护学生、学校和实习单位的合法权益，提高应用型人才培养质量，增强学生的社会责任感，培养学生的创新精神，提高学生的实践能力，更好地服务产业转型升级。

沈阳城市建设学院面向建筑产业，以建筑与土木专业集群为主体，开设土木工程、道路桥梁与渡河工程、智能建造、安全工程、测绘工程、无机非金属材料工程等土木类相关专业，紧紧围绕区域经济社会发展和人才市场需求，具有鲜明的行业优势和特色。

本书主要编写人员均为沈阳城市建设学院专任教师，本书内容基于编写人员长期的教学实践工作总结，是指导学生完成实习任务的必备知识。本书面向工程一线，内容涵盖“现场施工岗位实习指导”、“现场安全管理岗位实习指导”和“材料管理岗位实习指导”，与岗位一线的具体要求紧密结合，充分体现了沈阳城市建设学院“五实”教育中的“按着真实岗位训”的要求。

本书由沈阳城市建设学院土木工程学院、大连金广建设集团和中天建设集团校企合作，共同组织编写。沈阳城市建设学院于明鑫、张姝担任主编，曲萍、汪婷婷、崔旭、王志博担任副主编。具体编写分工如下：沈阳城市建设学院于明鑫负责第 1、2 章的编写，沈阳城市建设学院曲萍负责第 3、4 章和第 7 至 11 章的编写，沈阳城市建设学院崔旭负责第 5、6 章和第 12 章的编写，沈阳城市建设学院汪婷婷负责第 13 至 16 章的编写，沈阳城市建设学院张姝负责第 17 至 19 章的编写。大连金广建设集团和中天建设集团相关人员提供了大量工程素材，并参与了教材内容的优化与改进。全书由于明鑫负责最终的统稿工作。

本书在编写过程中参考了许多相关的教材和有关论著，限于篇幅不便一一注明，在此特向在本书中引用和参考的教材、专著等的编者和作者表示诚挚的谢意。

本书虽经几次修改，但编者能力有限，不足之处在所难免，敬请读者批评并指正！

编　者

2024 年 5 月

目　　录

1　绪论 ………………………………………………………………………… (1)
　1.1　土木类专业实习的目的和意义 ……………………………………… (1)
　1.2　土木类专业实习的内容 ……………………………………………… (1)
　1.3　土木类专业实习的组织 ……………………………………………… (2)

2　土木类专业实习的特点 …………………………………………………… (5)
　2.1　建筑产品的特殊性 …………………………………………………… (5)
　2.2　土木工程的技术经济特点 …………………………………………… (5)
　2.3　建筑工程施工企业的类型 …………………………………………… (7)

3　工程测量施工 ……………………………………………………………… (9)
　3.1　施工测量前期准备工作 ……………………………………………… (9)
　3.2　测量仪器及其检校 …………………………………………………… (10)
　3.3　测设的基本方法 ……………………………………………………… (11)
　3.4　建筑施工场地测量 …………………………………………………… (13)
　3.5　建筑施工期间的变形测量 …………………………………………… (14)

4　土石方工程 ………………………………………………………………… (16)
　4.1　工程场地平整及土方量计算 ………………………………………… (16)
　4.2　土石方开挖及运输 …………………………………………………… (22)
　4.3　土石方爆破技术 ……………………………………………………… (25)

5　基坑工程 …………………………………………………………………… (28)
　5.1　基坑工程勘察 ………………………………………………………… (28)
　5.2　基坑支护结构类型和选型 …………………………………………… (32)
　5.3　常见基坑支护结构施工方法 ………………………………………… (38)
　5.4　基坑工程施工监测 …………………………………………………… (46)

6 地基与桩基工程 ……………………………………………………… (53)
6.1 地基处理技术 …………………………………………………… (53)
6.2 桩基施工技术 …………………………………………………… (68)

7 模板工程 ……………………………………………………………… (79)
7.1 常见模板形式 …………………………………………………… (79)
7.2 混凝土模板设计 ………………………………………………… (79)
7.3 模板安装及拆除 ………………………………………………… (80)
7.4 模板工程施工质量及验收要求 ………………………………… (81)

8 钢筋工程 ……………………………………………………………… (83)
8.1 钢筋配料及代换 ………………………………………………… (83)
8.2 钢筋加工 ………………………………………………………… (84)
8.3 钢筋的连接 ……………………………………………………… (85)
8.4 钢筋安装 ………………………………………………………… (85)

9 混凝土工程 …………………………………………………………… (87)
9.1 混凝土的配合比 ………………………………………………… (87)
9.2 混凝土的搅拌与运输 …………………………………………… (88)
9.3 混凝土的浇筑和振捣 …………………………………………… (89)
9.4 混凝土的养护 …………………………………………………… (90)
9.5 混凝土施工缝及后浇带 ………………………………………… (90)
9.6 现浇混凝土结构质量检查 ……………………………………… (91)
9.7 混凝土缺陷修整 ………………………………………………… (92)

10 钢结构工程 …………………………………………………………… (95)
10.1 钢结构制作、运输、堆放 ………………………………………… (95)
10.2 钢结构安装 ……………………………………………………… (97)
10.3 钢结构的连接 …………………………………………………… (102)
10.4 钢结构防火涂装 ………………………………………………… (106)
10.5 钢结构施工质量控制 …………………………………………… (107)
10.6 安全防护措施 …………………………………………………… (109)

11 幕墙工程 ……………………………………………………………… (110)
11.1 玻璃幕墙 ………………………………………………………… (110)
11.2 金属幕墙 ………………………………………………………… (114)

11.3 人造板材幕墙 …………………………………………………… (114)
11.4 幕墙相关要求 …………………………………………………… (115)

12 砌体工程 …………………………………………………… (118)
12.1 砖砌体工程 …………………………………………………… (118)
12.2 配筋砌体工程 …………………………………………………… (121)
12.3 填充墙砌体工程 …………………………………………………… (127)
12.4 砌体工程质量控制 …………………………………………………… (131)

13 现场安全生产管理 …………………………………………………… (137)
13.1 安全管理目标 …………………………………………………… (137)
13.2 安全生产组织与责任体系 …………………………………………………… (137)
13.3 安全生产管理制度 …………………………………………………… (140)
13.4 安全生产教育培训 …………………………………………………… (142)
13.5 安全生产费用管理 …………………………………………………… (147)

14 建筑施工现场基础设施、常用设备安全布置 …………………………………………………… (149)
14.1 施工现场基础配套设施的布置 …………………………………………………… (149)
14.2 施工现场临时建筑以及设施的布置 …………………………………………………… (153)
14.3 土石方施工常用机械安全文明操作 …………………………………………………… (155)
14.4 起重机及垂直运输机械安全文明操作 …………………………………………………… (163)
14.5 焊接施工常用机械安全文明操作 …………………………………………………… (172)
14.6 钢筋加工施工常用机械安全文明操作 …………………………………………………… (176)

15 脚手架搭设安全文明施工 …………………………………………………… (179)
15.1 落地式脚手架搭设安全文明施工 …………………………………………………… (179)
15.2 非落地式脚手架搭设安全文明施工 …………………………………………………… (183)
15.3 脚手架安全文明施工操作技术要求 …………………………………………………… (189)

16 钢筋混凝土工程安全文明施工 …………………………………………………… (192)
16.1 钢筋工程施工安全文明操作 …………………………………………………… (192)
16.2 模板工程施工安全文明操作 …………………………………………………… (195)
16.3 混凝土工程施工安全文明操作 …………………………………………………… (200)
16.4 砌筑工程安全文明操作 …………………………………………………… (204)

17　材料的现场管理 …… (207)
17.1　现场材料管理 …… (207)
17.2　现场材料管理的原则和任务 …… (208)
17.3　现场材料管理的内容 …… (210)
17.4　建设工程材料质量监督管理制度 …… (210)
17.5　材料员的职责 …… (211)

18　建筑材料的验收 …… (214)
18.1　材料的进场验收和复验 …… (214)
18.2　常用建筑材料进场验收 …… (216)

19　材料的储存保管和使用管理制度 …… (253)
19.1　材料的储存保管 …… (253)
19.2　材料发放 …… (255)
19.3　材料使用监督 …… (255)
19.4　周转材料现场管理 …… (256)
19.5　库存管理方法 …… (258)
19.6　材料盘点管理 …… (260)
19.7　材料账务管理 …… (261)
19.8　现场工具管理 …… (262)

参考文献 …… (264)

1 绪　　论

1.1　土木类专业实习的目的和意义

高校工科教育由理论教学与实践教学两大部分组成，而实验、实习、课程设计和毕业设计（论文）等环节共同组成了实践教学。其中专业实习是高校实践教学的重要环节之一，是理论联系实际的重要途径，是教学过程中综合性、实践性的训练，是保证实现应用型人才培养目标、保证学生达到毕业要求的重要环节。

对于土木工程、道路桥梁与渡河工程、智能建造、城市地下空间工程、安全工程（建筑安全工程方向）、无机非金属材料工程等土木类专业，通过专业实习，学生能够理论联系实际，验证、巩固、深化所学理论知识，并为后续专业学习取得感性认识；通过生产实践，学习建筑结构、施工技术、施工管理及技术经济的实际知识；在实习过程中参加设计、施工、监理、咨询、项目管理等技术环节，运用理论知识，初步培养分析问题、解决问题、从实践中汲取知识及概括总结的能力；向工人和工程技术人员学习，既学习他们的操作技能、专业知识，又学习他们严谨科学、认真负责的工作作风；通过专业实习，进一步了解我国建筑业目前采用的新材料、新技术、新设备、新方法，以及生产水平与管理水平。

1.2　土木类专业实习的内容

土木类专业实习主要包括以下工作内容，但不仅限于此，可根据实际情况适当增减。

（1）协助测量人员进行抄平放线以及构件安装的校正工作；

（2）熟悉施工图、审图及翻样工作；

（3）钢筋下料计算，填写下料单及工程任务单；

（4）填写材料、构件加工单及工程任务单；

（5）在工程师、技术人员指导下制订施工方案；

（6）协助工程师、技术人员调查处理施工中的实际问题；

（7）协助工长对隐蔽工程进行检查，填写隐蔽工程记录；

（8）参加施工过程中的质量检查及竣工验收工作；

（9）协助预算员编制施工图预算；

（10）在建设监理人员指导下参与工程建设监理活动；

（11）参与施工现场安全管理工作；

(12) 结合工程实际及特点,在工程技术人员指导下进行专题研究,收集整理资料后提出专题研究报告。

基于以上实际工作内容,本书分为三个部分论述土木类专业实习,即现场施工岗位实习指导、现场安全管理岗位实习指导和材料管理岗位实习指导。其中现场施工岗位实习指导部分包括工程测量施工、土石方工程、基坑工程、地基与桩基工程、模板工程、钢筋工程、混凝土工程、钢结构工程、幕墙工程、砌体工程;现场安全管理岗位实习指导部分包括现场安全生产管理,建筑施工现场基础设施、常用设备安全布置,脚手架搭设安全文明施工,钢筋混凝土工程安全文明施工;材料管理岗位实习指导部分包括材料的现场管理、建筑材料的验收、材料的储存保管和使用管理制度。

1.3 土木类专业实习的组织

土木类专业实习应由指导教师负责组织工作,并进行必要的检查工作。指导教师要定期了解学生实习情况,对存在的问题及时予以解决。实习单位的工程师、技术人员负责实习的具体指导工作,并对所指导的学生提出实习期间的鉴定意见,该意见由学生返校时提交指导教师作为考核依据之一。

1.3.1 土木类专业实习学生教学纪律

通过进入生产一线,土木类专业实习学生初步了解所学土木相关专业在经济建设和社会发展中的地位、作用及发展趋势,激发热爱本专业、奋发学习、立志成才的热情。在巩固所学理论知识的同时,学生获得实际工作所需的各种基本技能。通过实习教学学生了解社会和国情,虚心向实习单位专业技术人员学习,培养热爱劳动、团结协作、爱岗敬业、开拓创新的良好品德,为今后走向社会奠定坚实基础。在专业实习中,学生应遵守以下教学纪律:

(1) 认真执行党和国家的各项方针政策,自觉遵守国家法律法规,遵守实习单位的各项规章制度,服从指挥,以良好的状态和饱满的热情投入实习工作中去。

(2) 遵守学校、实习单位相关规章制度,严格遵守实习安全、保密制度和工作纪律。不迟到,不早退,不无故缺勤。因故不能出勤者,应提前向指导教师请假。

(3) 严格按照操作规程实习,确保专业实习安全。主动接受学校、指导教师、工程技术人员的指导、检查和考核。

(4) 按照专业实习进度安排,认真开展实习工作;吃苦耐劳、勤于思考、团结互助;尊重实习单位的工程技术人员,虚心向他们学习。

(5) 实习期间,学生应按专业实习大纲和计划的要求,努力工作,写好实习日志,如实记录每天主要实习内容、收获、出现的问题及解决办法。

(6) 按要求及时、独立完成实习报告。实习报告应认真撰写,做到数据真实、内容完整,对实习结果和问题进行认真分析。

(7) 实习结束后,按要求整理、提交实习成果和相关材料。

1.3.2 土木类专业实习的相关资料

1.3.2.1 专业实习教学大纲

专业实习教学大纲是组织实习教学及成绩考核的重要依据，是具有规范性的教学文件，也是实习教学及其组织管理水平的体现。制订土木类专业实习教学大纲应符合以下要求：

（1）按照专业人才培养方案的要求，分类编制实习教学大纲并进行备案。

（2）专业实习教学大纲应包括专业实习的目的与基本要求，专业实习的时间和地点安排，专业实习的基本内容，专业实习考核及成绩评定方法等。

（3）按照专业人才培养方案要求定期修订专业实习大纲，不断更新实习内容，改革实习教学的内容与方法，培养学生的创新意识，提高学生的实践能力。

1.3.2.2 专业实习计划

专业实习计划是根据专业实习教学大纲的要求，结合专业实习单位实际情况制定的教学具体方案与执行程序。该计划主要包括实习时间、单位、内容、人数与分组、指导教师、日程安排等。实习指导教师应于实习开始一周前制订实习计划，实习计划需审批、存档并备案。

1.3.2.3 专业实习指导书

专业实习指导书是指导学生完成实习任务的必备材料。实习指导书须根据实习教学大纲要求编写，其内容主要包括实习各环节的教学要求和任务、实习的方法和具体步骤、相关的专业知识和参考资料、学生须提交的实习作业、实习成绩的考核方法、实习的纪律等。实习指导书要求内容完整、阐述详尽，有针对性、启发性，符合专业教学要求。

1.3.3 土木类专业实习的安全管理

为保证学生专业实习期间的人身及财产安全，确保实习工作有序进行，专业实习安全管理工作应实行学校、二级学院（系）两级负责制。学校相关部门（如教务处、学生处、保卫处）负责实习教学工作的管理，各二级学院（系）及相关教师负责实习管理工作的具体实施。在专业实习中，学生应遵守以下安全管理要求：

（1）实习期间，遵守实习单位的安全制度，未经允许，不得随意使用实习单位的设施、设备。

（2）自觉遵守实习单位设备设施安全操作规程，服从现场工作人员的指挥。按照实习现场的需要佩戴安全防护用具，如安全帽、安全手套、防护眼镜或面具等。禁止违章用火、用电，禁止私拉乱接电线、电源，禁止接触高温物品等有害自身和危害公共安全的行为。

（3）离开宿舍、实习厂房时，要关水、关电、关窗、锁门，按制度保管好物品。

（4）遵守实习纪律和工作纪律，按时作息，不缺勤、不迟到、不早退。未经批准，不得擅自离开岗位。因事临时离开实习单位(包括休息日),须提交请假条,内容为姓名、时间(离开时间和归队时间)、目的地、离开事由,经实习单位指导教师签字批准后方可离开。请假要按时归队,外出活动应注意安全。不得在非指定地点住宿,严禁私自留宿非实习人员。

(5) 讲究卫生,防患感染疾病、食物中毒。

(6) 个人贵重物品要随身携带,重要文件、资料要妥善保管,防止丢失和被盗。

(7) 使用互联网时,应遵守国家互联网使用相关法规,防范网络诈骗。

1.3.4 土木类专业实习的注意事项

(1) 专业实习开展前,学院(系)会对学生分组和开展实习动员,并进行安全教育和纪律教育。学生要严格遵守实习的有关规定和纪律。

(2) 学生到实习单位后要接受安全教育、纪律教育,学生要严格遵守实习单位的有关规定和纪律。

(3) 学生要服从指导教师和企业指导人员做出的实习工作安排。

(4) 学生要尊重指导实习的工程技术人员。对工作安排等有意见及时向学校指导教师反映,由教师同企业指导人员协调解决。

(5) 学生有事要向企业实习指导人员请假,不得擅自行动。

(6) 注意安全和身体健康。

1.3.5 土木类专业实习的考核

实习考核包括笔试、口试(含小型答辩)、操作、设计及实习报告等形式,应做到定性和定量评定相结合,综合反映实习质量。实习开始前,由指导教师根据实习教学大纲的要求,确定成绩评定方案,并向学生公布。成绩评定过程应公平、公开、透明,充分结合学生实习日志、实习报告、指导教师和实习单位的意见,成绩基本符合正态分布,过程、材料内容完整,审核手续齐全。指导教师在学生完成实习任务并提交实习日志、实习报告等材料后,评定学生的实习成绩。

学生要对所参与的建设项目的建筑设计、结构设计、施工技术、施工组织、安全管理等主要工作内容中体会深、接触多的工作进行总结并完成实习报告。对先进的技术及管理资料可收集整理,进行专题研究的可提出专题报告。在实习过程中,每人应定期撰写实习日志。

实习成绩至少由以下三个方面构成:

(1) 遵守纪律、执行操作规程和执行保密制度等情况。

(2) 实习过程中的出勤情况、学习态度、实习内容掌握程度、工作认真程度和实习日志完成情况。

(3) 实习报告情况。

具体构成及其各部分在考核成绩中所占比重由课程教学大纲确定。

2 土木类专业实习的特点

土木类专业实习的特点是由接受学生实习的土建类企业的特点及建筑产品和建筑生产的特殊性决定的，本章将详细介绍建筑产品和建筑生产的特殊性。

2.1 建筑产品的特殊性

建筑产品的特殊性包括固定性、多样性和大体积性。

（1）建筑产品的固定性。建筑产品中的各种建筑物和构筑物，在一个地方建造后不能移动，只能在建造的地方供长期使用，它直接与作为地基的土地连接起来，在许多情况下，这些产品本身甚至就是土地不可分割的一部分。例如油气田、地下铁道和水库，建筑产品本身是固定不动的。

（2）建筑产品的多样性。土建行业根据不同的用途、不同的地区，建造不同形式的房屋和构筑物，这就体现出了建筑产品的多样性。此外，建筑产品的多样性还体现在，土建行业的每一个建筑产品，需要一套单独的设计图纸，而在建造时根据各地区的施工条件，采用不同的施工方法和施工组织，即便是采用同一种设计图纸的建筑产品，由于地形、地质、水文、气候等自然条件的影响，以及交通、材料资源等条件的不同，在建造时往往也需要对设计图纸及施工方法和施工组织等进行相应的改变。

（3）建筑产品的大体积性。建筑产品体积庞大，在建造过程中要消耗大量的人力、物力和财力，所需建筑材料数量巨大，品种复杂，规格繁多，常以万计。建筑产品体积庞大，因此占用空间也多。

2.2 土木工程的技术经济特点

土木工程的技术经济特点包括单件性、流动性、综合性、影响因素多、不可间断性和周期长。

2.2.1 单件性

每件建筑产品都有专门的用途，都需要采用不同的造型、不同的结构、不同的施工方法，使用不同的材料、设备和建筑艺术形式，根据使用性质、耐用年限和抗震要求，采用不同的耐用等级、耐火等级和抗震等级。随着建筑科学技术的发展，新的建筑材料、新的建筑结构不断涌现，建筑艺术形式经常推陈出新，即使建筑产品的用途相同，因为其在不同时期兴建，采用的材料、结构和艺术形式也会不同。

2.2.2 流动性

建筑产品的固定性和严格的施工顺序，带来了建筑产品生产的流动性，使生产者和生产工具经常流动转移，要从一个施工段转到另一个施工段，从房屋这个部位转到那个部位，在工程完工后，还要从一个工地转到另一个工地。生产设备、材料、附属生产加工企业和生活设施经常迁移。

2.2.3 综合性

建筑产品的生产首先由勘察单位进行勘测，设计单位进行设计，然后由施工单位进行施工准备和施工，最后经过竣工验收交付使用，涉及多单位、多部门配合协作。由于生产过程复杂，协作单位多，所以建筑生产是一个特殊的生产过程，综合性强。

2.2.4 影响因素多

建筑产品生产过程中，影响因素很多。例如设计的变更、情况的变化、资金和物资的供应条件、专业化协作状况、城市交通和环境条件等，这些因素对工程进度、工程质量、建筑成本等都有很大的影响。

此外，由于建筑产品的固定性，建筑产品的生产只能在露天进行，受气候条件影响很大，生产者劳动条件差，有时烈日当空，有时天寒地冻，而一些分部、分项工程，如浇筑混凝土、钢结构的吊装等会受到室外温度的影响，因此需要采用一些特殊的施工技术措施来保证工程的顺利实施。

2.2.5 不可间断性

一个建筑产品的生产全过程为确定项目、选择地点、勘察设计、征地拆迁、购置设备和材料、建筑施工和安装、试车（或试水、试电）验收，直到竣工投产（或使用），这是一个不可间断的、完整的、周期性的生产过程；从建筑施工和安装过程来看，要想形成建筑产品，需要经过场地平整、主体工程施工、装饰工程施工，最后交工验收这一过程。

建筑产品是一个长期的、持续不断的劳动过程的成果。这种产品，只有到生产过程终了时才能完成，才能发挥作用。当然，在这个过程中也可以生产出一些中间产品或局部产品。

在产品生产过程中要求各阶段、各环节、各项工作必须有条不紊地组织起来，在时间上不间断，空间上不脱节；要求生产过程中的各项工作必须合理组织、统筹安排，遵守施工程序，按照合理的施工顺序科学地组织施工。

2.2.6 周期长

建筑产品的生产周期是指建设项目在建设过程中所耗用的时间，即从开始施工起，到全部建成投产或交付使用、发挥效益时止所经历的时间。

建筑产品的生产周期长，对于有的建筑项目，短则一两年，长则三四年、五六年，甚至十多年。因此它必须长期占用和消耗大量人力、物力和财力，要到整个生产周期完结时才能产出产品。故应科学地组织建筑生产，不断缩短生产周期，尽快提高投资效益。

这些因素决定了生产实习具有不确定性，今年在这个工地，明年可能在另一个工地；安全意识要强，工地多为露天工地，受周围环境影响大；此外，由于施工企业技术、管理水平参差不齐，学到的技术和经验与工程本身和具体的施工企业管理水平都直接有关。

2.3 建筑工程施工企业的类型

建筑工程施工企业类型众多，有总承包企业、专业承包企业、劳务分包企业；总承包企业的资质又分为特级、一级、二级、三级。

建筑工程施工总承包企业资质等级标准规定的承包工程范围如下：

(1) 特级资质企业，可承担各类房屋建筑工程的施工。

(2) 一级资质企业，可承担下列建筑工程的施工：

① 高度 200 m 以下的工业、民用建筑工程；

② 高度 240 m 以下的构筑物工程。

(3) 二级资质企业，可承担下列建筑工程的施工：

① 高度 100 m 以下的工业、民用建筑工程；

② 高度 120 m 以下的构筑物工程；

③ 建筑面积 15 万 m^2 以下的建筑工程；

④ 单跨跨度 39 m 以下的建筑工程。

(4) 三级资质企业，可承担下列建筑工程的施工：

① 高度 50 m 以下的工业、民用建筑工程；

② 高度 70 m 以下的构筑物工程；

③ 建筑面积 8 万 m^2 以下的建筑工程；

④ 单跨跨度 27 m 以下的建筑工程。

在这里，建筑工程是指各类结构形式的民用建筑工程、工业建筑工程、构筑物工程以及相配套的道路、通信、管网管线等设施工程。工程内容包括地基与基础、主体结构、建筑屋面、装修装饰、建筑幕墙、附建人防工程以及给水排水及供暖、通风与空调、电气、消防、防雷等配套工程。单项合同额 3000 万元以下且超出建筑工程施工总承包二级资质可承包工程范围的建筑工程的施工，应由建筑工程施工总承包一级资质企业承担。此外，根据施工的工程类别，建筑施工企业又包括不同的专业施工企业，如公路工程、化工石油等。

由此可见，土木工程生产实习具有复杂性、多样性和不可确定性，了解土木工程生产实习的特点，有助于合理安排土木工程生产实习，使学生在时间有限的实习期间了解实习企业的背景知识，找准所在工程建设实践的重点，有的放矢地进行学习和实践。

为提高实习教学质量和效率，应按以下要求选择实习单位：

(1) 在符合实习教学大纲要求的前提下，尽可能就近选择与土建行业相关的实习单位。

(2) 鼓励与生产运作正常、技术管理手段较为先进的单位建立互利互惠的合作关系，形成相对稳定的实习基地。

(3) 应充分利用学校现有的校内外实习基地。

3 工程测量施工

3.1 施工测量前期准备工作

3.1.1 施工测量的基本工作

施工测量现场的主要工作有长度的测设、角度的测设、建筑物细部点的平面位置的测设、建筑物细部点高程位置的测设及倾斜线的测设等。测角、测距和测高差是测量的基本工作。

平面控制测量必须遵循“由整体到局部”的组织实施原则，以避免放样误差的积累。大中型的施工项目，应先建立场区控制网，再分别建立建筑物施工控制网，以建筑物平面控制网的控制点为基础，测设建筑物的主轴线，根据主轴线再进行建筑物的细部放样；规模小或精度高的独立项目或单位工程，可通过市政水准测控控制点直接布设建筑物施工控制网。

高程控制测量宜采用水准测量。

3.1.2 施工测量的内容

3.1.2.1 施工控制网的建立

(1) 场区控制网，应充分利用勘察阶段的已有平面和高程控制网。原有平面控制网的边长，应投影到测区的相应施工高程面上，并进行复测检查。精度满足施工要求时，原控制网可作为场区控制网使用；否则，应重新建立场区控制网。新建场区控制网，可利用原控制网中的点组(由三个或三个以上的点组成)进行定位。小规模场区控制网，也可选用原控制网中一个点的坐标和一个边的方位进行定位。

(2) 建筑物施工控制网，应根据场区控制网进行定位、定向和起算；控制网的坐标轴，应与工程设计所采用的主副轴线一致；建筑物的±0.000 高程面，应根据场区水准点测设。

(3) 建筑方格网的主轴线，应与建(构)筑物的设计轴线平行，方格网应构成正方形或矩形格网。方格网的测设方法，可采用布网法或轴线法。当采用布网法时，宜增测方格网的对角线；当采用轴线法时，长轴线的定位点不得少于 3 个，点位偏离直线应在 180°±5″以内，短轴线应根据长轴线定向，其直角偏差应在 90°±5″以内。水平角观测的测角中误差不应大于 2.5″。

3.1.2.2 建筑物定位、基础放线及细部测设

在拟建的建筑物或构筑物外围,应建立线板或控制桩。线板应注记中心线编号,并测设标高。线板和控制桩应做好保护,该控制桩将作为未来施工轴线校核的依据。

依据控制桩和已经建立的建筑物施工控制网及图纸给定的细部尺寸进行轴线控制和细部测设。

3.1.2.3 竣工图的绘制

竣工总图的实测,应在已有的施工控制点(桩)上进行。当控制点被破坏时,应进行恢复。恢复后的控制点点位,应保证所测细部点的精度。

依据施工控制点将有变化的细部点位在竣工图上重新设定,竣工图应符合相关规定的要求。

3.2 测量仪器及其检校

3.2.1 水准仪

水准仪是为水准测量提供水平视线和对水准标尺进行读数的一种仪器,主要由望远镜、水准器和基座三个部分组成。

水准仪有 DS05、DS1、DS3、DS10 等几种不同精度的型号,通常在书写时省略字母“D”。S05 型和 S1 型水准仪称为精密水准仪,用于国家一、二等水准测量及其他精密水准测量;S3 型水准仪称为普通水准仪,用于国家三、四等水准测量及一般工程水准测量。

水准仪的主要功能是测量两点间的高差 h,然而不能直接测量待定点的高程 H,但可由控制点的已知高程来推算测点的高程;另外,利用视距测量原理,还可以测量两点间的水平距离 D,但精度不高。

激光水准仪是在水准仪的望远镜上加装一只气体激光器而成的。在平坦地区使用激光水准仪测量长距离高差时,即便测站数较少,测量的效率也很高。在大面积的楼、地面抄平工作中,架设一次仪器可以测量很大一块面积的高差,极为方便。

3.2.2 经纬仪

经纬仪由照准部、水平度盘和基座三部分组成,是对水平角和竖直角进行测量的一种仪器。

经纬仪有 DJ07、DJ1、DJ2、DJ6 等几种不同精度的型号,通常在书写时省略字母“D”。J07、J1 和 J2 型经纬仪属于精密经纬仪,J6 型经纬仪属于普通经纬仪。在建筑工程中,常用

的还是 J2 和 J6 型光学经纬仪。

经纬仪的主要功能是测量两个方向之间的水平夹角 β，其次还可以测量竖直角 α；借助水准尺，利用视距测量原理，还可以测量两点间的水平距离 D 和高差 h。

使用经纬仪时应对中、整平，并将水平度盘归零。

激光经纬仪是在光学经纬仪的望远镜上加装一只激光器而成的。它与一般工程经纬仪相比，有如下特点：

(1) 望远镜在垂直(或水平)平面上旋转，发射的激光可扫描形成垂直(或水平)的激光平面，任何人都可以在这两个平面上清晰地看到被观测的目标。

(2) 一般经纬仪在场地狭小、安置的仪器逼近测量目标时，如仰角大于 50°，就无法观测。而激光经纬仪主要依靠发射激光束来扫描定点，可不受场地狭小的影响。

(3) 激光经纬仪可向天顶发射一条垂直的激光束，用它代替传统的吊坠吊线法测定垂直度，该方法不受风力的影响，施测方便、准确、可靠、安全。

(4) 能在夜间或黑暗的场地进行测量工作，不受照度的影响。

由于激光经纬仪具有上述的特点，特别适合做以下的施工测量工作：

(1) 高层建筑及烟囱、塔架等高耸构筑物施工中的垂度观测和准直定位。

(2) 结构构件及机具安装的精密测量和垂直度控制测量。

(3) 管道铺设及隧道、井巷等地下工程施工中的轴线测设及导向测量。

3.2.3 全站仪

全站仪由电子经纬仪、光电测距仪和数据记录装置组成。

全站仪在测站上一经启动，即可自动显示必要的观测数据如斜距、天顶距(竖直角)、水平角等，而且几乎是在同一瞬间就能得到平距、高差、点的坐标和高程。如果通过传输接口把全站仪野外采集数据的终端与计算机、绘图机连接起来，配以数据处理软件和绘图软件，即可实现测图的自动化。

全站仪一般用于大型工程的场地坐标测设及复杂工程的定位和细部测设。

3.3 测设的基本方法

3.3.1 已知长度的测设

测设某一已经确定的长度，就是从一点开始，按给定的方向和长度进行丈量，求得线段的另一端点。方法如下：

(1) 将经纬仪安置在直线的起点上并标定直线的方向；

(2) 陆续在地面上打入尺段桩和终点桩，并在桩面上刻画十字标志；

（3）精密丈量距离，同时测定量距时的温度及各尺段高差，经尺长、温度及倾斜改正后，求出丈量的结果；

（4）根据丈量结果与已知长度的差值，在终点桩上修正初步标定的刻线；若差值较大，点位落在桩外时，则须换桩。

当用短程光电测距仪进行已知长度测设时，一般只要移动反光镜的位置，就可确定终点桩上的标志位置。

3.3.2 已知角度的测设

测设已知角度时，只给出一个方向，按已知角值在地面上测定另一方向。

3.3.3 建筑物细部点平面位置的测设

确定一点的平面位置的方法很多，要根据控制网的形式及分布、放线精度要求及施工现场条件来选择测设方法。

（1）直角坐标法

当建筑场地的施工控制网为方格网或轴线形式时，采用直角坐标法放线最为方便。用直角坐标法测定一已知点的位置时，只需要按其坐标差数量取距离和测设直角，用加减法计算即可，此法操作方便，并便于检查，测量精度亦较高。

（2）极坐标法

极坐标法适用于测设点靠近控制点，便于量距的地方。用极坐标法测定一点的平面位置是在一个控制点上进行的，但该点必须与另一控制点通视。根据测定点与控制点的坐标，计算出它们之间的夹角（极角 β）与距离（极距 S），按 β 与 S 之值即可将给定的点位定出。

（3）角度前方交会法

角度前方交会法，适用于不便量距或测设点远离控制点的地方。对于一般小型建筑物或管线的定位，亦可采用此法。

（4）距离交会法

从控制点到测设点的距离，若不超过测距尺的长度，可用距离交会法来测定。用距离交会法来测定点位，不需要使用仪器，但精度较低。

（5）方向线交会法

这种方法的特点：测定点由相对应的两已知点或两定向点的方向线交会而得。方向线的设立可以用经纬仪，也可以用细线绳。

施工层的轴线投测，宜使用 2″级激光经纬仪或激光铅直仪进行。控制轴线投测至施工层后，应在结构平面上按闭合图形对投测轴线进行校核。合格后，才能进行本施工层上的其他测设工作；否则，应重新进行投测。

3.4 建筑施工场地测量

3.4.1 地面上点的高程测设

测定地面上点的高程，如图 3.1 所示，设 B 为待测点，其设计高程为 H_B，A 为水准点，已知其高程为 H_A。先测出 a，按下式计算 b：

$$b = H_A + a - H_B$$

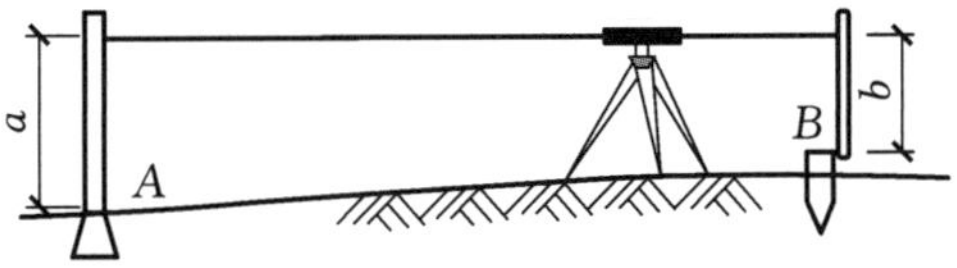

图 3.1 高程测设示意图

当前视尺读数等于 b 时，沿尺底在桩侧或墙上画线(标记)，即为 B 点高程。

3.4.2 高程传递

(1) 用水准测量法传递高程

当开挖较深的基槽时，可用水准测量法传递高程。图 3.2 是向低处传递高程的情形。坑内临时水准点 B 之高程 H_B 按下式计算：

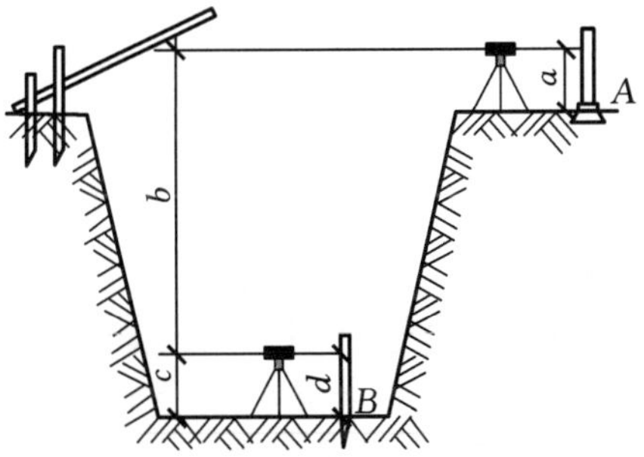

图 3.2 高程传递法示意图

$$H_B = H_A + a - (b - c) - d$$

式中，$(b-c)$ 为通过钢尺传递的高差，如高程传递的精度要求较高，对 $(b-c)$ 之值应进行尺长改正及温度改正。上例是由地面向低处引测高程点的情况。当需要由地面向高处传递高程时，也可以采用同样的方法进行。

(2) 用钢尺直接丈量垂直高度传递高程

施工层标高的传递，宜采用以悬挂钢尺代替水准尺的水准测量方法进行，并应对钢尺读数进行温度、尺长和拉力改正。层数较多时，高程传递过程中应进行误差修正。

3.5　建筑施工期间的变形测量

(1) 在施工期间应进行变形测量的建筑有：

① 地基基础设计等级为甲级的建筑；

② 软弱地基上的地基基础设计等级为乙级的建筑；

③ 加层、扩建或处理地基上的建筑；

④ 受邻近施工影响或受场地地下水等环境因素变化影响的建筑；

⑤ 采用新型基础或新型结构的建筑；

⑥ 大型城市基础设施；

⑦ 体型狭长且地基土变化明显的建筑。

(2) 建筑在施工期间的变形测量要求

① 对各类建筑应进行沉降观测，宜进行场地沉降观测、地基土分层沉降观测和斜坡位移观测。

② 对基坑工程应进行基坑及其支护结构变形观测和周边环境变形观测；对一级基坑应进行基坑回弹观测。

③ 对高层和超高层建筑，应进行倾斜观测。

④ 当建筑出现裂缝时，应进行裂缝观测。

⑤ 施工需要时，进行其他类型的变形观测。

(3) 建筑变形测量可采用独立的平面坐标系统及高程基准。对大型或有特殊要求的项目，宜采用 2000 国家大地坐标系及 1985 国家高程基准或项目所在城市使用的平面坐标系统及高程基准。建筑变形测量以公历纪元、北京时间为统一时间基准。

(4) 建筑变形测量精度等级分为特等、一等、二等、三等、四等共五级。变形测量应以中误差为衡量精度的指标，并以二倍中误差为极限误差。

(5) 变形监测点的布设位置应根据建筑结构、形状和场地工程地质条件等确定，点位应便于观察、易于保护，标志应稳固。

(6) 各期变形测量应在短时间内完成。对于不同期测量，应采用相同的观测网形、观测线路和观测方法，并宜使用相同的测量仪器设备。对于特等和一等变形观测，宜固定观测人员、选择最佳观测时段，并在相近的环境条件下观测。

(7) 变形测量的基准点分为沉降基准点和位移基准点，需要时可设置工作基点。设置要求有：

① 沉降观测基准点，在特等、一等沉降观测时，不应少于 4 个；其他等级沉降观测时不应少于 3 个；基准之间应形成闭合环。

② 位移观测基准点，对水平位移观测、基坑监测和边坡监测，在特等、一等观测时，不应少于 4 个；其他等级观测时不应少于 3 个。

(8) 在基础施工期间，相邻地基的沉降观测，在基坑降水时和基坑开挖过程中应每天观测 1 次。混凝土底板浇筑完成 10 d 以后，可 2～3 d 观测 1 次，直至地下室顶板完成和地下水位恢复。

(9) 基坑变形观测分为基坑支护结构变形观测和基坑回弹观测。监测点布置要求有:

① 基坑围护墙或基坑边坡顶部变形观测点沿基坑周边布置,周边中部、阳角处、邻近被保护对象的部位应设点;监测点水平间距不宜大于 20 m,且每边监测点不宜少于 3 个;水平和垂直监测点宜共用同一点。

② 基坑围护墙或土体深层水平位移监测点宜布置在围护墙的中间部位、阳角处及有代表性的部位,监测点水平间距 20～60 m,每侧边不应少于 1 个。

(10) 民用建筑基础及上部结构沉降观测点布设位置有:

① 建筑的四角、核心筒四角、大转角处及沿外墙每隔 10～20 m 处或每隔 2～3 根柱基上;

② 高低层建筑、新旧建筑、纵横墙等交接处的两侧;

③ 对于宽度大于或等于 15 m 的建筑,应在承重内隔墙中部设内墙点,并在室内地面中心及四周设地面点;

④ 框架结构及钢结构建筑的每个或部分柱基上,或纵横轴线上;

⑤ 筏形基础、箱形基础底板或接近基础的结构部分的四角处及其中部位置;

⑥ 超高层建筑和大型网架结构中每个大型结构柱的监测点不宜少于 2 个,且对称布置。

(11) 沉降观测的周期和时间要求有:在基础完工后和地下室砌完后开始观测;民用高层建筑宜每加高 2～3 层观测 1 次;工业建筑宜按回填基坑、安装柱子和屋架、砌筑墙体、安装设备等不同阶段进行观测。如建筑施工高度均匀增加,应至少在荷载增加 25%、50%、75%、100%时各测 1 次。施工中若暂时停工,停工时及重新开工时要各测 1 次,停工期间每隔 2～3 个月测 1 次。竣工后运营阶段的观测次数:第一年观测 3～4 次,第二年观测 2～3 次,第三年开始每年观测 1 次,直至沉降达到稳定状态为止。

(12) 建筑沉降是否达到稳定状态,可由沉降量与时间关系曲线判定。当最后 100 d 的最大沉降速率小于 0.01～0.04 mm/d 时,可认为已达到稳定状态。

(13) 水平位移观测的周期要求是,在施工期间建筑每加高 2～3 层观测 1 次,主体结构封顶后每 1～2 个月观测 1 次。

(14) 倾斜观测宜根据倾斜速率每 1～2 个月进行 1 次。

(15) 当建筑变形观测过程中发生下列情况之一时,必须立即实施安全预案,同时应提高观测频率或增加观测内容:

① 变形量或变形速率出现异常变化;

② 变形量或变形速率达到或超出预警值;

③ 周边或开挖面出现塌陷、滑坡情况;

④ 建筑本身、周边建筑及地表出现异常;

⑤ 由地震、暴雨、冻融等引起的其他异常变形情况。

4 土石方工程

4.1 工程场地平整及土方量计算

场地平整前，要确定场地的设计标高，计算挖方和填方的工程量，确定挖方和填方的平衡调配方案，然后根据工程规模、施工图、现有机械设备条件，选择土方机械，拟订施工方案。

4.1.1 场地设计标高的确定

对较大面积的场地平整，正确地选择设计标高是十分重要的。选择设计标高时应考虑以下因素：满足生产工艺和运输的要求，尽量利用地形，以减少挖填方数量；场地内挖填方平衡，土方运输费用最少；有一定泄水坡度，满足排水要求。

场地设计标高一般应在设计文件上规定，若设计文件对场地设计标高没有规定，可按下述步骤来确定。

4.1.1.1 初步确定场地设计标高

初步确定场地设计标高的原则是场地内挖填方平衡，即场地内挖方总量等于填方总量。

计算场地设计标高时，首先将场地的地形图根据要求的精度划分为 10～40 m 的方格网，见图 4.1(a)，然后求出各方格角点的地面标高。地形平坦时，可根据地形图上相邻两等高线的标高，用插入法求得。地形起伏较大或无地形图时，可在地面用木桩打好方格网，然后用仪器直接测出。

按照场地平整前后土方相等，即挖填方平衡的原则[图 4.1(b)]，场地设计标高可按下式计算：

$$H_0 Na^2 = \sum \left(a^2 \frac{H_{11} + H_{12} + H_{21} + H_{22}}{4} \right)$$

$$H_0 = \frac{\sum (H_{11} + H_{12} + H_{21} + H_{22})}{4N}$$

式中 a—— 方格网边长(m)；

N—— 方格网数(个)；

H_0—— 场地设计标高理论值(m)；

$H_{11}, H_{12}, H_{21}, H_{22}$—— 任一方格的四个角点的标高(m)。

从图 4.1(a) 可以看出，H_{11} 系一个方格的角点标高，H_{12} 及 H_{21} 系相邻两个方格的公共

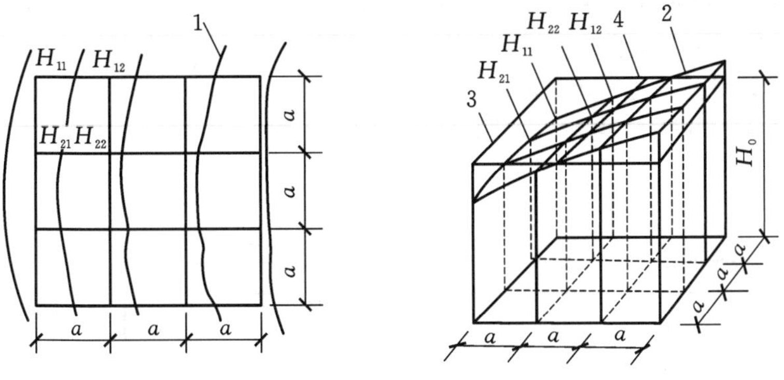

(a) (b)

图 4.1 场地设计标高运算简图

(a) 地势图上划分方格；(b) 设计标高示意图

1—等高线；2—自然地坪；3—设计标高平面；4—自然地面与设计标高平面的交线(零线)

角点标高，H_{22} 系相邻四个方格的公共角点标高。如果将所有方格的四个角点标高相加，则类似 H_{11} 这样的角点标高加一次，类似 H_{12} 的角点标高需加两次，类似 H_{22} 的角点标高要加四次。如令 H_1 为1个方格仅有的角点标高，H_2 为2个方格共有的角点标高，H_3 为3个方格共有的角点标高，H_4 为 4 个方格共有的角点标高，则场地设计标高 H_0 按公式(4.1) 计算。

$$H_0=\frac{\sum H_1+2\sum H_2+3\sum H_3+4\sum H_4}{4N} \tag{4.1}$$

4.1.1.2 场地设计标高的调整

按公式(4.1) 计算得到的场地设计标高 H_0 为一理论值，尚须根据以下因素进行调整：(1) 土的可松性；(2) 设计标高以下各种填方工程用土量，或设计标高以上的各种挖方工程量；(3) 边坡填挖土方量不等；(4) 部分挖方就近弃土于场外，或部分填方就近从场外取土；等等。考虑这些因素所引起的挖填土方量的变化后，适当提高或降低设计标高。

4.1.1.3 最后确定场地各方格角点的设计标高

按上述计算和调整后的场地设计标高进行场地平整，平整后的场地是一个水平面。但实际上由于存在排水的要求，场地表面均有一定的泄水坡度，平整场地的表面坡度应符合设计要求，如无设计要求，一般应向排水沟方向做成不小于 2‰ 的坡度。所以，在计算出的 H_0(或调整后的 H'_0) 的基础上，要根据场地要求的泄水坡度，最后计算出场地内各方格角点实际施工时的设计标高。当场地为单向泄水及双向泄水时，场地各方格角点的设计标高求法如下：

单向泄水时场地各方格角点的设计标高，见图 4.2(a)。

以计算出的设计标高 H_0(或调整后的设计标高 H'_0) 为场地中心线的标高，场地内任意一个方格角点的设计标高 H_n 见公式(4.2)。

$$H_n=H_0\pm li \tag{4.2}$$

式中　H_n—— 场地内任意一个方格角点的设计标高(m)；

l—— 该方格角点至场地中心线的距离(m)；

i —— 场地泄水坡度(不小于 2‰)；

± —— 该点比 H_0 高取“+”,反之则取“-”。

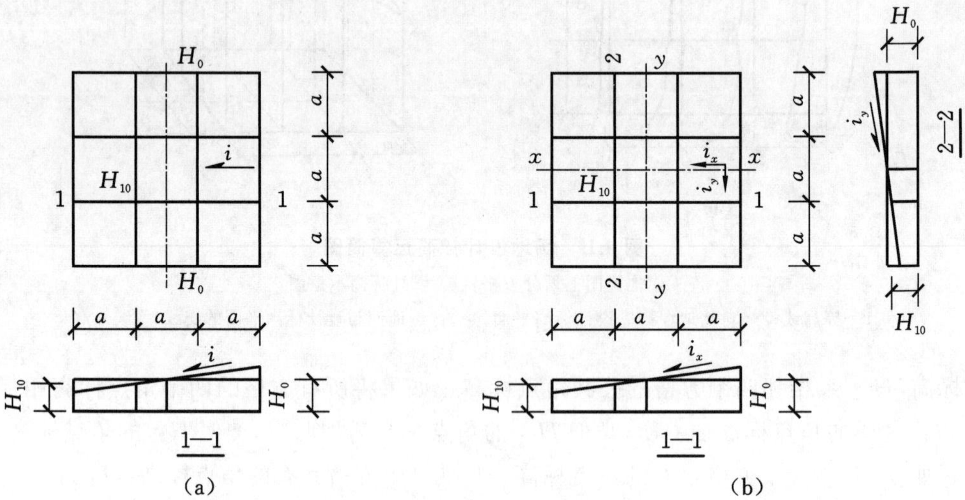

图 4.2　场地泄水坡度示意图

(a) 单向泄水；(b) 双向泄水

例如,图 4.2(a) 中场地内角点 10 的设计标高为：

$$H_{10} = H_0 - 0.5ai$$

双向泄水时场地各方格角点的设计标高,见图 4.2(b)。

以计算出的设计标高 H_0(或调整后的标高 H'_0) 为场地中心点的标高,场地内任意一个方格角点的设计标高 H_n 见公式(4.3)。

$$H_n = H_0 \pm l_x i_x \pm l_y i_y \tag{4.3}$$

式中　l_x, l_y—— 该点于 $x—x$、$y—y$ 方向上距场地中心点的距离(m)；

i_x, i_y—— 场地在 $x—x$、$y—y$ 方向上的泄水坡度。

例如,图 4.2(b) 中场地内角点 10 的设计标高为：

$$H_{10} = H_0 - 0.5\,ai_x - 0.5\,ai_y$$

4.1.2　场地土方量计算

场地平整土方量的计算方法通常有方格网法和断面法两种。方格网法适用于地形较为平坦、面积较大的场地,断面法多用于地形起伏变化较大的地区。

首先用方格网控制整个场地。根据地形变化程度确定方格边长,一般为 10 m、20 m、30 m 或 40 m 等。根据每个方格角点的自然地面标高和实际采用的设计标高,算出相应的角点填挖高度,然后计算每一个方格的土方量,并算出场地边坡的土方量,这样即可得到整个场地的挖、填土方量。其具体步骤如下：

4.1.2.1 计算场地各方格角点的施工高度

各方格角点的施工高度(即挖、填方高度)按公式(4.4)计算。

$$h_0 = H_n - H_n' \tag{4.4}$$

式中 h_0—— 该角点的挖、填高度,以“+”为填方高度,以“−”为挖方高度(m);

H_n—— 该角点的设计标高(m);

H_n'—— 该角点的自然地面标高(m)。

4.1.2.2 确定零线

当同一方格的四个角点的施工高度全为“+”或“−”时,该方格内的土方则全部为填方或挖方;如果一个方格中一部分角点的施工高度为“+”,而另一部分为“−”,此方格中的土方一部分为填方,另一部分为挖方。挖、填方的分界线,称为零线。

确定零线时,要先确定方格边线上的零点。零点是相邻两角点为一挖一填时,在两角点连线上挖填方的分界点(图 4.3)。

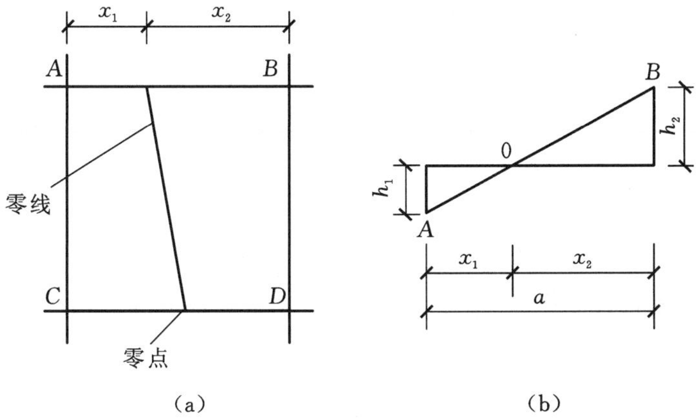

图 4.3 零点位置计算

方格边线上的零点位置可按下式计算:

$$x_1 = \frac{h_1}{h_1 + h_2} \cdot a \qquad x_2 = \frac{h_2}{h_1 + h_2} \cdot a \tag{4.5}$$

式中 h_1, h_2—— 相邻两角点填挖方施工高度(以绝对值代入)(m);

a—— 方格边长(m);

x_1, x_2—— 零点距角点 A 与角点 B 的距离(m)。

将方格网中各相邻边线上的零点连接起来,即成为零线。

4.1.2.3 计算场地土方量

由方格网各角点的施工高度可知,各方格挖或填的土方量,一般可按下述四种不同类型(图 4.4)进行计算:

(1) 方格四个角点全部为挖或全部为填,如图 4.4(a) 所示,其土方量为:

$$V_i = \frac{a^2}{4}(h_1 + h_2 + h_3 + h_4)$$

式中 V_i—— 挖方或填方体积(m^3)；

a—— 方格网边长(m)；

h_1, h_2, h_3, h_4—— 各方格角点挖填高度(以绝对值代入)(m)。

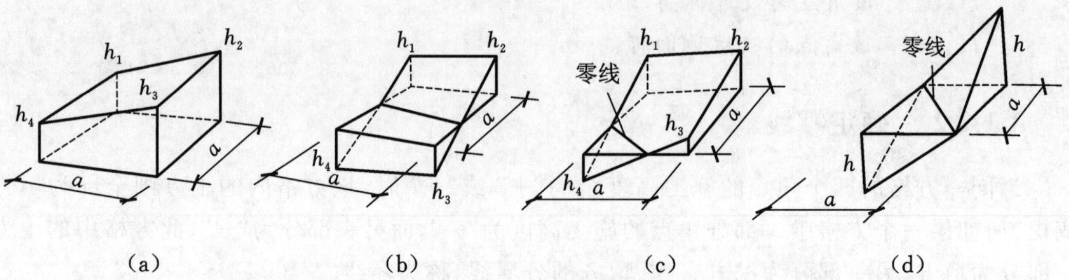

图 4.4　由方格网与零线分割成挖或填的土方四种几何形状

(a) 全挖(全填)；(b) 两挖两填；(c) 三挖一填(或三填一挖)；(d) 一挖一填

(2) 方格的相邻两个角点为挖方，另两个角点为填方，如图 4.4(b) 所示，其挖方部分的土方量为：

$$V_{wi} = \frac{a^2}{4}\left(\frac{h_1^2}{h_1 + h_4} + \frac{h_2^2}{h_2 + h_3}\right) \tag{4.6}$$

填方部分的土方量为：

$$V_{ti} = \frac{a^2}{4}\left(\frac{h_4^2}{h_1 + h_4} + \frac{h_3^2}{h_2 + h_3}\right) \tag{4.7}$$

(3) 方格的一个角点为挖方(或填方)，另三个角点为填方(或挖方)，如图 4.4(c) 所示，其填方部分的土方量为：

$$V_{ti} = \frac{a^2}{6} \cdot \frac{h_4^3}{(h_1 + h_4)(h_3 + h_4)} \tag{4.8}$$

挖方部分的土方量为：

$$V_{wi} = \frac{a^2}{6}(2h_1 + h_2 + 2h_3 - h_4) + V_{ti} \tag{4.9}$$

(4) 方格的一个角点为挖方，相对的角点为填方，另两个角点为零点(零线为方格的对角线)，如图 4.4(d) 所示，其挖(填)方土方量为：

$$V_i = \frac{a^2}{6} \cdot h \tag{4.10}$$

4.1.2.4　场地边坡土方量计算

标出场地四个角点 A、B、C、D 的填挖高度和零线位置，根据土质确定填、挖方边坡系数 m_1 和 m_2，计算四角点的放坡宽度，如图 4.5 所示，A 点的放坡宽度为 $m_1 h_a$，D 点的放坡宽度为 $m_2 h_d$。

绘出边坡边线平面示意图，如图 4.5 所示，然后计算边坡土方量体积。

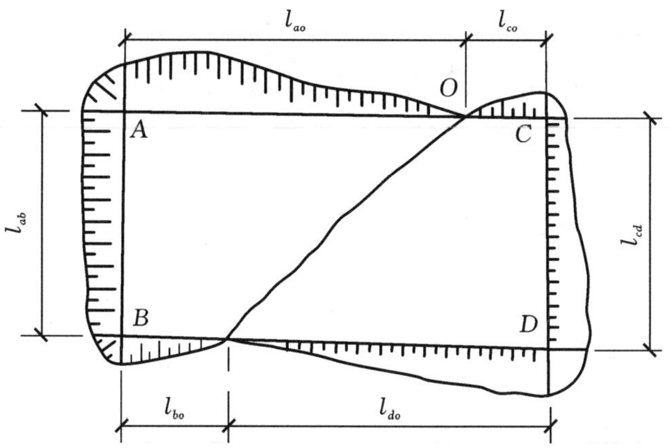

图 4.5 场地边坡土方量计算

A、B、C、D 四个角点的土方量，近似地按正方锥体计算，如 A 点土方量为：

$$V_A=\frac{1}{3}(m_1h_a)^2h_a=\frac{1}{3}m_1^2h_a^3 \tag{4.11}$$

AB、CD 两边土方量按平均断面法计算，如 AB 边的土方量为：

$$V_{AB}=\frac{1}{2}(F_a+F_b)l_{ab}=\frac{m_1}{4}(h_a^2+h_b^2)l_{ab} \tag{4.12}$$

AC、BD 两边分段按三角锥体计算，如 AC 边 AO 段的土方量为：

$$V_{AO}=\frac{1}{3}\left(\frac{m_1h_a^2}{2}\cdot l_{ao}\right)=\frac{m_1h_a^2l_{ao}}{6} \tag{4.13}$$

4.1.2.5 统计挖、填土方量

将计算出的场地方格中挖、填方量分别相加，即得全场地的总挖方量和总填方量：

$$V_{\mathrm{w}}=\sum V_{\mathrm{w}i}\qquad V_{\mathrm{t}}=\sum V_{\mathrm{t}i}$$

4.1.2.6 调整设计标高

按移挖作填、挖填平衡的原则确定的场地设计标高 h_0，实质上仅为一理论值，并未考虑土的可松性（一般填土会有多余），以及场内有高筑或深挖的要求等，这些因素会使土方量增加或减少，一般均以调整设计标高解决。由于土具有可松性，一般须相应地拉高设计标高，如图 4.6 所示。

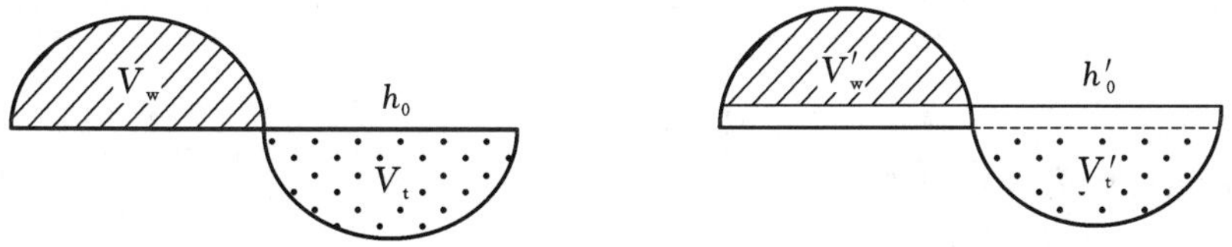

图 4.6 调整设计标高

4.2 土石方开挖及运输

4.2.1 土石方开挖施工

土石方开挖施工前应考虑土方量、土方运距、土方施工顺序、地质条件等因素，进行土方平衡和调配，确定土方施工方案。

4.2.1.1 土方开挖

土方开挖的顺序、方法必须与设计要求相一致，并遵循“开槽支撑，先撑后挖，分层开挖，严禁超挖”的原则。严禁在基坑(槽)及建(构)筑物周边影响范围内堆放土方。基坑边界周围地面应设排水沟，对坡顶、坡面、坡脚采取降排水措施。

(1) 浅基坑的开挖

① 浅基坑开挖，应先进行测量放线，根据开挖方案，分块(段)分层挖土，保证施工操作安全。

② 挖土时，土壁要求平直，挖好一层，支一层支撑。当开挖宽度较大的基坑，且在局部地段无法放坡时，应在下部坡脚采取短桩与横隔板支撑，或用砌砖、毛石或装土的编织袋、草袋堆砌临时矮挡土墙等加固措施，保护坡脚。

③ 相邻基坑开挖时，应遵循先深后浅或同时进行的施工程序。挖土应自上而下、水平分段分层进行，边挖边检查坑底宽度及坡度，不够时及时修整，挖至设计标高后，再统一进行一次修坡清底，检查坑底宽度和标高。

④ 基坑开挖应尽量避免对地基土的扰动。当用人工挖土，且基坑挖好后不能立即进行下道工序时，应预留 150～300 mm 厚的土层不挖，待下道工序开始时再挖至设计标高。采用机械开挖基坑时，为避免破坏基底土，应在基底标高以上预留 200～300 mm 厚的土层人工挖除。

⑤ 在地下水位以下挖土，应在基坑四周挖好临时排水沟和集水井，或采用井点降水，将水位降低至坑底以下 500 mm 以上，以利挖方进行。降水工作应持续到基础(包括地下水位以下回填土)施工完成。

⑥ 雨期施工时，基坑应分段开挖，挖好一段浇筑一段垫层，并应在坑顶、坑底采取有效的截排水措施；同时，应经常检查边坡和支撑情况，以防止坑壁受水浸泡，造成塌方。

⑦ 基坑开挖时，应对平面控制桩、水准点、平面位置、水平标高、边坡坡度、排水量、降水系统等经常复测检查。

⑧ 基坑挖完后应进行验槽，做好记录；如发现地基土质与地质勘察报告、设计要求不符，应与有关人员研究并及时处理。

(2) 深基坑的土方开挖

在深基坑土方开挖前，要制定土方工程专项方案并通过专家论证，要对支护结构、地下水位及周围环境进行必要的监测和保护。

① 深基坑工程的挖土方案，主要有放坡挖土、中心岛式（也称墩式）挖土、盆式挖土和逆作法挖土。第一种无支护结构，后三种皆有支护结构。

② 分层厚度宜控制在 3 m 以内。

③ 多级放坡开挖时，坡间平台宽度不小于 3 m。

④ 边坡防护可采用水泥砂浆、挂网砂浆、混凝土、钢筋混凝土等材料。

⑤ 打桩完毕后基坑开挖前，应制定合理的施工顺序和技术措施，防止桩的位移和倾斜。

⑥ 采用土钉墙支护的基坑应分层分段开挖。每层分段长度不宜大于 30 m。

⑦ 当采用逆作法且基坑开挖面积较大时，宜采用盆式开挖，先形成中部结构，再分块、对称、限时开挖周边土方和施工主体结构。

4.2.1.2 岩石基坑开挖

(1) 岩石基坑可根据工程地质与水文地质条件、周边环境保护要求、支护形式等情况，选择合理的开挖顺序和开挖方式。

(2) 岩石基坑应采取分层分段的开挖方法，如遇地质条件不良、不稳定或欠稳定的基坑，应采取分层分段间隔开挖的方法，并限时完成支护。

(3) 岩石的开挖宜采用爆破法，强风化的硬质岩石和中风化的软质岩石，在现场试验满足要求的前提下，也可采用机械开挖方式。

(4) 爆破开挖宜先在基坑中间开槽爆破，再向基坑周边进行台阶式爆破开挖。接近支护结构或坡脚附近的爆破开挖，应采取措施减小对基坑边坡岩体和支护结构的影响。爆破后的岩石坡面或基底，应用机械修整。

(5) 对于周边环境保护要求较高的基坑，基坑爆破开挖时应采取静力爆破等控制振动、冲击波、飞石的爆破方式。

(6) 爆破施工应符合《爆破安全规程》(GB 6722—2014)的规定。

4.2.2 土石方运输

土石方运输是土石方开挖后的下一步工作，其目的是将开挖出的土石方顺利、高效地运输到指定地点。以下是土石方运输技术的要点。

4.2.2.1 运输工具的选择

根据不同的项目需求和施工条件，可以选择卡车、推土机、皮带运输机等作为运输工具。卡车适用于运输较小量的土石方，可以快速、灵活地进行运输。推土机适用于短距离运输，特别适用于道路等较为平整的施工现场。皮带运输机适用于长距离运输，可以自动化地进行土石方的运输。

4.2.2.2 运输路径的规划

土石方运输路径的规划决定了运输效率和施工进度。在规划运输路径时，应综合考虑各种因素，如地理条件、道路状况、交通流量等，避免运输路径过长或过陡，并保证运输的安全、顺畅。

4.2.2.3 运输管理与安全

土石方运输过程中，需要进行有效的运输管理，包括运输量的记录与统计、货物的确认与验收等。应保证运输过程中人员的安全，加强对运输工具的维护与管理，以防止事故的发生。

4.2.3 土方回填

4.2.3.1 土料要求

填方土料应符合设计要求，保证填方的强度和稳定性。一般不能选用淤泥、淤泥质土、有机质含量大于5%的土、含水量不符合压实要求的黏性土。填方土应尽量采用同类土。

4.2.3.2 基底处理

(1) 清除基底上的垃圾、草皮、树根等杂物，排除坑穴中的积水、淤泥和种植土，将基底充分夯实和碾压密实。

(2) 采取措施防止地表滞水流入填方区浸泡地基，造成基土下陷。

(3) 当填土场地地面坡度大于1∶5时，应先将斜坡挖成阶梯形，阶高0.2～0.3 m，阶宽大于1 m，然后分层填土，以利接合和防止滑动。

4.2.3.3 土方填筑与压实

(1) 填方的边坡坡度应根据填方高度、土的种类和边坡重要性确定。对使用时间较长的临时性填方边坡，当填方高度小于10 m时，坡度可采用1∶1.5；超过10 m，边坡可做成折线形，上部坡度采用1∶1.5，下部坡度采用1∶1.75。

(2) 填土应从场地最低处开始，由下而上分层铺填，填满整个宽度。每层虚铺厚度应根据夯实机械确定，一般情况下每层虚铺厚度见表4.1。

表4.1 填土施工分层厚度及压实遍数

压实机具	分层厚度/mm	每层压实遍数/次
平碾	250～300	6～8
振动压实机	250～350	3～4
柴油打夯机	200～250	3～4
人工打夯	＜200	3～4

(3) 填方时应在相对两侧或周围同时进行回填和夯实。

(4) 填土应尽量采用同类土，填方的密实度要求和质量指标通常以压实系数 λ 表示。

压实系数为土的控制(实际)干土密度 ρ_d 与最大干土密度 ρ_{dmax} 的比值。最大干土密度 ρ_{dmax} 是当为最优含水量时,通过标准的击实方法确定的。填土应控制土的压实系数 λ_c,以满足设计要求。

4.3 土石方爆破技术

4.3.1 土石方爆破飞石防护措施

对于个别飞石的控制,采用如下措施:

(1) 选取合理的爆破参数,避免在软夹层、裂缝处布眼;

(2) 装药前必须认真校核各药包的最小抵抗线,严禁超量装药;

(3) 确保炮孔的填塞质量,并采用孔底反向起爆法;

(4) 采用低爆速炸药,采用不耦合装药、挤压爆破、毫秒微差起爆等爆破方法。

4.3.2 场内行车安全措施

现场设置专人对施工车辆安全进行监督管理,防止坠边及伤害施工人员。施工车辆多时听从安全管理人员旗语调度,严禁擅自盲目行车。

4.3.3 现场用电安全措施

现场临时用电由专业电工按规范和施工方案严格布线,电器设备装设漏电保护器,定期检查用电线路与设备,防止受潮、挂断、破损和故障,严格执行持证上岗和电器设备检查验收使用制度。施工用电容量未经专业电工许可不得增加。

4.3.4 土石方机械施工安全措施

(1) 土石方开挖时,相邻两台挖土机间距应大于 10 m,在挖土机工作范围内,不得进行其他作业,挖土应由上而下逐层进行,严禁先挖坡脚或逆坡挖土。

(2) 挖土方不得在危岩、孤石的下边进行。

(3) 操作中,进铲不应过深,提升不应过猛。每次挖土高度不能高于 4 m,向汽车上卸土应待车子停稳后进行,禁止铲斗从汽车驾驶室上越过,铲斗回转半径内有推土机工作时,挖掘机应停止作业。

(4) 装运挖掘机时,严禁挖掘机在跨板上转向和无故停车,上运输车后应刹住各制动器,放好壁杆和铲斗。

4.3.5 土石方爆破施工安全措施

爆破作业应严格贯彻执行爆破安全规程及有关安全规定，切实做好爆破作业前后各个施工工序的操作检查处理，杜绝各种安全事故发生，以确保施工安全。

(1) 爆破材料的运输

爆破材料在装卸时均应轻拿轻放，不得有摩擦、振动、撞击、抛掷、转倒、坠落发生。

堆放时要摆放平稳，不得散装、改装或倒放，不同敏感度的炸药均不得在同一车辆、车厢内装运，并不得与化学易燃品接触。

运输爆破材料的车辆应遮盖雨布并捆牢，除熟悉爆破材料性能的专门押运人员外，他人不得乘坐。在雨天运输时，必须做好防雨、防滑等措施。

爆破材料应使用专车运输，不得使用自卸汽车、拖车等不合要求的车辆运输；如用柴油车运输，应有防火措施。

用汽车运输时，车箱内不得有钢铁工具，装载量不得超过容许载重量的2/3，装载的高度不应超过车箱，爆破材料应用绳子捆紧，行车速度不应超过20 km/h。人力运送时，每人不超过25 kg，如炸药与起爆器材同时运输，总重不得超过10 kg。

人力运输爆破材料时，搬运者间的最小距离应不小于6 m。

运输爆破材料的车辆，禁止接近烟火、火焰、蒸汽及其他高温场所、电源、磁场，以及易燃危险品，并禁止随行人员在衣服口袋中携带爆破材料(本工地的爆破材料由公安部门直接配送)。如需中途停车，必须离开大型建筑物、民房、桥梁、铁路200 m以上。

(2) 爆破作业的安全距离控制

爆破对人身、生产设备以及建筑物、构筑物都具有危害性，主要是爆破飞石、爆破地震冲击以及爆破毒气会对建筑物、构筑物、设备、人身产生影响。

在组织进行爆破作业前，要根据施工现场的特点，正确地计算安全距离，确定一次齐发起爆药包装药的总数量，并验算相应的安全距离，采取相应的技术措施加以防范，以避免事故的发生。

(3) 临设侧的爆破施工安全措施

采用棕垫或胶垫覆盖爆破，以避免飞石伤人及砸坏车辆和建筑。

(4) 爆破施工组织与管理

每项爆破工程应有专门的技术负责人和安全负责人，爆破施工方案必须经公安部门审批后方可执行。

对参加爆破的人员，应进行专门的安全技术培训和考核，进行详细的安全技术交底，履行严格的交底手续并填写交底记录，制定安全检查制度。

制作起爆雷管时应远离装药现场，并同装药现场一样，周围应有特别的警戒标志。要严禁烟火，不允许无关人员进入现场，不允许工作人员将香烟和引火工具带入现场。装药工具应是塑料品或木棒。

爆破作业时，每个爆破点的出入口应保持畅通无阻，以便遇到危险情况时，人员能迅速转移到安全地点。

4.3.6 运输车辆安全措施

(1) 严格遵守交通规则和有关规定,所有车辆必须证、照齐全,不准驾驶与证件不符的车辆,严禁酒后开车。

(2) 挖土机装车时,自卸汽车就位后,应拉紧手刹,如挖方必须越过驾驶室顶,驾驶室内不得有人。

(3) 车辆不准超载,行驶时不准猛拐、急刹车。

(4) 卸料时,应看好地形,并检视上空和周围有无障碍物以及工人,卸料后,车斗应及时复原,不得边走边落。

(5) 卸料时,车辆必须和坑保持适当安全距离,防止边坡坍塌。

(6) 自卸汽车的车箱内严禁载人。

5 基坑工程

5.1 基坑工程勘察

基坑工程支护设计前，应对影响设计和施工的基础资料进行全面收集和深入分析，以便正确地进行基坑支护结构设计，合理地组织基坑工程施工。这些基础资料主要包括工程地质和水文地质勘察资料、周边环境勘察资料、地下结构设计资料等。

5.1.1 工程地质和水文地质勘察

目前基坑工程的勘察很少单独进行，一般都包含在工程勘察内容中。勘察前委托方应提供基本的工程资料和设计对勘察的技术要求、建设场地及周边地下管线和设施资料，以及可能采用的围护方式、施工工艺要求等。勘察单位应提供勘察方案，该方案应依据主体工程和基坑工程的设计与施工要求统一制定。若勘察人员对基坑工程的特点和要求不太了解，提供的勘察成果不能满足基坑支护设计和施工要求，应进行补充勘察。

岩质基坑的勘察要求和土质基坑有较大差别，到目前为止，我国基坑工程的勘察经验主要集中在土质基坑方面，岩质基坑的勘察经验较少。对岩质基坑，应根据场地的地质构造、岩体特征、风化情况、基坑开挖深度等，按当地标准或当地经验进行勘察。

5.1.1.1 勘察内容和要求

(1) 基坑工程勘察

基坑工程勘察应针对以下内容进行分析：

① 边坡的局部稳定性、整体稳定性和坑底抗隆起稳定性；

② 坑底和侧壁的渗透稳定性；

③ 挡土结构和边坡可能发生的变形；

④ 降水效果和降水对环境的影响；

⑤ 开挖和降水对邻近建筑物和地下设施的影响。

(2) 岩土工程勘察

岩土工程勘察报告中与基坑工程有关的部分应包括下列内容：

① 与基坑开挖有关的场地条件、土质条件和工程条件；

② 提出处理方式、计算参数和支护结构选型的建议；

③ 提出地下水控制方法、计算参数和施工控制的建议；

④ 提出施工方法和施工中可能遇到的问题的防治措施的建议；

⑤ 对施工阶段的环境保护和监测工作的建议。

(3) 勘察基本要求

应查明岩土分布情况，在受基坑开挖影响和可能设置支护结构的范围内，分层提供支护设计所需的抗剪强度指标。土的抗剪强度试验方法，应与基坑工程设计要求一致，符合设计采用的标准，并应在勘察报告中说明。

深基坑工程的水文地质勘察工作不同于供水水文地质勘察工作，其目的是满足降水设计需要和环境影响评估的需要。评估降水对环境的影响时需要对基坑外围的渗流进行分析。当基坑开挖可能产生流砂、流土、管涌等渗透性破坏时，应有针对性地进行勘察，分析评价其产生的可能性及对工程的影响。当基坑开挖过程中有渗流时，地下水的渗流作用宜通过渗流计算确定。

在特殊性岩土分布区进行基坑工程勘察时，应对软土的蠕变和长期强度，软岩和极软岩的失水崩解，膨胀土的膨胀性和裂隙性及非饱和土增湿软化等对基坑的影响进行分析评价。基坑工程勘察，应根据开挖深度、岩土和地下水条件以及环境要求，对基坑边坡的处理方式提出建议。

(4) 勘察布孔及取样要求

① 勘探点宜沿基坑周边布置，基坑主要转角处宜有勘探孔，同时尚应按基坑工程安全等级在坑内布置勘探孔。相邻勘探孔间距应根据基坑安全等级、地层条件确定，可在 15～30 m 内选择，当相邻孔揭露的地层差别较大并影响到设计或施工时，应适当加密勘探孔。

② 勘察范围应根据开挖深度及场地的岩土工程条件确定，勘察的平面范围宜超出开挖边界外开挖深度的 2～3 倍。当开挖边界外无法布置勘探点时，应通过调查取得相应资料。对于软土，支护结构一般需穿过软土层进入相对硬层。

③ 勘探点深度应根据支护结构设计要求确定，宜为开挖深度的 2～3 倍，在软土地区应穿越软土层，同时还应满足不同基础类型、施工工艺及基坑稳定性验算对孔深的要求。

④ 浅层勘察宜沿基坑周边布置小螺纹钻孔，发现厚度较大的杂填土等不良地质现象时，应加密孔距，场地条件许可时宜将范围适当外延。当场地地表下存在障碍物而无法按要求完成浅层勘察时，应在施工清障后进行施工勘察。

⑤ 取土数量应根据工程规模、钻孔数量、地基土层的厚度和均匀性等确定。在环境受污染的场地，勘察时应有针对性并至少取两件水样进行化验，判别其有无腐蚀性。污染严重的场地还应查明污染源及分布范围。

⑥ 支护结构设计前，应妥善处理地下水，地下水是侧向荷载计算的重要指标，因此应认真查明地下水的性质，并就地下水对周边环境可能造成的影响提出相应的治理措施，供设计人员参考。应查明开挖范围及邻近场地地下水含水层和隔水层的层位、埋深和分布情况，查明各含水层(包括上层滞水、潜水、承压水)的补给条件和水力联系；测量场地各含水层的渗透系数和渗透影响半径；分析施工过程中水位变化对支护结构和基坑周边环境的影响，采取相应的措施。

⑦ 潜水稳定水位量测时，宜对每个钻孔在水位恢复稳定后量测稳定水位，量测稳定水位的间隔时间应根据地层的渗透性确定。需绘制地下水等水位线图时，可在勘探结束后统

一量测稳定水位。对于位于江边、岸边的工程，地表水水位、地下水水位应同时量测，并注明量测时间，以了解地下水与地表水之间的水力联系。当量测对工程有影响的承压水时，应在采取止水措施后量测其稳定水位；当有多个承压含水层时，应分别量测其稳定水位。当承压水对基坑有影响，且基坑内勘探孔钻入拟开挖深度以下的砂土、粉性土时，钻探结束后应及时采取有效措施进行回填封孔。

⑧ 应勘察基坑范围内及围护墙附近地下障碍物的性质、规模、埋深等情况，以便采取合适的措施进行处理。地下障碍物一般包括废弃的建(构)筑物基础和桩、地下室、人防工程、水池、箱涵、设备基础、废井、驳岸、较大堆垃圾、树根、抛石等。

5.1.1.2 勘察成果

勘察成果文件是基坑设计、施工的依据。勘察成果应对基坑工程影响深度范围内的土层埋藏条件、分布和特性进行综合分析评价，并分析填土、暗浜、地下障碍物等浅层不良地质现象的分布情况及其对基坑工程的影响；应阐明场地浅部潜水及深部承压水的埋藏条件、水位变化幅度和与地表水间的联系，以及土层渗流条件，并对发生流砂、管涌、坑底突涌等险情的可能性进行分析与评价；应提供基坑工程影响范围内的各土层物理、力学试验指标的统计值；应对基坑工程支护类型、设计和施工中应注意的岩土问题及基坑监测工作提出建议。

5.1.2 周边环境勘察

基坑开挖带来的水平位移和地层沉降会影响周围邻近建(构)筑物、道路和地下管线，该影响如果超过一定限度，则会影响其他设施的正常使用或带来较严重的后果。所以基坑工程设计和施工，一定要采取措施保护周围环境，将该影响限制在允许范围内。为限制基坑施工的影响，在施工前要对周围环境进行应有的调查，做到心中有数，以便采取有效的针对性措施。

5.1.2.1 基坑周边邻近建(构)筑物状况调查

在大中城市建筑物稠密地区进行基坑工程施工，宜对基坑周边影响范围内的建(构)筑物进行调查，调查一般包括以下内容：

(1) 建(构)筑物的分布，其与基坑边线的距离；

(2) 建(构)筑物的上部结构形式、基础结构及埋深、有无桩基和对沉降差异的敏感程度，需要时要收集和参阅有关的设计图纸；

(3) 建筑物是否属于历史文物或近代优秀建筑，或有精密仪器与设备的厂房等有特殊的严格的使用要求的建筑；

(4) 如周围建(构)筑物在基坑开挖之前已经存在倾斜、裂缝、使用不正常等情况，需通过影像、绘图等手段收集有关资料，必要时应事先进行分析鉴定；

(5) 如周围有地铁隧道、地铁车站、地下车库、地下商场、地下通道、人防工程、箱涵等，应调查其与基坑的相对位置、埋设深度、基础形式与结构形式、对变形与沉降的敏感程度、变形控制指标或其他特殊要求。

5.1.2.2 基坑周边管线状况调查

在大中城市进行基坑工程施工时，基坑周围的主要管线为燃气管道、上水管道、下水管道和电缆等，调查的主要内容如下：

(1) 燃气管道。应调查和掌握燃气管道埋深与基坑的相对位置、管径、管内压力、接头构造、管材、每个管节长度、埋设年代等。燃气管道的管材一般采用钢管和铸铁管，也可采用塑料管和复合管，管节长度一般为 4～12 m，管径一般为 100～800 mm。铸铁管一般采用承插连接、法兰连接、机械连接，钢管一般采用焊接或法兰连接，塑料管多为电熔连接或热熔连接，复合管一般采用法兰连接或电熔连接。

(2) 上水管道。应调查和掌握上水管道埋深与基坑的相对位置、管径、管材、管节长度、接头构造、管内水压、埋设年代等。上水管道一般采用钢管、铸铁管、塑料管、复合管等，管节长度一般为 4～12 m，管径一般为 100～3000 mm。铸铁管一般采用承插连接、法兰连接，钢管多采用焊接，塑料管多为电熔连接或热熔连接，复合管一般采用法兰连接或电熔连接。

(3) 下水管道。应调查和掌握下水管道管径与基坑的相对位置、埋深、管材、管节长度、基础形式、接头构造、窨井间距等。下水管道多采用预制混凝土管、铸铁管，混凝土管一般采用承插式、企口式、平口式等连接方式，铸铁管多采用承插连接。

(4) 电缆。应调查和掌握电缆埋深(或架空高度)与基坑的相对位置、规格型号、用途、使用要求、保护装置(形式)等。电缆种类很多，有高压电缆、通信电缆、照明电缆、防御设备电缆等。有的放在电缆沟内，有的架空。也有用共同沟将多种电缆放在一起的做法。电缆有普通电缆和光缆之分，光缆的保护要求更高。

(5) 基坑内的管线。坑内地下管线一般分为废弃管线和使用管线。废弃管线及其附属设施一般可视为地下障碍物进行调查和处理，但处理前必须确认废弃段已经关闭或者封堵。坑内正在使用的地下管线必须进行详细调查，除了解其平面位置、直径、材料类型、埋深、接头形式、压力、建造年代等情况外，还应在场内进行详细的标注，必要时可进行地下管线探测。基坑设计时应采取有针对性的管线保护措施，并在施工前确定地下管线保护方案。

5.1.2.3 基坑周边道路及交通状况调查

在城市繁华地区进行基坑工程施工时，邻近常有道路。这些道路的重要性不相同，有些是次要道路，而有些则属城市干道。为保证周边道路不因基坑变形而产生破坏，应了解基坑周边道路的性质、类型、与基坑的相对位置、路基和路面结构、路面裂缝和破损、路面沉降等情况，为基坑施工方案的确定提供参考。为保证基坑施工阶段的材料和设备进出场便利，应重点调查周边道路的交通运输能力，包括交通流量、通行能力、路面承载力、人流量、同行规则、交通管理等情况。

5.1.2.4 基坑周边施工条件调查

现场周围的条件对基坑设计和施工有直接影响，事先必须加以调查，其主要内容包括：

(1) 了解施工现场周围的交通运输、商业规模等特殊情况，了解基坑施工期间对土方和混凝土等材料的运输有无限制，必要时是否允许阶段性封闭施工等。这些对选择施工方案有影响。

(2) 了解施工现场附近对施工产生的噪声和振动的限制。如对施工噪声和振动有严格的限制,则会影响桩型选择和支护结构混凝土支撑的爆破拆除。

(3) 了解施工场地条件,即是否有足够场地供运输车辆运行、堆放材料、停放施工机械、加工钢筋等,以便确定是全面施工、分区施工还是逆作法施工。

5.1.3 地下结构设计资料

主体结构地下工程的设计资料是基坑工程设计的重要依据。一般情况下,基坑工程设计在主体结构设计完成后、基坑工程施工前进行。对于一些大型的、重要的基坑工程,在主体结构设计阶段即可进行基坑工程的设计工作,以便更好地协调基坑与主体结构之间的关系,如支撑立柱桩与工程桩的结合、水平支撑与结构楼层标高的协调、地下结构换撑、分隔墙拆除与结构对接等关系的处理。支护结构与主体结构相结合的基坑工程的设计,应与主体结构设计同步进行。

如利用地下结构兼作基坑支护结构,基坑施工阶段与永久使用期的荷载状况和结构状况有较大差别,结构设计应同时满足各工况下的承载能力极限状态和正常使用极限状态的要求,并应考虑不同阶段的变形协调。基坑工程设计前,应主要掌握以下地下结构工程设计资料:

(1) 主体地下结构的平面布置和形状。包括电梯井、集水井、管道沟等各种落深区域的平面布置和形状,地下室与建筑红线的相对位置。这些资料是选择基坑支护形式、设计支撑的重要依据。若地下室外墙与建筑红线较近,则应采用厚度较小的围护墙,或采用“两墙合一”的地下连续墙;若平面尺寸较大或形状复杂,则应在支撑布置时考虑特殊的形式;若局部区域落深较大或高差较大,则应考虑在该区域采取临时支护或土体加固措施。

(2) 主体工程基础桩位布置图。支撑立柱设置时应考虑尽量利用工程桩,以节约成本。

(3) 主体地下结构的层数、各层楼板和底板的布置与标高、地面标高等。根据结构标高和结构形式,可确定基坑的开挖深度,从而选择合适的支护结构形式、确定支撑布置形式和支撑标高、制定降水和土方开挖方案。根据结构形式,可选择合适的换撑形式。

(4) 主体结构顶板的承载能力。施工阶段可根据地下室顶板的设计承载力,确定合理的施工平面布置,以加快施工速度。

5.2 基坑支护结构类型和选型

5.2.1 总体方案选择

基坑支护是为满足地下结构的施工要求及保护基坑周边环境的安全,对基坑侧壁采取的支挡、加固与保护措施,基坑支护总体方案的选择直接关系到基坑及周边环境安全、施工进度、工程建设成本。总体方案主要有顺作法和逆作法两类,在同一基坑工程中,顺作法和逆作法可以在不同的区域组合使用，从而在特定条件下满足工程的技术经济要求。

5.2.1.1 顺作法

顺作法是指先施工周边围护结构，然后由上而下开挖土方并设置支撑(锚杆)，挖至坑底后，再由下而上施工主体结构，并按一定顺序拆除支撑的施工方法。顺作法基坑支护结构通常由围护墙、支撑(锚杆)及其竖向支承结构组成。顺作法是基坑工程传统的施工方法，设计较便捷，施工工艺成熟，支护结构与主体结构相对独立，设计的关联性较低。顺作法常用的施工技术包括放坡开挖，筑水泥土挡墙、排桩与板墙、土钉墙、逆作拱墙等。

5.2.1.2 逆作法

逆作法是指以主体地下结构的水平梁板结构为内支撑，按楼层自上而下施工并与基坑开挖交替进行的施工方法。逆作法围护墙可与主体结构外墙结合，也可采用临时围护墙。逆作法旨在借助地下结构自身能力对基坑产生支护作用，即利用各层水平结构的刚度、强度，使其成为基坑围护墙水平支撑点，以平衡土压力。在采用逆作法进行地下结构施工的同时，还可同步进行上部结构的施工，但上部结构允许施工的层数(高度)须经设计计算确定。

(1) 逆作法的优点

① 基坑变形较小，有利于周边环境保护；

② 地上和地下同步施工时，可缩短工期；

③ 支护结构与主体结构相结合，可大幅节约支撑等材料；

④ 围护墙与主体结构外墙结合时，可减少土方开挖和回填量；

⑤ 避免特殊平面形状的支撑设置难题；

⑥ 可充分利用地下室顶板作为施工场地，解决施工场地狭小的难题。

(2) 逆作法的不足

① 基坑设计与结构设计的关联度较大，设计与施工的沟通和协作紧密；

② 施工技术要求高，如结构构件节点复杂、中间支承柱垂直度控制要求高；

③ 挖运设备尚有待研究，土方挖运效率受到限制；

④ 立柱之间及立柱与围护墙之间的差异沉降较难控制；

⑤ 结构局部区域需采用二次浇筑施工工艺；

⑥ 施工作业环境较差。

5.2.1.3 顺逆结合

对于某些条件复杂或具有特殊技术经济要求的基坑，可采用顺作法和逆作法相结合的设计方案，从而发挥顺作法和逆作法各自的优势，满足基坑工程特定要求。工程中常用的顺逆结合方案主要有主楼先顺作、裙房后逆作，裙房先逆作、主楼后顺作，中心顺作、周边逆作等。

(1) 主楼先顺作、裙房后逆作

高层和超高层建筑通常由主楼和裙房组成，若主楼为工期控制的主导因素，在施工场地紧张的情况下，可先采用顺作法施工主楼地下室基坑，裙房暂作施工场地，待主楼进入上部结构施工某一阶段后，再逆作裙房地下室基坑。该方法一方面可解决施工场地狭小、作业困难的问题；另一方面由于主楼基坑面积较小，可加快施工速度，裙房逆作不占绝对工期，缩短了总工期。同时裙房逆作基坑可较好地控制基坑变形，可减少对周边环境的影响。

(2) 裙房先逆作、主楼后顺作

高层和超高层建筑施工中，若裙房的工期要求非常紧（如裙房作为商业建筑而需要尽快投入商业运营），而主楼的工期要求不紧，裙房可先采用逆作法，且可上下同步施工，以满足工期要求，而在主楼区域可设置大空间取土口。待裙房地下结构完成后再顺作施工主楼结构。该方法由于在主楼区域设置大空间，可大幅提高挖土效率，加快裙房施工速度；同时大空间也改善了逆作区域的通风和采光条件。裙房采取上下同步施工工艺，可缩短裙房施工工期。裙房采用逆作法施工可较好地控制基坑变形。

(3) 中心顺作、周边逆作

对于面积较大且周边环境保护要求不高的基坑，可在基坑周边先施工一圈具有一定水平刚度的环状结构梁板，然后在基坑周边被动区留土护壁，并采用多级放坡的方式将基坑中心区域开挖至坑底，在中心区域顺作地下结构，并使之与周边环状结构梁板贯通后，再逐层开挖和逆作周边留土区域。该方法由于基坑周边将结构梁板作为水平支撑，而中心区域无需临时支撑，具有较高的经济效益，且由于中部敞开，出土速度较快，可缩短整体施工工期。同时由于中心区域顺作施工，可节省逆作施工中的中间支承柱。

中心顺作、周边逆作也可在施工周边环状结构梁板后，盆式开挖中心区域土方，再开挖周边环状结构梁板下的土方，然后逆作基坑周边下层结构，在强度满足要求后再逐层进行土方开挖和周边地下结构施工，开挖至坑底后浇筑基础底板，最后由下而上顺作完成中心区域地下结构。

5.2.2 基坑支护工程选型

放坡是一种最简单的基坑开挖形式，一般适用于基坑侧壁安全等级三级的基坑，施工现场场地应满足放坡条件，放坡可独立或与其他支护结构结合使用；当地下水位高于坡脚时，应采取降水措施。为了在基坑工程中做到技术先进、经济合理，确保基坑及周边环境安全，支护结构形式的选择应综合考虑工程地质与水文地质条件、地下结构设计、基坑平面及开挖深度、周边环境和坑边荷载、场地条件、施工季节、支护结构使用期限等因素，选型时应考虑空间效应和受力条件的改善，采用有利于发挥支护结构材料受力特性的形式。在软土场地可局部或整体对坑底土体进行加固，或在不影响基坑周边环境的情况下，采用降水措施提高土的抗剪强度和减小水土压力。

5.2.2.1 围护墙选型

(1) 重力式水泥土墙

重力式水泥土墙结构是在基坑侧壁筑成一个具有相当厚度和重量的刚性实体结构，以其重量抵抗基坑侧壁土压力，满足抗滑移和抗倾覆要求。这类结构一般采用水泥土搅拌桩，有时也采用旋喷桩，使桩体相互搭接形成块状或格栅状等形状的重力结构。重力式水泥土墙具有挡土、隔水双重功能，且坑内无支撑，可方便机械化快速挖土。其缺点是不宜用于深基坑，支护深度一般不宜大于 6 m；位移相对较大，尤其在基坑长度较大时，一般采取中间加墩、起拱等措施以限制过大位移；重力式水泥土墙厚度较大，须具备足够的场地条件。重力式水泥土墙宜用于基坑侧壁安全等级为二、三级者；地基土承载力不宜大于 150 kPa。

(2) 钢板桩

① 槽钢钢板桩

槽钢钢板桩是一种简易的钢板桩围护墙，由槽钢正反扣搭接或并排组成。槽钢一般长 6～8 m，规格由计算确定，打入地下后顶部设拉锚或支撑。由于其截面抗弯能力弱，一般用于深度不超过 4 m 的基坑；由于搭接处不严密，不能完全止水，如地下水位高，需要时可用轻型井点降低地下水位。槽钢钢板桩一般适用于小型工程。其优点是材料来源广，施工简便，可以重复使用。

② 热轧锁口钢板桩

热轧锁口钢板桩的形式有 U 形、L 形、一字形、H 形和组合形。建筑工程中常用前两种，基坑深度较大时才用后两种。

钢板桩的优点是材料质量可靠，在软土地区打设方便，施工速度快而且简便；有一定的挡水能力；可多次重复使用；一般费用较低。其缺点是一般的钢板桩刚度不够大，用于较深基坑时变形较大；在透水性较好的土层中不能完全挡水；拔除时易带土，如处理不当会引起土层移动，可能危害周围环境。

(3) 型钢横挡板

型钢横挡板围护墙亦称桩板式支护结构。这种围护墙是由工字钢（或 H 型钢）和横挡板（亦称衬板）加上围檩、支撑等形成的一种支护体系。施工时先打设工字钢或 H 型钢桩，然后边挖土边加设横挡板。施工结束后拔出工字钢或 H 型钢桩，并在安全允许的条件下尽可能回收横挡板。横挡板直接承受水土压力，压力由横挡板传给工字钢桩，再通过围檩传至支撑或拉锚。横挡板长度取决于工字钢桩间距和厚度，由计算确定。横挡板多用厚度 60 mm 的木板或预制钢筋混凝土薄板。型钢横挡板围护墙多用于土质较好、地下水位较低的地区。

(4) 钻孔灌注桩

根据目前的施工工艺，钻孔灌注桩为间隔排列，缝隙不小于 100 mm，因此它不具备挡水功能，须另做隔水帷幕，隔水帷幕较多采用水泥土搅拌桩，水泥土搅拌桩的搭接长度一般为 200 mm，也可采用高压旋喷桩作为隔水帷幕，地下水位较低地区则不须做隔水帷幕。

钻孔灌注桩施工无噪声、无振动、无挤土，制成的桩刚度大，抗弯能力强，变形较小，几乎在全国都有应用。钻孔灌注桩多用于深度 7～15 m 的基坑工程，在土质较好地区已有 8～9 m 悬臂桩的工程实践，在软土地区多加设内支撑（或拉锚），悬臂式结构不宜大于 5 m，桩径和配筋要求通过计算确定。有些工程为简化施工不用支撑，由相隔一定距离的双排钻孔灌注桩与桩顶横梁组成空间结构围护墙，使悬臂桩围护墙可用于深度 14 m 左右的基坑。

(5) 挖孔桩

挖孔桩围护墙也属桩排式围护墙，多在我国东南沿海地区使用。挖孔桩采用人工挖土成孔，多为大直径桩，宜用于土质较好地区。如土质松软、地下水位高，须边挖土边施工衬圈，衬圈多为混凝土结构。在地下水位较高地区施工挖孔桩，应注意挡水问题；否则地下水流入桩孔，大量抽排水会引起邻近地区地下水位下降，因土体固结而出现较大的地面沉降。

人下孔开挖挖孔桩，便于检验土层，亦易扩孔；可多桩同时施工，施工速度可得到保证；大直径挖孔桩用作围护桩时可不设或少设支撑。但挖孔桩施工劳动强度高，施工条件差，如遇流砂还有一定危险。

(6) 地下连续墙

地下连续墙是于基坑开挖之前，用特殊挖槽设备在泥浆护壁之下开挖深槽，然后下钢筋笼浇筑混凝土形成的地下混凝土墙。目前常用的厚度为600 mm、800 mm、1000 mm，其多用于较深基坑。

地下连续墙施工时对周围环境影响小，能紧邻建(构)筑物进行施工；地下连续墙刚度大、整体性好，变形小；处理好接头能较好地抗渗止水；如用逆作法施工，可实现两墙合一，能降低成本。地下连续墙围护多适用于基坑侧壁安全等级为一、二、三级者；在软土中悬臂式结构不宜大于5 m。地下连续墙如单纯用作围护墙，只为施工挖土服务则成本较高；施工过程中的泥浆须妥善处理，否则会影响环境。

(7) 型钢水泥土搅拌墙

即在水泥土搅拌桩内插入H型钢，使之成为同时具有受力和抗渗两种功能的支护结构围护墙，亦可加设支撑。型钢的布置方式通常有密插、插二跳一和插一跳一三种。型钢水泥土桩的施工机械为三轴深层搅拌机，H型钢靠自重可顺利下插至设计标高。型钢水泥土桩围护墙的水泥掺入比达20%，水泥土强度较高，与H型钢黏结好，能共同发挥作用。

(8) 土钉墙

土钉墙是一种边坡稳定式的支护，它通过主动嵌固作用增加边坡稳定性。施工时每挖深1.0～1.5 m，即钻孔插入钢筋或钢管并注浆，然后在坡面挂钢筋网，喷射细石混凝土面层，依次进行上述工序直至坑底。在土钉墙的基础上，后来又发展出了复合土钉墙，即预应力锚杆、隔水帷幕、微型桩与土钉墙的组合形式。

(9) 逆作拱墙

当基坑平面形状适合时，可用拱墙作围护墙。拱墙有圆形闭合拱墙、椭圆形闭合拱墙和组合拱墙。对于组合拱墙，可将局部拱墙视为两铰拱。逆作拱墙宜用于基坑侧壁安全等级为三级者；淤泥和淤泥质土场地不宜应用；拱墙轴线的矢跨比不宜小于1/8；基坑深度不宜大于12 m；地下水位高于基坑底面时应采取降水或隔水措施。

5.2.2.2 支撑体系选型

对于排桩、板墙式支护结构，当基坑深度较大时，为使围护墙受力合理并将受力后变形控制在一定范围内，须沿围护墙竖向增设支撑点以减小跨度。如在坑内对围护墙加设支承则称为内支撑；如在坑外对围护墙设拉支承，则称为拉锚(土锚)。

内支撑受力合理、安全可靠，易于控制围护墙的变形，但内支撑的设置给基坑内挖土和地下室结构的支模和浇筑带来一些不便，须通过换撑加以解决。用土锚拉结围护墙，坑内施工无任何阻挡，但在软土地区土锚的变形较难控制，且土锚有一定长度，在建筑物密集地区如超出红线尚须专门申请。一般情况下，在土质好的地区，如具备锚杆施工设备和技术，应发展土锚；在软土地区，为便于控制围护墙的变形，应以内支撑为主。

支护结构的内支撑体系包括腰梁(围檩)或冠梁、支撑和立柱。腰梁固定在围护墙上,将围护墙承受的侧压力传给支撑(纵横两个方向),支撑是受压构件,长度超过一定限度时稳定性不好,故中间须加设立柱,立柱下端须稳固,可将工程桩作为立柱桩,若不能利用,应另外专门设置立柱桩。

(1) 内支撑类型

① 钢支撑

钢支撑一般分为钢管支撑和型钢支撑。钢管支撑多用 ϕ609 钢管,有多种壁厚(10 mm、12 mm、14 mm)可供选择,壁厚大者承载能力高;亦有用较小直径钢管者,如 ϕ580、ϕ406 钢管等。型钢支撑多用 H 型钢,有多种规格以适应不同的承载力。不过作为一种工具式支撑,钢支撑要考虑能适应多种情况。纵、横向支撑的交叉部位,可上下叠交固定;亦可用专门加工的"十"字形定型接头固定,以便连接纵、横向支撑构件。前者纵、横向支撑不在一个平面上,整体刚度差;后者则在一个平面上,刚度大,受力性能好。

钢支撑的优点是安装和拆除方便、速度快,能尽快发挥支撑的作用,减小时间效应,使围护墙因时间效应增加的变形减小;可以重复使用,多为租赁方式,便于专业化施工;可以施加预紧力,还可根据围护墙变形发展情况,多次调整预紧力值以限制围护墙变形发展。其缺点是整体刚度相对较弱,支撑的间距相对较小;由于在两个方向施加预紧力,纵、横向支撑的连接处处于铰接状态。

② 混凝土支撑

混凝土支撑的混凝土强度等级多为 C30,截面尺寸经计算确定。腰梁截面尺寸常用 600 mm×800 mm(高×宽)、800 mm×1000 mm 和 1000 mm×1200 mm;支撑截面尺寸常用 600 mm×800 mm(高×宽)、800 mm×1000 mm、800 mm×1200 mm 和 1000 mm×1200 mm。支撑截面尺寸在高度方向上要与腰梁高度相匹配。配筋要经计算确定。混凝土支撑是根据设计规定的位置,随挖土现场支模浇筑而成的。其优点是可根据基坑平面形状,浇筑成最优化的布置形式;整体刚度大,安全可靠,可使围护墙变形小,有利于保护周围环境;能灵活优化构件截面和配筋,以适应其内力变化。其缺点是支撑成型时间长和发挥作用较慢,时间效应大,可能使围护墙产生的变形增大;不能重复利用;拆除相对困难,如采用爆破拆除,有时周围环境不允许,如用人工拆除,时间较长、劳动强度大。

③ 钢支撑和混凝土支撑组合形式

在一定条件下的基坑可采用钢支撑和混凝土支撑组合的形式。组合的方式一般有两种:一种是分层组合方式,如第一道支撑采用混凝土支撑,第二道及以下各道支撑采用钢支撑;另一种为同层支撑平面内钢和混凝土组合支撑。

④ 支撑立柱

对平面尺寸大的基坑,在支撑交叉点处须设立柱,以在垂直方向支承平面支撑。立柱可为四个角钢组成的格构式钢柱、圆钢管或型钢。为便于承台施工时穿钢筋,宜选择格构式钢柱,其应用较多。立柱的下端应插入作为工程桩使用的灌注桩内,插入深度不宜小于 2 m,如立柱不对准作为工程桩使用的灌注桩,立柱就要做专用的灌注桩基础。

(2) 内支撑的布置和形式

内支撑的布置要综合考虑基坑平面形状、尺寸、开挖深度,基坑周围环境保护要求和邻近地下工程的施工情况，主体工程地下结构的布置，土方开挖方式及主体工程地下结构的施工顺序和施工方法等因素。支撑布置不应妨碍主体工程地下结构的施工，为此事先应详细了解地下结构的设计图纸。对于面积较大的基坑，其施工速度在很大程度上取决于土方开挖速度，故内支撑布置应尽可能便于土方开挖。相邻支撑之间的水平距离，在结构合理的前提下，应尽可能扩大，以便挖土机运作。

支撑体系在平面上的布置形式，有正交支撑、角撑、对撑、桁架式、框架式、圆环形等。有时在同一基坑中混合使用上述形式，如角撑加对撑、环梁加边桁(框)架、环梁加角撑等，应根据基坑的平面形状和尺寸设置最适合的支撑。一般情况下，平面形状接近方形且尺寸不大的基坑，宜采用角撑，基坑中间有较大空间可方便挖土。形状接近方形但尺寸较大的基坑，可采用环形或桁架式、边框架式支撑，其受力性能较好，亦能提供较大的空间，便于挖土。长方形的基坑宜采用对撑或对撑加角撑形式，该形式安全可靠且便于控制变形。

支撑在竖向的布置，主要取决于基坑深度、围护墙种类、挖土方式、地下结构各层楼盖和底板位置等。基坑深度愈大，支撑层数愈多，围护墙应受力合理，不产生过大弯矩和变形。支撑标高要避开地下结构楼盖位置，以便于支模浇筑地下结构时换撑，支撑多数布置在楼盖之下和底板之上，其净距离最好不小于 600 mm。支撑竖向间距还与挖土方式有关，如人工挖土，支撑竖向间距不宜小于 3 m，如挖土机下坑挖土，竖向间距最好不小于 4 m。

在支模浇筑地下结构时，在拆除上面一道支撑前，应先设换撑，换撑位置都在底板上表面和楼板标高处。如靠近地下室外墙附近楼板有缺失，为便于传力，在楼板缺失处要增设临时钢支撑。换撑时需要在换撑(多为混凝土板带或间断的条块)达到设计规定的强度、起支撑作用后才能拆除上面一道支撑。换撑工况在计算支护结构时亦须加以计算。

5.3 常见基坑支护结构施工方法

5.3.1 水泥土重力式挡墙施工

水泥土重力式挡墙是用于加固软黏土地基的一种围护方法。它用水泥材料作固化剂，通过特制的深层搅拌机械，在地基深处就地将软土和水泥强制搅拌形成连续搭接的水泥土柱状加固体，利用水泥和软土之间产生的一系列物理化学反应，使软土硬结成具有整体性、稳定性和一定强度的挡土、防渗墙，从而提高地基强度和增大变形模量。

重力式水泥土墙施工可采用三种方法：喷浆式深层搅拌(湿法)、喷粉式深层搅拌(干法)、高压喷射注浆法(也称高压旋喷法)。湿法施工注浆量容易控制，成桩质量好，目前绝大部分重力式水泥土墙施工都采用湿法工艺。

5.3.1.1 二轴水泥土墙工程(湿法)施工工艺

二轴水泥土墙工程施工可采用“二次喷浆、三次搅拌”工艺，主要依据水泥掺入比及土质情况而定。

(1) 定位

水泥土搅拌桩机开行到达指定桩位(安装、调试)就位。当地面起伏不平时应注意调整机架的垂直度。

(2) 预搅下沉

待搅拌机的循环冷却水及相关设备运行正常后,启动搅拌机电机。放松桩机钢丝绳,使搅拌机沿导向架旋转搅拌切土下沉,可由电气装置的电流监测表控制下沉速度。如遇硬黏土等导致下沉速度太慢,可通过输浆系统适当补给清水以利钻进。

(3) 制备水泥浆

水泥土搅拌机预搅下沉到一定深度后,即开始按设计及试验确定的配合比拌制水泥浆,压浆前将水泥浆倾倒入集料斗中。制浆时,水泥浆拌和时间不得少于 5 min,制备好的水泥浆不得离析、沉淀,水泥浆在倒入储浆池时,应加筛过滤以免结块。水泥浆存储时间不得超过 2 h,否则应予以废弃。

(4) 提升喷浆搅拌

水泥土搅拌机下沉到达设计深度后,开启灰浆泵将水泥浆压入地基土中,且边喷浆边搅拌,同时按提升速度提升搅拌机,直至达到设计桩顶标高。搅拌提升速度一般应控制在 0.5 m/min 以内,确保喷浆量,以满足桩身强度设计要求。在水泥土搅拌桩成桩过程中,如遇到故障停止喷浆,应在 12 h 内采取补浆措施,补浆重叠长度不小于 1.0 m。

(5) 重复下沉、提升搅拌

为使已喷入土中的水泥浆与土充分搅拌均匀,须再次沉钻进行复搅,复搅下沉速度控制在 0.5～0.8 m/min,复搅提升速度控制在 0.5 m/min 以内。当水泥掺量较大或因土质较密在提升时不能将应喷入土中的水泥浆全部喷完时,可在重复下沉、提升搅拌时予以补喷,但此时仍应注意喷浆的均匀性。由于过少的水泥浆很难做到沿全桩均匀分布,第二次喷浆量不宜过少,可控制在单桩总喷浆量的 40%左右。

(6) 第三次搅拌

停浆,进行第三次搅拌,钻头搅拌下沉,钻头搅拌提升至地面停机。第三次搅拌下沉速度控制在 1 m/min 以内,提升搅拌速度控制在 0.5 m/min 以内。

(7) 移位

桩机移位至新的桩位,进行下一根桩的施工。移位转向时要注意桩机的稳定。相邻桩施工时间间隔保持在 16 h 内,若超过 16 h,在搭接部位应采取加桩防渗措施。

(8) 清洗

当施工告一段落后,应及时对桩机进行清洗。向已排空的集料斗中注入适量清水,开启灰浆泵,清洗全部管道中的残留水泥浆,同时将黏附于搅拌头上的土清洗干净。

5.3.1.2 三轴水泥土墙工程(湿法)施工工艺

(1) 测量放线

根据坐标基准点,按图放出桩位,设立临时控制桩,填好测量复核单,提请验收。

(2) 开挖导沟及定位型钢放置

沿基坑围护边线开挖沟槽,沟槽开挖后定位型钢。在沟槽两侧打入若干槽钢作为固定支点，在垂直方向放置两根工字钢，将其与支点焊接，再在与沟槽平行方向放置两根工字钢，将其与下面的工字钢焊接作为定位型钢。

(3) 三轴搅拌桩孔位及桩机定位

根据三轴搅拌桩中心间距尺寸在平行工字钢表面画线定位。桩机就位，在移动前、移动结束后检查定位情况并及时纠正。桩机应平稳平正，并用经纬仪观测以控制钻机垂直度。三轴水泥搅拌桩桩位定位偏差应小于 20 mm。

(4) 水泥土搅拌桩成桩施工

三轴水泥土墙施工采用套接一孔的工艺，保证墙体的连续性和接头的施工质量，这种施工顺序一般适用于 N(锤击数)值小于50 的地基土。三轴水泥搅拌桩的搭接以及施工设备的垂直度补救是依靠重复套钻来保证的，以达到止水的效果。

三轴水泥搅拌桩机在下沉和提升过程中均应注入水泥浆液，同时严格控制下沉和提升速度，下沉速度不大于 1 m/min，提升速度不大于 2 m/min，在桩底应重复搅拌注浆。开机前应按事先确定的配合比进行水泥浆液的拌制，注浆压力根据实际施工状况确定。水泥土搅拌桩施工时，不得冲水下沉，相邻两桩施工间隔不得超过 12 h。

5.3.2 钢板桩工程施工

钢板桩是带锁口或钳口的热轧型钢，钢板桩靠锁口或钳口相互连接咬合，形成连续的钢板桩墙，用来挡土和挡水。钢板桩作为建造水上、地下构筑物或基础施工中的围护结构，由于具有强度高、结合紧密、不漏水性好、施工简便、成桩速度快、能减少开挖土方量、可重复使用等特点，在一定条件下使用会取得较好的效益。

5.3.2.1 钢板桩的打设

先用吊车将钢板桩吊至插桩点进行插桩，插桩时锁口要对准，每插入一块即套上桩帽加以轻轻锤击。在打桩过程中，为保证钢板桩的垂直度，可用两台经纬仪在两个方向加以控制。为防止锁口中心线产生平面位移，可在打桩进行方向的钢板桩锁口处设卡板，阻止板桩位移。同时在围檩上预先算出每块板块的位置，以便随时检查校正。

钢板桩分几次打入，如第一次由 20 m 高打至 15 m，第二次则打至 10 m，第三次打至导梁高度，待导架拆除后第四次才打至设计标高。打桩时开始打设的第一、二块钢板桩的打入位置和方向要确保精度，它可以起样板导向作用，一般每打入 1 m 应测量一次。

若在坚实的砂层、砂砾层中沉桩，桩的阻力过大，需在打桩前对地质情况作详细分析，充分研究贯入的可能性，在施工时可伴以高压冲水或用振动法沉桩，不要用锤硬打。若钢板桩连接锁口锈蚀、变形，入土阻力大，致使板桩不能顺利沿锁口而下，应在打桩前对钢板桩逐根检查，有锈蚀或变形的加以除锈、矫正，还可在锁口内涂油脂，以减少阻力。

在软土中打桩时，由于连接锁口处的阻力大于板桩与土体间的阻力，形成了一个不平衡力，使板桩易向前进方向倾斜。可用卷扬机和钢丝绳将板桩反向拉住后再锤击，或改变锤击方向。当倾斜过大，靠上述方法不能纠正时，可用特制楔形板桩进行纠正。

当遇到不明障碍物或板桩倾斜时，板桩阻力增大，会把相邻板桩带入。可采用下列措施处理:①不一次把板桩打到标高,留一部分在地面,待全部板桩入土后,用屏风法打设余下部分。②把相邻钢板桩焊在导梁上。③在连接锁口处涂黄油以减少阻力。④将数根钢板桩用型钢连在一起。⑤运用特殊塞子,防止砂土进入连接锁口。⑥板桩被带入土中后,应在其顶部焊以同类型的板桩以补足不足的长度。

5.3.2.2 钢板桩的转角和封闭

钢板桩墙的设计水平总长度,有时并不是钢板桩标准宽度的整数倍,或者钢板桩墙的轴线较复杂,钢板桩的制作和打设有误差,均会给钢板桩墙的最终封闭合拢施工带来困难,一般可采取下述方法:

(1) 异形板桩法:异形板桩的加工质量较难保证,而且打入和拔出也较困难,特别是用于封闭合拢的异形板桩,一般是在封闭合拢前根据需要进行加工,往往影响施工进度,所以应尽量避免采用异形板桩。

(2) 连接件法:此法用特制的"ω"和"δ"型连接件来调整钢板桩的根数和方向,实现板桩墙的封闭合拢。钢板桩打设时,应预先测定实际的板桩墙的有效宽度,并根据钢板桩和连接件的有效宽度确定板桩墙的合拢位置。

(3) 骑缝搭接法:用选用的钢板桩或宽度较大的其他型号的钢板桩作闭合板桩,将其打设于板桩墙闭合处。闭合板桩应打设于挡土的一侧。此法用于板桩墙要求较低的工程。

(4) 轴线调整法:此法通过钢板桩墙闭合轴线设计长度和位置的调整实现封闭合拢。封闭合拢处最好选在短边的角部。

5.3.3 型钢水泥土搅拌墙工程施工

型钢水泥土搅拌墙通常称为SMW(Soil Mixing Wall)工法,是一种在连续套接的三轴水泥土搅拌桩内插入型钢形成的复合挡土隔水结构。型钢承受土侧压力,而水泥土则具有良好的抗渗性能,因此SMW墙具有挡土与止水双重作用。除了插入H型钢外,还可插入钢管、拉松板桩等。由于插入了型钢,也可设置支撑。SMW工法即利用三轴搅拌桩钻机在原地层中切削土体,同时钻机前端向土体中低压注入水泥浆液,将水泥浆液与切碎土体充分搅拌形成隔水性较高的水泥土柱列式挡墙,在水泥土浆液尚未硬化前插入型钢的一种地下工程施工技术。

(1) 测量放线

根据轴线基准点、围护平面布置图,放出围护桩边线和控制线,设立临时控制标志,做好技术复核。

(2) 开挖沟槽

开挖沟槽并清除地下障碍物,开挖出来的土体应及时处理,以保证搅拌桩正常施工。在沟槽上部两侧设置定位导向钢板桩,标出插筋位置、间距。

(3) 桩机就位

桩机应平稳、平正,应用线锤对龙门立柱进行垂直定位观测,以确保桩机垂直度,并经常校核,桩机立柱导向架垂直度偏差应小于1/250。三轴水泥土搅拌桩定位后应再进行定位复核，偏差值应小于20 mm。

(4) 制备水泥浆液及浆液注入

开机前按要求进行水泥浆液的搅制，将配制好的水泥浆送入贮浆桶内备用，待三轴搅拌机启动，用空压机送浆至搅拌机钻头。应设计合理的水泥浆液及水灰比，使其在确保水泥土强度的同时，尽量使型钢能靠自重插入水泥土。水泥掺入比设计应确保水泥土强度满足要求，同时应降低土体置换率，减轻施工对环境的不利影响。对黏性土，特别是标贯值和黏聚力高的地层，水灰比应控制在1.5～2.0；对于透水性强的砂土地层，水灰比宜控制在1.2～1.5，必要时可在水泥浆液中掺入5%左右的膨润土，可保持孔壁稳定性和提高墙体抗渗性。

(5) 钻进搅拌

三轴水泥搅拌桩机在下沉和提升过程中均应注入水泥浆液，并严格控制下沉和提升速度，喷浆下沉速度应控制在0.5～1.0 m/min，提升速度应控制在1.0～2.0 m/min，在桩底应适当持续搅拌注浆，并尽可能做到匀速下沉和提升，使水泥浆和原地基土充分混合。

(6) 清洗、移位

向集料斗中加入适量清水，开启灰浆泵，清洗压浆管道及其他所用机具，然后移位再进行下一根桩的施工。

(7) 涂刷减摩剂

应清除型钢表面的污垢及铁锈，减摩剂应在干燥条件下均匀涂抹在型钢插入水泥土的部分。减摩剂必须加热至完全熔化，搅拌均匀后方可涂敷于型钢上，否则涂层不均匀，易剥落。如遇雨天等情况造成型钢表面潮湿，应先用抹布擦干后再涂刷减摩剂，不可在潮湿表面上直接涂刷，否则涂层将剥落。浇筑围护墙压顶圈梁时，应用泡沫塑料片等硬质隔离材料将埋设在圈梁中的型钢与混凝土隔开，以利于型钢的起拔回收。

(8) 插入型钢

三轴水泥搅拌桩施工完毕后，吊机应立即就位，准备吊放型钢。型钢宜在搅拌桩施工结束后30 min内进行插入，插入前应检查其规格型号、长度、直线度、接头焊缝质量等，以满足设计要求。型钢插入应采用牢固的定位导向架，先固定插入型钢的平面位置，然后起吊型钢，将型钢底部中心对正桩位中心并沿定位导向架将型钢徐徐垂直插入水泥土搅拌桩体内。必要时可采用经纬仪校核型钢时的垂直度，型钢插入到位后用悬挂物件控制型钢顶标高。型钢宜依靠自重插入，也可借助带有液压钳的振动锤等辅助工具下沉到位，严禁采用多次重复起吊型钢并松钩下落的插入方法。型钢下插至设计深度后，用槽钢穿过吊筋将其搁置在定位型钢上，待水泥土搅拌桩硬化后，将吊筋及沟槽定位型钢撤除。

(9) 涌土处理

由于水泥浆液的定量注入搅拌和型钢插入，一部分水泥土被置换到沟槽内，应用挖土机将沟槽内的水泥土清理出沟槽，保持沟槽沿边的整洁，确保桩体的硬化成型和下道工序的继续，被清理的水泥土将在24 h后开始硬化，待日后基坑开挖时随土方一起运出场地。

(10) 型钢拔除

主体地下结构施工完毕，结构外墙与围护墙间回填密实后方可拔除型钢，应采用专用夹具及千斤顶，以圈梁为反力梁，配以吊车起拔型钢。型钢拔除后的空隙应及时充填密实。

5.3.4 土钉墙工程施工

5.3.4.1 土钉墙施工工艺流程

（1）土钉墙施工流程

开挖工作面→修整坡面→施工第一层面层→土钉定位→钻孔→清孔检查→放置土钉→注浆→绑扎钢筋网→安装泄水管→施工第二层面层→养护→开挖下一层工作面→重复上述步骤直至基坑设计深度。

（2）复合土钉墙施工流程

止水帷幕或微型桩施工→开挖工作面→修整坡面→施工第一层混凝土面层→土钉或锚杆定位→钻孔→清孔检查→放置土钉或锚杆→注浆→绑扎面层钢筋网及腰梁钢筋→安装泄水管→施工第二层混凝土面层及腰梁→养护→锚杆张拉→开挖下一层工作面→重复上述步骤直至基坑设计深度。

5.3.4.2 土钉墙主要施工方法及操作要点

（1）土方开挖

基坑土方应分层开挖，且开挖作业应与土钉支护施工作业紧密协调和配合。挖土分层厚度应与土钉竖向间距一致，开挖标高宜为相应土钉位置下 200 mm，应逐层开挖并施工土钉，严禁超挖。每层土开挖完成后应进行修整，并在坡面施工第一层面层，若土质条件良好，可省去该道面层，开挖后应及时完成土钉安设和混凝土面层施工；在淤泥质土层开挖时，应限时完成土钉安设和混凝土面层施工。完成上一层作业面土钉施工和面层施工后，应待其达到 70%以上设计强度后，方可进行下一层作业面的开挖。开挖应分段进行，分段长度取决于基坑侧壁的自稳能力，且开挖与土钉支护的流程应相互衔接，一般每层的分段长度不宜大于 30 m。有时为保持侧壁稳定，保护周边环境，可采用划分小段开挖的方法，也可采用跳段同时开挖的方法。基坑土方开挖应提供土钉成孔施工的工作面宽度，土方开挖和土钉施工应形成循环作业。

（2）土钉施工

土钉施工根据选用的材料不同可分为两种，即钢筋土钉施工和钢管土钉施工。

钢筋土钉施工是按设计要求确定孔位标高后先成孔。成孔可分机械成孔和人工成孔，其中人工成孔一般采用洛阳铲，目前应用较少。机械成孔一般采用小型钻孔机械，保持其与面层的一定角度，先用合金钻头钻进，放入护壁套管，再冲水钻进，钻到设计位置后应继续供水洗孔，待孔口溢出清水为止。机械成孔采用的机具应符合土层特点，在进钻和抽出钻杆过程中不得引起土体坍孔。在易坍孔土体中钻孔时宜采用套管成孔或挤压成孔。成孔过程中应按土钉编号逐一记录取出土体的特征、成孔质量等，并将取出土体与设计认定的土质进行对比，发现有较大的偏差时要及时修改土钉的设计参数。

（3）注浆

钢筋土钉注浆前应将孔内残留或松动的杂土清除。根据设计要求和工艺试验，选择合适的注浆机具，确定注浆材料和配合比。注浆材料一般采用水泥浆或水泥砂浆。一般采用重力、低压(0.4～0.6 MPa)或高压(1～2 MPa)注浆。水平注浆多采用低压或高压注浆，注浆时应在孔口或规定位置设置止浆塞，注满后保持压力 3～5 min；斜向注浆则采用重力或低压注浆，将注浆导管底端插至距孔底 250～500 mm 处，在注浆时将导管匀速缓慢地撤出，过程中注浆导管口应始终埋在浆体表面下。有时为提高土钉抗拔能力还可采用二次注浆工艺。每批注浆所用砂浆至少取 3 组试件，每组 3 块，立方体试块经标准养护后测定 3 d 和 28 d 强度。

(4) 混凝土面层施工

应根据施工作业面分层分段铺设钢筋网，钢筋网之间的搭接可采用焊接或绑扎，钢筋网可用插入土中的钢筋固定。钢筋网宜随壁面铺设，与坡面间隙不小于 20 mm。土钉与面层钢筋网的连接可通过垫板、螺帽及端部螺纹杆、井字加强钢筋焊接等方式固定。

喷射混凝土一般采用混凝土喷射机，施工时应分段进行，同一分段内喷射顺序应自下而上，喷头一般按螺旋式轨迹一圈压半圈均匀缓慢移动；喷头与受喷面应保持垂直，距离宜为 0.6～1.0 m，一次喷射厚度不宜小于 40 mm；在钢筋部位可先喷钢筋后方以防其背面出现空隙；在混凝土上下层及相邻段搭接结合处，搭接长度一般为厚度的 2 倍以上，接缝应错开。混凝土终凝 2 h 后应喷水养护，保持混凝土表面湿润，养护期视当地环境条件而定，宜为 3～7 d。喷射混凝土强度可用试块进行测定，每批至少留取 3 组试件，每组 3 块。

(5) 排水系统的设置

基坑边有透水层或渗水土层时，混凝土面层上应做泄水孔，即按 1.5～2.0 m 间距均匀布设长 0.4～0.6 m、直径不小于 40 mm 的塑料排水管，外管口略向下倾斜，管壁上半部分可钻透水孔，管中填满粗砂或圆砾作为滤水材料，以防土颗粒流失。也可在混凝土面层施工前预先沿土坡壁面每隔一定距离设置一条竖向排水带，即将带状皱纹滤水材料夹在土壁与面层之间形成定向导流带，将土坡中渗出的水有组织地导流到坑底后集中排除。

5.3.5 土层锚杆工程施工

土层锚杆简称土锚杆，它是在深开挖的地下室墙面(排桩墙、地下连续墙或挡土墙)或地面，或已开挖的基坑立壁土层钻孔(或掏孔)，达到一定设计深度后，或再扩大孔的端部，形成柱状或其他形状，在孔内放入钢筋、钢管或钢丝束、钢绞线或其他抗拉材料，灌入水泥浆或化学浆液，使之与土层结合而形成的抗拉(拔)力强的锚杆。锚杆是一种新型受拉杆件，它的一端与工程结构物或挡土桩墙连接，另一端锚固在地基的土层或岩层中，以承受结构物的上托力、拉拔力、倾侧力或挡土墙的土压力、水压力等。其特点是能与土体结合在一起承受很大的拉力，以保持结构的稳定；可用高强钢材，并可施加预应力，可有效地控制建筑物的变形量；施工所需钻孔孔径小，不用大型机械；用它代替钢横撑作侧壁支护，可节省大量钢材；能为地下工程施工提供开阔的工作面；经济效益显著，可节省大量劳力，加快工程进度。土层锚杆适用于深基坑支护、边坡加固、滑坡整治、泵站抗浮、挡土墙锚固及结构抗倾覆等工程。

5.3.5.1 孔位测量校正

钻孔前按设计及土层定出孔位并进行标记。钻机就位时应测量校正孔位的垂直、水平位置和角度偏差，钻进应保证垂直于坑壁平面。钻进时应控制钻进速度、压力，保持钻杆的平直。钻进速度一般以 0.3～0.4 m/min 为宜。对于自由段，钻进速度可稍快；对锚固段，尤其在扩孔时，钻进速度宜适当降低。遇流砂层应适当加快钻进速度，提高孔内水头压力，成孔后应尽快灌浆。应保证钻孔位置正确，随时调整锚孔位置及角度。锚杆水平方向孔距误差不大于 50 mm，垂直方向孔距误差不大于 100 mm。钻孔底部偏斜尺寸不大于长度的 3%。

5.3.5.2 成孔

由于土层锚杆的施工特点，要求孔壁不得松动和坍陷，以保证钢拉杆安放到位和锚杆正常发挥承载作用；孔壁要求平直以便于安放钢拉杆和浇筑水泥浆；为了保证锚固体与土壁间的摩阻力，钻孔时不得使用膨润土循环泥浆护壁，以免在孔壁上形成泥皮；应保证钻孔方向的准确和线性。常用的钻进成孔方法有螺旋干作业钻孔法、潜钻成孔法和清水循环钻进法等。

螺旋干作业钻孔法用于无地下水、处于地下水位以上或呈非浸水状态的黏土、粉质黏土、砂土等地层。该方法利用回转螺旋钻杆，在一定钻压和钻速下，在向土体钻进的同时将切削下来的土体排出孔外。采用该方法应根据不同土质选用不同的回转速度和扭矩。

潜钻成孔法主要用于孔隙率大、含水量低的土层，它采用风动成孔装置，由压缩空气驱动，利用活塞的往复运动作定向冲击，使成孔器挤压土层向前运动成孔。该方法具有成孔效率高、噪声小、孔壁光滑而坚实、孔壁无坍落和堵塞等特点。冲击器有较好的导向作用，即使在含卵石、砾石的土层中成孔亦较直。成孔速度可达 1.3 m/min。

清水循环钻进法是锚杆施工应用较多的一种钻孔工艺，适合于各种软硬地层，可采用地质钻机或专用钻机，但需要配备供排水系统。对于土质松散的粉质黏土、粉细砂以及有地下水的情况，应采用护壁套管。该方法可把钻孔过程中的钻进、出渣、固壁、清孔等工序一次性完成，可防坍孔，不留残土。但此法施工应具有良好的排水系统。

5.3.5.3 杆体组装安放

锚杆用的拉杆常用的有钢筋、钢丝束和钢绞线，主要根据锚杆承载能力和现有材料情况选择。承载能力较小时，多用粗钢筋；承载能力较大时，多用钢绞线。

5.3.5.4 灌浆

灌浆用水泥砂浆的成分及拌制、注入方法决定了灌浆体与周围土体的黏结强度和防腐效果。灌浆浆液为水泥砂浆或水泥浆。水泥通常采用质量良好的普通硅酸盐水泥，不宜用高铝水泥，氯化物含量不应超过水泥总量的 0.1%。压力型锚杆宜采用高强度水泥。拌和水泥浆或水泥砂浆时，一般应避免采用含高浓度氯化物的水。

5.3.5.5 腰梁安装

腰梁是传力结构，将锚头轴拉力进行有效传递，分成水平力及垂直力。腰梁设计应考虑支护结构特点、材料、锚杆倾角、锚杆垂直分力以及结构形式等。直梁式腰梁利用普通托板将工字钢组合梁横置，其特点是垂直分力较小，由腰梁托板承受，制作简单，拆装方便。斜梁式腰梁通过异形支承板,将工字钢组合梁斜置,其特点是由工字钢组合梁承受轴压力,由异形钢板承受垂直分力,结构受力合理,节约钢材,加工简单。

腰梁的加工安装应使异形支承板承压面保持在一个平面内,以保证梁受力均匀。安装腰梁应考虑围护墙的偏差。一般是通过实测桩偏差,现场加工异形支撑板,锚杆尾部也应进行标高实测,找出最大偏差和平均值,利用腰梁的两根工字钢间距进行调整。

腰梁安装有直接安装法和整体吊装法。直接安装法是把工字钢放置在围护墙上,垫平后焊板组成箱梁的腰梁安装方法,该方法安装较为方便,但后焊缀板的焊缝质量较难控制。整体吊装法是先在现场将梁分段组装焊接,再运到坑内整体吊装的腰梁安装方法,该方法质量可靠,可与锚杆施工流水作业,但安装时要有吊运机具,较费工时。

5.3.5.6 张拉和锁定

锚杆压力灌浆后,应养护一段时间,按设计和工艺要求安装好腰梁,并保证各段平直,腰梁与挡墙之间要紧贴密实,并安装好支承平台。待锚固段的强度大于15 MPa并达到设计强度等级的70%～80%后方可进行张拉。对于作为开挖支护的锚杆,一般施加设计承载力的50%～100%的初期张拉力。初期张拉力并非越大越好,因为当实际荷载较小时,张拉力作为反向荷载可能过大而对结构不利。

锚杆宜张拉至设计荷载的90%～100%后,再按设计要求锁定。锚杆张拉控制应力,不应超过拉杆强度标准值的75%。锚杆张拉时,其张拉顺序要考虑对邻近锚杆的影响。

5.4 基坑工程施工监测

5.4.1 监测的目的和原则

5.4.1.1 监测目的

使参建各方能够完全客观真实地把握工程质量,掌握工程各部分的关键性指标,确保工程安全;在施工过程中通过实测数据检验工程设计所采取的各种假设和参数的正确性,及时改进施工技术或调整设计参数,以取得良好的工程效果;对可能发生的危及基坑工程本体和周围环境安全的隐患进行及时、准确的预报,确保基坑结构和相邻环境的安全;积累工程经验,为提高基坑工程的设计和施工整体水平提供基础数据支持。

5.4.1.2 监测原则

监测数据必须真实可靠,数据的可靠性由测试元件安装或埋设的可靠性、监测仪器精度及监测人员的素质来保证;数据监测必须及时,监测数据须在现场及时计算处理,有问题及时复测,做到当天测当天反馈;尽量减少埋设于土层或结构中的监测元件对结构正常受力的影响,埋设监测元件时应注意与岩土介质的匹配;对所有监测项目,应按照工程具体情况预先设定预警值和报警制度，预警体系包括变形或内力累积值及其变化速率；监测时应整理完整的监测记录、数据报表、图表和曲线，监测结束后整理出监测报告。

5.4.2 监测方案

建筑基坑工程监测应综合考虑基坑工程设计方案、建设场地的岩土工程条件、周边环境条件、施工方案等因素，制定合理的监测方案，精心组织和实施监测。监测方案根据不同需要会有不同内容，一般包括工程概况、工程设计要点、地质条件、周边环境概况、监测目的和依据、监测内容及项目、测点布置和保护措施、监测人员配置、监测方法及精度、数据整理方法、监测期及频率、监测报警值及异常情况下的监测措施、主要仪器设备及检定要求、拟提供的监测成果以及监测信息反馈机制、作业安全规范等，且基坑工程的现场监测应采用仪器监测与巡视检查相结合的方法。

5.4.3 监测项目和监测频率

5.4.3.1 基坑工程监测的对象

基坑工程监测对象包括：支护结构、地下水、坑底及周边土体、周边建(构)筑物、周边管线及设施、周边道路等。在基坑边缘以外 1～3 倍基坑开挖深度范围内需要保护的周边环境应作为监测对象，必要时应扩大范围。监测项目应与基坑工程设计、施工方案相匹配，应抓住关键部位，做到重点观测、项目配套，形成有效和完整的监测系统。

5.4.3.2 基坑工程监测项目

基坑工程监测项目，可根据支护结构的重要程度、周围环境的复杂性和施工要求而定。要求严格则监测项目增多，否则可减少。

5.4.3.3 巡视检查

基坑工程施工和使用期内，每天均应由专人进行巡视检查。巡视检查对象一般包括支护结构、施工工况、周边环境、监测设施等。

对支护结构的巡视内容主要包括：支护结构成型质量，支撑及围檩的裂缝情况，支撑及立柱变形情况，止水帷幕开裂或渗漏情况，墙后土体裂缝及变形情况，基坑流砂或管涌情况等。

对各施工工况的巡视检查内容包括：开挖后暴露的土质情况与岩土勘察报告有无差异，基坑开挖分段长度、分层厚度及支锚设置是否与设计要求一致，场地地表水、地下水排放状况是否正常，基坑降水、回灌设施是否运转正常，基坑周边地面有无超载情况等。

对周边环境的巡视检查内容包括：周边管道有无破损、泄漏情况，周边建筑有无新增裂缝出现，周边道路(地面)有无裂缝、沉陷，邻近基坑及建筑的施工变化情况。

对监测设施的巡视检查内容包括：基准点、监测点是否完好，监测元件是否完好及保护情况，有无影响监测工作的障碍物。

巡视检查宜以目测为主，可辅以锤、钎、量尺、放大镜等工具、器具以及摄像、摄影等设备进行。对自然条件、支护结构、施工工况、周边环境、监测设施等的巡视检查情况应做好记录。检查记录应及时整理，并结合仪器监测数据进行综合分析。巡视检查时如发现异常和危险情况，应及时通知建设方及其他相关单位。

5.4.3.4 基坑工程监测频率

基坑工程监测频率应以能系统反映监测对象所测项目的重要变化过程，而又不遗漏其变化时刻为原则。基坑工程监测工作应贯穿于基坑工程和地下工程施工全过程。监测工作一般应从基坑工程施工前开始，直至地下工程完成为止。对有特殊要求的周边环境的监测应根据需要延续至变形趋于稳定后才能结束。

监测频率应综合考虑基坑类别、基坑及地下工程的不同施工阶段以及周边环境、自然条件的变化等情况而确定，并可根据施工进程、施工工况、外部环境因素等的变化适时作出调整。一般在开挖阶段，土体处于卸载状态，支护结构处于逐步加荷状态，应适当加密监测频次；当监测值相对稳定时，可适当降低监测频率。当出现异常情况和数据临近及达到报警值、存在勘察中未发现的不良地质现象、未按照设计和施工方案施工等情况时，应提高监测频率，并及时向委托方及相关单位报告监测结果。

5.4.4 监测点布置和监测主要方法

5.4.4.1 墙顶（坡顶）位移

基坑围护墙（边坡）顶部的水平和竖向位移监测点应沿基坑周边布置，基坑周边中部、阳角处应布置监测点，监测点间距不宜大于 20 m，每边监测点数目不应少于 3 个。为便于监测，水平位移监测点宜同时作为垂直位移监测点。

测定特定方向上的水平位移时可采用视准线法、小角度法、投点法；测定监测点在任意方向上的水平位移时可采用前方交会法、自由设站法、极坐标法等；当基准点距基坑较远时，可采用 GPS 测量法或二角、二边、边角测量与基准线法相结合的综合测量方法。水平位移监测基准点应埋设在 3 倍基坑开挖深度范围以外不受施工影响的稳定区域，或利用现有的稳定施工控制点，不应埋设在受低洼积水、湿陷、冻胀、胀缩等影响的范围内；宜设置在强制对中的观测墩上；采用精密光学对中装置，对中误差不宜大于 0.5 mm。

5.4.4.2 围护墙（土体）水平位移

围护墙或土体深层水平位移监测点宜布置在基坑周边的中部、阳角处及有代表性的部位。监测点水平间距宜为 20～50 m，每边监测点数目不应少于 1 个。当用测斜仪观测深层水平位移，且测斜管埋设在围护墙体内时，测斜管长度不宜小于围护墙的深度；当测斜管埋设在土体中时，测斜管长度不宜小于基坑开挖深度的 1.5 倍，并应大于围护墙的深度。以测斜管底为固定起算点时，管底应嵌入到稳定的土体中。

测斜管宜采用塑料管或金属管，直径宜为45～90 mm，管内应有两组相互垂直的纵向导槽。测斜管应在基坑开挖1周前埋设，测斜管连接时应保证上下管段的导槽相互对准，接头处应密封处理，并注意保证管口的封盖；当以下部管端为位移基准点时，应保证测斜管埋入稳定土层2～3 m；测斜管埋设主要采用钻孔埋设和绑扎埋设，一般测围护墙挠曲时采用绑扎埋设，测土体深层位移时采用钻孔埋设。测斜管与钻孔之间孔隙应填充密实；埋设时测斜管应保持竖直无扭转，其中一组导槽方向应与所需测量的方向一致。

5.4.4.3 立柱竖向位移

立柱竖向位移监测点宜布置在基坑中部、多根支撑交汇处、施工栈桥下、地质条件复杂处的立柱上。监测点数不应少于立柱总根数的5%，逆作法施工基坑时不应少于10%，且均不应少于3个。立柱的内力监测点宜布置在受力较大的立柱上，位置宜设在坑底以上各层立柱下部的1/3处。

5.4.4.4 支护结构内力

围护墙内力监测点应布置在受力、变形较大且有代表性的部位，监测点数量和水平间距视具体情况而定，每边至少应设1个监测点。竖直方向监测点应布置在弯矩极值处，竖向间距宜为2～4 m。支撑内力监测点宜设置在支撑内力较大或在整个支撑系统中起关键作用的杆件上；每道杆件上的支撑内力监测点不应少于3个，各道杆件上的支撑监测点位置宜在竖向保持一致。钢支撑的监测截面宜布置在支撑长度的1/3处或支撑端头处；混凝土支撑监测截面宜布置在支撑长度的1/3处，并避开节点位置。每个监测点截面内传感器的设置数量及布置应满足不同传感器测试要求。支护结构内力监测值应考虑温度变化的影响，对于混凝土支撑尚应考虑混凝土收缩、徐变以及裂缝开展的影响。应力计或应变计的量程宜为最大设计值的1.2倍。围护墙等的内力监测元件宜在相应工序施工时埋设并在开挖前取得稳定初始值。

基坑开挖过程中支护结构内力变化可通过在结构内部或表面安装应变计或应力计进行量测。对于钢筋混凝土支撑，宜采用钢筋应力计（钢筋计）或混凝土应变计进行量测；对于钢结构支撑，宜采用轴力计进行量测。围护墙等内力宜通过在围护墙钢筋制作时，在主筋上焊接钢筋应力计的预埋方法进行量测。

5.4.4.5 锚杆拉力（土钉内力）

锚杆拉力监测点应设在受力较大且有代表性的位置，基坑每边跨中部位、阳角处和地质条件复杂区域宜布置监测点。每层锚杆拉力监测点数量应为该层锚杆总数的1%～3%，并不少于3个。各层监测点位置在竖向上宜保持一致。每根杆体上的测试点宜设置在锚头附近和受力有代表性的位置。

锚杆拉力量测宜采用专用的锚杆测力计，钢筋锚杆可采用钢筋应力计或应变计，当使用钢筋束时应分别监测每根钢筋的受力情况。

土钉的内力监测点应设在受力较大且有代表性的位置，应沿基坑周边布置，基坑每边中部、阳角处和地质条件复杂的区段宜布置监测点。各层监测点在竖向上的位置宜保持一致，每根杆体上的测试点应设置在受力、变形有代表性的位置。

5.4.4.6 坑底隆起(回弹)

坑底隆起(回弹)监测点宜按纵向或横向剖面布置,剖面应选择在基坑中央、距坑底边约 1/4 坑底宽度处以及其他能反映变形特征的位置,数量不应少于 2 个。纵横向有多个监测剖面时,其间距宜为 20～50 m。同一剖面上监测点横向间距宜为 10～30 m,数量不应少于 3 个。

5.4.4.7 围护墙侧向土压力

围护墙侧向土压力监测点应布置在受力、土质条件变化较大或有代表性的部位。平面布置上基坑每边测点不宜少于 2 个。在竖向布置上,测点间距宜为 2～5 m,测点下部宜密。当按土层分布情况布设时,每层应至少布设 1 个测点,且测点应布置在各层土的中部。

土压力盒应紧贴围护墙布置,宜预埋设在围护墙的迎土面一侧。根据土压力计的结构形式和埋设部位不同,埋设的方法有挂布法、顶入法、弹入法、插入法、钻孔法等。土压力计埋设可在围护墙施工阶段或围护墙完成后进行。若在围护墙完成后埋设,由于土压力计无法紧贴围护墙,测得的数据与实际情况可能存在差异;若土压力计埋设与围护墙施工同时进行,则应采取措施妥善保护土压力计,防止其受损或失效。

5.4.4.8 孔隙水压力

孔隙水压力监测点宜布置在基坑受力、变形较大或有代表性的部位。监测点宜在水压力变化影响深度范围内按土层分布情况竖向布置,监测点竖向间距一般为 2～5 m,数量不宜少于 3 个。

孔隙水压力宜通过埋设钢弦式、应变式等孔隙水压力计,采用频率计或应变计量测。孔隙水压力计埋设可采用压入法、钻孔法等。孔隙水压力计应在事前 2～3 周埋设,应浸泡饱和。采用钻孔法埋设孔隙水压力计时,钻孔直径宜为 110～130 mm,不宜使用泥浆护壁成孔,钻孔应圆直、干净;封口材料宜采用直径 10～20 mm 的干燥膨润土球。孔隙水压力计埋设后应测量初始值,且宜逐日量测,持续 1 周以上并取得稳定初始值。应在孔隙水压力监测的同时测量孔隙水压力计埋设位置附近的地下水位。

5.4.4.9 地下水位

当采用管井降水时,水位监测点宜布置在基坑中央和两相邻降水井的中间部位;当采用轻型井点、喷射井点降水时,水位监测点宜布置在基坑中央和周边拐角处,监测点数量视具体情况确定;水位监测管的埋置深度应在最低设计水位之下 3～5 m。对于需要降低承压水水位的基坑工程,水位监测管埋置深度应满足降水设计要求。

基坑外地下水位监测点应沿基坑周边、保护对象周边或在两者之间布置,监测点间距宜为 20～50 m。相邻建(构)筑物、重要地下管线或管线密集处应布置水位监测点;如有隔水帷幕,监测点宜布置在其外侧约 2 m 处。回灌井点观测井应设置在回灌井点与被保护对象之间。

地下水位监测宜通过在孔内设置水位管监测,监测精度不宜低于 10 mm。检验降水效果的水位观测井宜布置在降水区内，采用轻型井点管降水时可布置在总管的两侧，采用管井降水时应布置在两孔管井之间，水位孔深度宜在最低设计水位下2～3 m。潜水水位管应在基坑施工前埋设，滤管长度应满足测量要求。水位管埋设后，应逐日连续观测水位并取得稳定初始值。

5.4.4.10 周边建(构)筑物沉降

基坑工程的施工会引起周围地表的下沉，从而导致地面建筑物的沉降，这种沉降一般都是不均匀的，因此将造成地面建筑物的倾斜甚至开裂破坏，应给以严格控制。建筑物变形监测须进行沉降、倾斜、裂缝三种监测。在建筑物变形观测前，应掌握建筑物结构和基础设计资料，如受力体系、基础类型、基础尺寸和埋深、结构物平面布置及其与基坑围护的相对位置等；应掌握地质勘测资料，包括土层分布及各土层的物理力学性质、地下水分布等；应了解基坑工程的围护体系、施工计划、地基处理情况和坑内外降水方案等。

建筑物沉降监测采用精密水准仪。测出观测点高程，并计算沉降量。建筑物倾斜监测采用经纬仪测定监测对象顶部相对于底部的水平位移，结合建筑物沉降相对高差，计算监测对象的倾斜度、倾斜方向和倾斜速率。建筑物裂缝监测采用直接量测方法进行，将裂缝进行编号并画出测读位置，通过游标卡尺进行裂缝宽度测读。量测裂缝深度时，若裂缝深度较小则采用凿出法和单面接触超声波法监测；深度较大裂缝采用超声波法监测。

建筑物竖向位移监测点应布置在建筑物四角、沿外墙每 10～15 m 处或每隔 2～3 根柱基上，每边监测点不少于 3 个。不同地基或基础分界处、建筑物不同结构分界处、变形缝及抗震缝处、严重开裂处两侧、新旧建筑物或高低建筑物交接处两侧等位置均应布置监测点，烟囱、水塔和大型储仓罐等高耸构筑物基础轴线的对称部位也应布置监测点，每一构筑物上布置的监测点不少于 4 个。建筑水平位移监测点应布置在建筑的外墙墙角、外墙中间部位的墙上或柱上、裂缝两侧以及其他有代表性的部位，监测点间距视具体情况而定，一侧墙体的监测点不宜少于 3 个。

基坑开挖可以分为四个阶段，即围护施工阶段、开挖阶段、回筑阶段和后期沉降阶段。围护施工阶段的变形一般占总变形的 10%～20%，沉降量在 5～10 mm，但如果不加以控制，也会造成较大的沉降。开挖阶段的沉降占总沉降量的 80%左右，且和围护侧向变形有较好的对应关系，所以控制开挖阶段的变形是减少周围建筑物沉降的一个重要措施。回筑阶段和后期沉降阶段的沉降共占总沉降的 5%～10%，在结构封顶后，沉降基本稳定。

在饱和含水地层中，尤其在砂层、粉砂层、砂质粉土或其他透水性较好的夹层中，止水帷幕或围护墙有可能产生开裂、空洞等不良现象，造成围护结构的止水效果不佳或止水结构失效，致使大量的地下水夹带砂粒涌入基坑，坑外产生水土流失。严重的水土流失可能导致支护结构失稳以及基坑外侧发生严重的地面沉陷，周边环境监测点(地表沉降、房屋沉降、管线沉降)也随即产生较大变形。

5.4.4.11 周边管线监测

深基坑开挖引起周围地层移动，地下管线亦随之移动。管线变位过大或不均，将使管线挠曲变形而产生附加的变形及应力，若其在允许范围内，则管线尚可正常使用，否则将导致管道泄漏、通信中断、管道断裂等恶性事故。施工过程中应根据地层条件和既有管线种类、形式及其使用年限,制定合理的控制标准,以保证施工影响范围内管线的安全和正常使用。

应根据管线修建年份、类型、材料、尺寸及现状等情况,确定监测点设置方案;监测点宜布置在管线的节点、转角点和变形曲率较大的部位,监测点平面间距宜为 15～25 m,监测平面宜覆盖基坑边缘以外 1～3 倍基坑开挖深度范围内的管线;供水、煤气、暖气等压力管线宜设置直接监测点,在无法埋设直接监测点的部位,可设置间接监测点。

管线的破坏模式一般有两种:一是管段在附加拉应力作用下出现裂缝,甚至发生破裂而丧失工作能力;二是管段完好,但管段接头转角过大,接头不能保持封闭状态而发生渗漏。地下管线应按柔性管和刚性管分别进行考虑。

采用焊接或机械连接的煤气管、上水管以及用钢筋混凝土管保护的重要通信电缆,一般均属刚性管道。当土体移动不大时,它们可以正常使用,但土体移动幅度超过一定限度时就发生断裂破坏。柔性管道的接头处,均设有可适应一定接缝张开度的接缝填料。对于这类管道在地层下沉时的受力变形研究,可从管节接缝张开值、管节纵向受弯曲及横向受力等方面分析每节管道可能承受的管道地基差异沉降值,或沉降曲线的曲率。

6　地基与桩基工程

6.1　地基处理技术

6.1.1　地基处理技术概述

6.1.1.1　地基处理的目的

地基处理的目的是采取各种地基处理方法以改善地基条件，这些措施包括以下五个方面内容：(1)改善剪切特性；(2)改善压缩特性；(3)改善透水特性；(4)改善动力特性；(5)改善特殊土的不良地基特性。

6.1.1.2　地基处理方法分类及适用范围

地基处理方法，可以按地基处理原理、地基处理的目的、地基处理的性质、地基处理的时效、地基处理的动机等不同角度进行分类。一般多采用根据地基处理原理进行分类的方法，其可分为换土垫层处理、预压(排水固结)处理、夯实(密实)法、深层挤密(密实)处理、化学加固处理、加筋处理、热学处理等。对地基处理方法进行严格分类是很困难的，不少地基处理方法具有几种不同的作用。例如，振冲法具有置换作用，还有挤密作用；又如各种挤密法同时也有置换作用。

在确定地基处理方案时，可按下列步骤进行：

(1) 对初步选定的几种地基处理方案，应分别从预期处理效果、材料来源和消耗、施工机具和进度、对周围环境影响等方面，进行技术、经济、安全性分析和对比，从中选择最佳的地基处理方案。

(2) 选择地基处理方案时，尚应同时考虑加强上部结构的整体性和刚度。

(3) 对已选定的地基处理方案，根据建筑物的地基基础设计等级和场地复杂程度，可在有代表性的场地上进行相应的现场实体试验，以检验设计参数、选择合理的施工方法和确认处理效果。

6.1.2　换填垫层

换填垫层法是将基础底面下一定范围内的软弱土层挖去，然后分层填入质地坚硬、强度较高、性能较稳定、具有抗腐蚀性的砂、碎石、素土、灰土、粉煤灰及其他性能稳定和无侵蚀性的材料，同时以人工或机械方法夯实（或振实），使之达到要求的密实度，成为良好的人工地基。按换填材料的不同，可将垫层分为砂垫层、碎石垫层、灰土垫层和粉煤灰垫层等。

6.1.2.1 砂和砂石垫层施工

（1）加固原理及适用范围

砂和砂石地基（垫层）采用砂或砂砾石（碎石）混合物，经分层夯实，作为地基的持力层，能提高基础下部地基强度，并通过垫层的压力扩散作用，降低地基的压实力，减少变形量；同时垫层可起排水作用，地基土中的孔隙水可通过垫层快速地排出，能加速下部土层的压缩和固结。其适于处理 3.0 m 以内的软弱、透水性强的地基土；不宜用于加固湿陷性黄土地基及渗透系数小的黏性土地基。

（2）施工

① 施工设备

砂垫层施工一般采用平板式振动器、插入式振捣器等设备，砂石垫层施工一般采用振动碾、木夯或机械夯。

② 施工程序

a. 基坑开挖时应避免坑底土层受扰动，可保留约 200 mm 厚的土层暂不挖去，待铺填垫层前再挖至设计标高。

b. 铺设垫层前应验槽，并清除基底表面浮土、杂物，两侧应设一定坡度，防止振捣时塌方。

c. 垫层铺设时，严禁扰动垫层下卧层及侧壁的软弱土层，防止其强度因被践踏、受冻或受浸泡而降低。

d. 垫层下有厚度较小的淤泥或淤泥质土层，在碾压荷载下抛石能挤入该层底面时，可进行挤淤处理。先在软弱土面上堆填块石、片石等，然后将其压入土层以置换和挤出软弱土，再做垫层。基底为软土时应在与土面接触处先铺一层 150～300 mm 厚的细砂或铺一层土工织物。

e. 垫层底面标高不同时，土面应挖成阶梯形或斜坡搭接，并按先深后浅的顺序施工，搭接处应夯压密实。分层铺设时，接头应做成斜坡或阶梯形搭接，每层错开 0.5～1.0 m，并注意充分捣实。

f. 对于人工级配的砂砾石，应先将砂砾石拌和均匀后，再铺夯压实。

g. 垫层应分层铺设，分层夯实或压实，控制每层砂垫层的铺设厚度。夯实、碾压遍数及振实时间应通过试验确定。用细砂作垫层材料时，不宜使用振捣法或水撼法，以免产生液化现象。

h. 地下水高于基坑底面时，宜采取排降水措施，注意保持边坡稳定，以防止塌土混入砂石垫层中。

i. 当采用水撼法或插振法施工时，应以振捣棒振幅半径的 1.75 倍为间距（一般为 400～500 mm）插入振捣，依次振实，以不再冒气泡为准，直至完成；同时应采取措施有控制地注水和排水。垫层接头处应重复振捣，插入式振动棒振后所留孔洞应用砂填实；在振动首层的垫层时，不得将振动棒插入原土层或基槽边部，以避免软土混入砂垫层而降低砂垫层的强度。

j. 垫层铺设完毕后，应立即进行下道工序施工，严禁小车及人在砂层上面行走，必要时应在垫层上铺板行走。

6.1.2.2 素土、灰土垫层施工

(1) 加固原理及适用范围

素土、灰土地基是将基础底面下要求范围内的软弱土层挖去，用素土或灰土(将一定比例的石灰与土，在最优含水量情况下充分拌和而成)分层回填夯实或压实而成的一种换填地基，具有一定的强度、水稳性和抗渗性，具有施工工艺简单、费用较低等优点，是一种应用广泛、经济、实用的地基加固方法。它适用于加固1～3 m厚的软弱土、湿陷性黄土、杂填土等，还可用作结构的辅助防渗层。

(2) 施工

① 施工设备

一般采用平碾、振动碾或羊足碾，中小型工程也可采用蛙式夯、柴油夯。

② 施工程序

a. 施工前准备工作参见砂石垫层施工程序第a.～b.条。

b. 场地有积水应晾干；局部有软弱土层或孔洞时，应及时挖除后用灰土分层回填夯实。

c. 灰土体积配合比一般用3∶7或2∶8，垫层强度随含灰量的增加而提高。但含灰量超过一定值后，灰土强度增加很慢。灰土多用人工翻拌，遍数不少于3遍，使之混合均匀，颜色一致，并适当控制含水量，一般控制在最优含水量±2%的范围内。含水过多或过少时，应稍晾干或洒水湿润，灰土的湿润度以手握成团、两指轻捏即散为宜；如有球团应打碎，要求随拌随用。

d. 铺灰应分段分层夯筑，可根据工程规模大小和现场机具条件用人力或机械夯打或碾压，遍数按设计要求的干密度由试夯(或碾压)确定，一般不少于4遍。

e. 灰土分段施工时，不得在墙角、柱基及承重窗间墙下接缝，上下两层的接缝距离不得小于500 mm，接缝处应夯压密实。当灰土地基高度不同时，土面应做成阶梯形，每阶宽不小于500 mm；对作辅助防渗层的灰土，应将地下水位以下结构包围，并处理好接缝，同时注意接缝质量，每层虚土从留缝处往前延伸500 mm，夯实时应夯过接缝300 mm以上；接缝时，用铁锹将留缝处垂直切齐，再铺下段并夯实。

f. 灰土应当日铺填夯压，入槽(坑)灰土不得隔日夯打。夯实后的灰土3 d内不得受水浸泡，应及时进行基础施工与基坑回填，或在灰土表面做临时性覆盖，避免日晒雨淋。雨期施工时，应采取适当防雨、排水措施，以保证灰土铺填在基槽(坑)内无积水的状态下进行。对刚打完的灰土，如突然遇雨，应将松软灰土除去，并补填夯实；稍受湿的灰土可在晾干后补夯。

g. 冬期施工，必须在基层不冻的状态下进行，土料应覆盖保温，冻土及夹有冻块的土料不得使用；已熟化的石灰应在次日用完，以充分利用石灰熟化时的热量，当日拌和的灰土应当日铺填夯完，完工后垫层表面应用塑料膜及草袋覆盖保温，以防灰土垫层强度因早期受冻而降低。

6.1.2.3 粉煤灰垫层施工

（1）加固原理及适用范围

粉煤灰是火力发电厂的工业废料，有良好的物理力学性能，它作为处理软弱土层的换填材料，已在许多地区得到应用。其压实曲线与黏性土相似，最优含水量区间相对较宽，即其干密度对含水量的敏感性比黏性土小，同时它具有可利用废料，施工方便、快速，质量易于控制，技术可行，经济效果显著等优点。它可用于处理各种软弱土层的换填地基，以及用作大面积地坪的垫层等。

（2）施工

① 施工设备

一般采用平碾、振动碾、平板振动器、蛙式打夯机。

② 施工程序

a. 施工前准备工作参见砂石垫层施工程序第 a.～b.条。

b. 垫层应分层铺设与碾压，并设置泄水沟或排水盲沟。垫层四周宜设置具有防冲刷功能的帷幕。虚铺厚度和碾压遍数应通过现场小型试验确定。若无试验资料，可选用铺筑厚度 200～300 mm，压实厚度 150～200 mm。小型工程可采用人工分层摊铺，在整平后用平板振动器或蛙式打夯机进行压实。施工时须一板压 1/3～1/2 板往复压实，由外围向中间进行，直至达到设计密实度要求；大中型工程可采用机械摊铺，在整平后用履带式机具初压两遍，然后用中、重型压路机碾压。施工时须一轮压 1/3～1/2 轮往复碾压，后轮必须超过两施工段的接缝。碾压次数一般为 4～6 遍，碾压至达到设计密实度要求。

c. 粉煤灰铺设含水量应控制在最优含水量±4%的范围内；如含水量过大，须摊铺晾干后再碾压。施工时宜当天铺设，当天压实。若压实时呈松散状，则应洒水湿润再压实，所用水应不含油质，pH 值为 6～9；若出现“橡皮”土现象，则应暂缓压实，采取开槽、翻开晾晒或换灰等方法处理。

d. 每层当天即铺即压，铺完经检测合格后，应及时铺筑上层，以防垫层干燥、松散、起尘、污染环境，并应严禁车辆在其上行驶；全部粉煤灰垫层铺设完经验收合格后，应及时浇筑混凝土垫层或上覆 300～500 mm 厚的土进行封层，以防日晒、雨淋破坏。

e. 冬期施工时，最低气温不得低于 0 ℃，以免粉煤灰含水冻胀。

f. 粉煤灰地基不宜采用水沉法施工，在地下水位以下施工时，应采取降排水措施，不得在饱和和浸水状态下施工。基底为软土时宜先铺填 200 mm 左右厚的粗砂或高炉干渣。

6.1.3 预压法

6.1.3.1 堆载预压法施工

（1）加固原理及适用范围

堆载预压法就是对地基进行堆载，使土体中的水通过砂井或塑料排水带排出，使土体孔隙比减小，使地基土固结的地基处理方法，这种方法可有效减少工后变形和提高地基稳定性。对于在持续荷载下体积会发生很大压缩且强度会增大的土，当有足够时间进行压缩时，这种方法特别适用。为了加速压缩过程，可采用比建筑物自重还大的荷载进行超载预压。根据排水系统的不同此法又可以分为砂井堆载预压法、袋装砂井堆载预压法、塑料排水带堆载预压法。

（2）施工

① 施工设备

a. 砂井施工可采用振动锤、射水钻机、螺旋钻机等机具或选用灌注桩的成孔机具。

b. 袋装砂井施工可采用EHZ-8型袋装砂井打设机，也可采用各种导管式的振动打设机械。

c. 塑料排水带施工的主要设备为插带机，基本上可将其与袋装砂井打设机械共用，只要将圆形导管改为矩形导管，每次即可同时插设塑料排水带两根。

② 施工程序

a. 水平排水垫层施工

水平排水砂垫层施工目前有四种方法：

i. 当地基表层有一定厚度的硬壳层，其承载力较好，能承载一般运输机械时，一般采用机械分堆摊铺法，即先堆成若干砂堆，然后用机械或人工摊平。

ii. 当硬壳层承载力不足时，一般采用顺序推进摊铺法。

iii. 当软土地基表面很软时，如新沉积或新吹填不久的超软地基，首先要改善地基表面的持力条件，使其能承载施工人员和轻型运输工具。

iv. 尽管对超软地基表面采取了加强措施，但是持力条件仍然很差，一般轻型机械上不去，在这种情况下，通常采用人工或轻便机械顺序推进铺设。

b. 竖向排水体施工

i. 砂井施工

砂井施工时，一般先在地基中成孔，再在孔内灌砂形成砂井。砂井的灌砂量，应按井孔的体积和砂在中密时的干密度计算，其实际灌砂量不得小于计算值的95%。砂井成孔施工方法有振动沉管法、射水法、螺旋钻成孔法和爆破法四种。

ii. 袋装砂井施工

袋装砂井施工时，一般用具有一定伸缩性和抗拉强度很高的聚丙烯或聚乙烯编织袋装满砂子。袋装砂井基本上解决了大直径砂井施工中所存在的问题，使砂井的设计和施工更加科学化，保证了砂井的连续性；实现了排水设备轻型化，比较适应在软弱地基上施工；大幅减少了用砂量；加快了施工速度，降低了工程造价，是一种比较理想的竖向排水体。

iii. 塑料排水带施工

塑料排水带堆载预压，是将带状塑料排水带用插板机插入软弱土层中，组成垂直和水平排水体系，然后在地基表面堆载预压的一种地基处理方法，土中孔隙水可沿塑料带的沟槽上升溢出地面，从而加速了软弱地基的沉降过程，使地基得到压密加固。

6.1.3.2 真空预压法施工

（1）加固原理及适用范围

真空预压法是在饱和软土地基中设置竖向排水通道（砂井或塑料排水带等）和砂垫层，

在其上覆盖不透气塑料薄膜或橡胶布,将埋设于砂垫层的渗水管道与真空泵连通并进行抽气,使砂垫层和砂井中产生负压,而使软土排水固结的方法。

真空预压法适用于饱和均质黏性土及含薄层砂夹层的黏性土,特别适用于新淤填土、超软土地基的加固,但不适用于在加固范围内有源源不断的水源的透水土层,施工场地狭窄的工程进行地基处理时亦不适用。

(2) 施工

① 施工设备

真空预压的主要设备为真空泵,一般宜用射流真空泵。排水通道的施工设备同堆载预压法施工。

② 施工程序

a. 排水通道施工

首先在软基表面铺设砂垫层和在土体中埋设袋装砂井或塑料排水带。

b. 膜下管道施工

真空滤水管一般设在排水砂垫层中,其上宜有厚 100～200 mm 的砂覆盖层。滤水管可采用钢管或塑料管,外包尼龙纱或土工织物等滤水材料。滤水管在预压过程中应能适应地基的变形。水平向分布滤水管可采用条状、鱼刺状等形式布置,宜形成回路。

c. 密封膜施工

i. 密封膜材料

密封膜应采用抗老化性能好、韧性好、抗穿刺能力强的不透气材料,如线性聚乙烯等专用薄膜。

ii. 密封膜热合

密封膜热合时宜采用双热合缝的平搭接,搭接长度应大于 15 mm。在热合时,应根据密封膜材料、厚度,选择合适的热温度、刀的压力和热合时间,使热合缝黏结牢固而不熔。

iii. 密封膜铺设

由于密封膜铺设系大面积施工,有可能出现局部热合不好、搭接不够等问题,影响膜的密封性。为确保在真空预压全过程中密封性良好,密封膜宜铺设 3 层,覆盖膜周边可采用挖沟折铺、平铺并用,黏土压边,围埝沟内覆水以及膜上全面覆水等方法进行密封。

当处理区地基土渗透性强时应设置黏土密封墙。黏土密封墙宜采用双排水泥土搅拌桩,搅拌桩直径不宜小于 700 mm(当搅拌桩深度小于 15 m 时,搭接宽度不宜小于 200 mm;当搅拌桩深度大于 15 m 时,搭接宽度不宜小于 300 mm);或采用封闭式板桩墙、封闭式板桩墙加沟内覆水等其他密封措施隔断透水层。

d. 管路连接

真空管路的连接点应严格进行密封,以保证密封膜的气密性。由于射流真空泵的结构特点,射流真空泵经管路进入密封膜内,形成连接密封,但这是一个敞开系统,真空泵工作时,膜内真空度很高,一旦由于某种原因,射流泵全部停止工作,膜内真空度将随之全部卸除,这将直接影响地基加固效果,并延长预压时间。为避免膜内真空度在停泵后很快降低,应在真空管路中设置止回阀和截门。

6.1.3.3 真空和堆载联合预压法施工

真空和堆载联合预压设计及施工可参考堆载预压和真空预压的有关内容，但还要注意下列事项：

(1) 采用真空和堆载联合预压时，应先抽真空，当真空压力达到设计要求并稳定后，再进行堆载，并继续抽真空。对于一般软黏土，当膜下真空度稳定在 650 mmHg(1 mmHg=0.133 kPa)后，抽真空 10 d 左右可进行上部堆载施工，即边抽真空，边施加堆载。对于高含水量的淤泥类土，当膜下真空度稳定在 650 mmHg 后，一般抽真空 20～30 d 可进行堆载施工。

(2) 堆载体的坡肩线宜与真空预压边线一致，堆载前须在膜上铺设土工编织布等保护层。保护层可采用编织布或无纺布等，其上铺设 100～300 mm 厚的砂垫层。

(3) 当堆载较大时，若天然地基土的强度不满足预压荷载下地基的稳定性要求，应分级逐渐加载。

6.1.4 夯实法

6.1.4.1 强夯法施工

(1) 加固原理及适用范围

强夯法是反复将夯锤提到高处使其自由落下，给地基以冲击和振动能量，将地基土夯实的地基处理方法，用此法处理的地基属于夯实地基。强大的夯击能给地基一个冲击力，并在地基中产生冲击波，在冲击力作用下，夯锤对上部土体进行冲切，并对周围土进行动力挤压，土体结构被破坏，形成夯坑。

强夯法适用于处理碎石土、砂土、低饱和度的粉土与黏性土、湿陷性黄土、素填土和杂填土等地基。

(2) 施工

① 施工设备：夯锤，起重设备，脱钩装置。

② 施工程序

a. 清理并平整施工场地。

b. 铺设垫层，在地表形成硬层，用以支承起重设备，确保机械正常通行和施工。同时可加大地下水和表层面的距离，防止夯击的效率降低。

c. 标出第一遍夯击点的位置，并测量场地高程。

d. 起重机就位，使夯锤对准夯点位置。

e. 测量夯前锤顶标高。

f. 将夯锤起吊到预定高度，待夯锤脱钩自由下落后放下吊钩，测量锤顶高程；若发现坑底倾斜造成夯锤歪斜，应及时将坑底整平。

g. 重复步骤 f.，按设计规定的夯击次数及控制标准，完成一个夯点的夯击。

h. 重复步骤 d.～g.，完成全部夯点的第一遍夯击。

i. 用推土机将夯坑填平，并测量场地高程。

j. 在规定的间隔时间后，按上述步骤逐次完成全部夯击遍数，最后用低能量满夯，将场地表层土夯实，并测量夯后场地高程。

6.1.4.2 强夯置换法施工

（1）加固原理及适用范围

强夯置换法是近年来从强夯加固法发展而来的一种新的地基处理方法，用此法处理的地基属于夯实地基，该方法主要适用于软弱黏性土地基的加固处理。加固机理为动力置换，即通过强夯将碎石整体挤入软弱黏性土，实现整式置换，或间隔夯入淤泥形成桩式碎石墩。

按强夯置换方式的不同，强夯置换法又可分为桩式置换和整式置换两种不同的形式。整式置换采用强夯将碎石整体挤入软弱黏性土中，其作用机理类似于换土垫层。桩式置换通过强夯将碎石填筑土体中部分碎石桩（或墩）间隔地夯入软弱黏性土中，形成桩式（或墩式）的碎石墩（或桩）。其作用机理类似于用振冲法等制成的碎石桩，它主要靠碎石内摩擦角和墩间土的侧限来维持桩体的平衡，并与墩间土起复合地基的作用。

（2）施工

① 施工设备

施工机具参见强夯法。锤底静压力值宜大于 100 kPa。

② 施工程序

a. 清理并平整施工场地，当表土松软时可铺设一层厚度为 1.0～2.0 m 的砂石施工垫层。

b. 标出夯点位置，并测量场地高程。

c. 起重机就位，将夯锤置于夯点位置。

d. 测量夯前锤顶高程。

e. 夯击并逐击记录夯坑深度。当夯坑过深而发生起锤困难时停夯，向坑内填料直至与坑顶齐平，记录填料数量，如此重复直至达到规定的夯击次数及控制标准，完成一个墩体的夯击。当夯点周围挤出的软土影响施工时，可随时清理并在夯点周围铺垫碎石，继续施工。

f. 按由内而外、隔行跳打原则完成全部夯点的施工。

g. 整式挤淤置换宜采用逐排施打方式，每排必须由抛填体中心向两侧逐点夯击。采用 50 t 夯机时，为避免形成扇形布点，分二序施工——先夯击一侧，再夯击另一侧。采用 100 t 夯机时，可一序施工。如两边孔夯击一遍后有残存淤泥，须进行第二遍夯填。

h. 推平场地，用低能量满夯，将场地表层松土夯实，并测量夯后场地高程。

i. 铺设垫层，并分层碾压密实。

6.1.4.3 重锤夯实法施工

（1）加固原理及适用范围

重锤夯实是利用起重机械将夯锤提升到一定高度，然后让其自由落下，重复夯击基土表面，使地基表面形成一层比较密实的硬壳层，从而使地基得到加固的一种地基处理方法。（重锤）夯实法主要适用于稍湿的杂填土、黏性土、砂性土、湿陷性黄土和碎石土、砂土、粗粒土与低饱和度细粒土组成的分层填土等地基。

(2) 施工

① 施工设备

a. 夯锤

用 C20 钢筋混凝土制成,外形为截头圆锥体,底直径 1.0～1.5 m,锤底面单位静压力宜为 15～20 kPa。吊钩宜采用自制半自动脱钩器,以减少吊索的磨损和机械振动。

b. 起重机

可采用配置有摩擦式卷扬机的履带式起重机、打桩机、悬臂式桅杆起重机或龙门式起重机等。当采用自动脱钩时,起重能力应大于夯锤重量的 1.5 倍;当直接用钢丝绳悬吊夯锤时,起重能力应大于夯锤重量的 3 倍。

② 施工程序

a. 夯实前检查地基土的含水量,将其控制在最优含水量范围以内,土的湿润度以手捏紧后,松手土不散,易变形而不挤出,抛在地上即呈碎裂状为宜;如表层含水量过大,可采取撒干土、碎砖、生石灰粉或换土等措施;如土含水量过低,应适当洒水,加水后待其全部渗入土中,一昼夜后方可夯打。

b. 大面积基坑或在条形基槽内夯实时,应按一夯换一夯的顺序进行;在独立柱基夯打时,可采用先周边后中间或先外后里的跳打法。

c. 基底标高不同时,应按先深后浅的程序逐层挖土夯实,不宜一次挖成阶梯形,以免夯打时在高低相交处发生坍塌。夯打做到落距正确,落锤平稳,夯位准确,基坑的夯实宽度应比基坑每边宽 0.2～0.3 m。在基槽底面边角不易夯实部位应适当增大夯实宽度。

d. 重锤夯实填土地基时,应分层施工,每层的虚铺厚度以相当于锤底直径为宜。夯实层数不宜少于 2 层。夯实完后,应将基坑、槽表面修整至设计标高。

e. 重锤夯实所产生的振动对在 10～15 m 以外建筑物影响较小,可不采取防护措施;对在 10～15 m 以内的,应挖防振沟等作隔振处理。

f. 冬期施工时,如土已冻结,应将冻土层挖去或通过烧热法将土层融解。若基坑挖好后不能立即夯实,应采取防冻措施,如在表面覆盖草垫、锯屑或松土保温。

g. 夯实结束后,应及时将夯松的表层浮土清除或将浮土在接近最优含水量状态下重新用 1 m 的落距夯实至设计标高。

6.1.5 振冲法

6.1.5.1 加固原理及适用范围

振冲法加固地基的基本原理是对原地基土进行挤密和置换,振冲法分为振冲置换法和振冲密实法两类。前者在地基土中借振冲器成孔,振密填料、置换地基土,形成由碎石、砂砾等散粒材料组成的桩体,其与原地基土一起构成复合地基,使地基承载力提高,地基变形减少,此方法又称为振冲置换碎石桩法;后者主要利用振动和压力水使砂层液化,砂颗粒相互挤密,重新排列,孔隙减少,从而提高砂层的承载力和抗液化能力,它又称为振冲挤密砂桩法,这种桩根据砂土性质的不同,又有加填料和不加填料两种。

振冲法适用于处理砂土、粉土、粉质黏土、素填土和杂填土等地基。在砂性土中，振冲起挤密作用，称振冲挤密。不加填料的振冲挤密仅适用于处理黏粒含量小于10%的中、粗砂地基。在黏性土中，振冲主要起置换作用，称振冲置换。其主要适用于处理不排水抗剪强度不小于20 kPa的黏性土、粉土、饱和黄土和人工填土等地基。

处理不排水抗剪强度不小于20 kPa的饱和黏性土和饱和黄土地基时，应在施工前通过现场试验确定其适用性。对于大型的、重要的或者场地地质条件复杂的工程，在正式施工前应通过现场试验确认其处理效果。

6.1.5.2 施工

(1) 施工设备

振冲法的施工设备主要有振冲器、行走式起吊装置、泵送输水系统、加料机具和控制操作台等。

(2) 施工程序

① 清孔。当成孔达到设计深度，以1 m/min的速度边提升振冲器边冲水(水压0.2～0.3 MPa)，将振冲器提至孔口，再以5～6 m/min的速度边下沉振冲器边冲水至孔底。如此重复2～3次，最后将振冲器停留在设计加固深度以上30～50 cm处，用循环水将孔中比较稠的泥浆排出，清孔时间1～2 min。

② 填料振密。清孔后开始填料制桩，每次倒入孔中的填料体积为0.2～0.5 m^3(即每次填料厚度不宜大于500 mm)，然后将振冲器沉入填料中进行振密，直至达到密实电流并留振(保持密实电流)30 s。将振冲器提升300～500 mm，重复以上步骤，自下而上逐段制作桩体直至完成整个桩体，每米振密时间宜为1 min。上述这种不提出振冲器，在孔口投料的方法称为连续下料法。当采用小功率振冲器且下料困难时可采用间断下料法，即将振冲器提出孔口，下料后再将振冲器沉入填料中进行振密，如此反复进行，也是自下而上逐段制作桩体直至完成整个桩体。

③ 每根桩每倒一次料，都必须记录桩体深度、填料量、密实电流和留振时间等。

④ 桩体施工完毕后应将顶部预留的松散桩体挖除，如无预留应将松散桩头压实，随后铺设并压实垫层。

6.1.6 砂石桩复合地基

6.1.6.1 加固原理及适用范围

砂石桩复合地基是指利用振动或冲击荷载在地基中成孔，再将砂石挤入土中，而形成的密实的砂(石)质桩体。其加固的基本原理是对原性质较差的土进行挤密和置换，以达到提高地基承载力、减小沉降的目的。其适用于以下地质条件：

(1) 挤密松散的砂土、粉土、素填土和杂填土地基。

(2) 饱和黏土地基上对变形控制要求不严的工程也可采用砂石桩置换处理地基。

(3) 可以处埋饱和粉土、砂土的液化问题。

6.1.6.2 施工

(1) 施工设备

砂石桩采用振动沉管打桩机或锤击沉管打桩机进行施工。配套机具有桩管、吊斗、1 t 机动翻斗车等。

(2) 施工程序

① 施工前应进行成孔挤密试验，试验目的是确定施工工艺、填砂量、提升高度、挤压次数和时间、电机工作电流等，以此作为控制质量的标准，以保证挤密均匀和桩身连续。试验桩孔不得少于 7 个，以便核对地层资料，检验施工机具及施工工艺，发现问题时应及时通知设计单位调整设计或改进工艺。

② 砂石桩的施工顺序：在砂土地基上宜从外围或两侧向中间施工，在既有建(构)筑物邻近时，应沿背离建(构)筑物的方向施工。如砂石桩间距较大，亦可逐排施工，以挤密为主的同一排砂石桩应间隔施工。

③ 砂石桩复合地基施工中，成桩施工工艺有振动成桩法和锤击成桩法两种。

振动法采用振动沉桩机将带活瓣桩尖的、与砂石桩同直径的钢管沉下，往桩管内灌砂石后，采用一次拔管、逐步拔管、重复压拔管三种方法拔出桩管，拔管宜在管内灌入砂料高度大于 1/3 管长后开始，拔管速度要均匀，不宜过快。一次拔管是边振动边缓慢拔出桩管，拔管速度 1～2 m/min；逐步拔管是在振动拔管的过程中，每拔 0.5 m 后停拔振动 10～20 s；重复压拔管是将桩管压下后再拔，以便将落入桩孔内的砂石压实，并可使桩径扩大。振动力以 30～70 kN 为宜，不应太大，以防过分扰动土体。本法机械化、自动化水平和生产效率较高(150～200 m/d)，但因振动是垂直方向的，所以桩径扩大有限，其适用于松散砂土和软黏土。

锤击法将带有活瓣桩靴或混凝土桩尖的桩管，用锤击沉桩机打入土中，往桩管内灌砂后缓慢拔出，或在拔出过程中以低锤锤击桩管，或将桩管压下再拔，将砂石从桩管内排入桩孔成桩并使之密实。桩管对土的冲击力作用，使桩周围土得到挤密，并使桩径向外扩展。但拔管不能过快，以免出现中断、缩颈而造成事故。对特别软弱的土层，亦可采取二次打入桩管灌砂石工艺，形成扩大砂石桩。如缺少锤击沉管机，亦可采用蒸汽锤、落锤或柴油打桩机沉管，另配一台起重机拔管。本法适用于软弱黏性土。

④ 砂石桩施工后，应将基底标高下的松散层挖除或夯压密实，随后铺设并压实砂石垫层。

6.1.7 水泥粉煤灰碎石桩(CFG 桩)复合地基

6.1.7.1 加固原理及适用范围

水泥粉煤灰碎石桩(Cement Fly-ash Gravel，简称 CFG 桩)是由水泥、粉煤灰、碎石、石屑或砂加水拌和形成的高黏结强度桩，和桩间土、褥垫层一起形成复合地基，共同承担上部结构荷载。

水泥粉煤灰碎石桩适用于处理黏性土、粉土、砂土和已自重固结的素填土等地基。对淤泥质土应按地区经验或通过现场试验确定其适用性。就基础形式而言,CFG 桩既可用于扩展基础,又可用于箱形基础、筏形基础。

6.1.7.2 施工

(1) 施工设备

水泥粉煤灰碎石桩的常用施工设备为长螺旋钻机、振动沉管打桩机。

(2) 施工程序

① 施工前应按设计要求由实验室进行配合比试验,施工时按配合比配制混合料。长螺旋钻孔、管内泵压混合料成桩施工的混合料坍落度宜为 160～200 mm;振动沉管灌注成桩施工的混合料坍落度宜为 30～50 mm。振动沉管灌注成桩后,桩顶浮浆厚度应小于 200 mm。

② 根据桩位平面布置图及测量基准点,进行桩位施放。桩位定位点应明显且不易被破坏。对满堂布桩基础,桩位偏差不应大于 0.4 倍桩径;对条形基础,桩位偏差不应大于 0.25 倍桩径,单排布桩时桩位偏差不应大于 60 mm。

③ 水泥粉煤灰碎石桩复合地基施工中,成桩工艺包括长螺旋钻孔灌注成桩,长螺旋钻孔、管内泵压混合料灌注成桩,振动沉管灌注成桩,泥浆护壁成孔灌注成桩,锤击或静压预制桩等。

④ 水泥粉煤灰碎石桩复合地基施工时应合理安排打桩顺序,宜从一侧向另一侧或由中心向两边施打,以避免桩机碾压已施工完成的桩,或使地面隆起,造成断桩。

⑤ 水泥粉煤灰碎石桩施工完成后,待桩体达到一定强度后(一般为桩体设计强度的 70%),方可进行开挖。开挖时,宜采用人工开挖,也可采用小型机械和人工联合开挖,但应有专人指挥,保证小型机械不碰撞桩头,同时应避免扰动桩间土。

⑥ 挖至设计标高后,应剔除多余的桩头。剔除桩头时,应在距设计标高 2～3 cm 的同一平面上按同一角度对称放置 2 个或 3 个钢钎,用大锤同时击打,将桩头截断。桩头截断后,将桩顶用手锤、钢钎剔至设计标高并凿平桩顶表面。

⑦ 桩头剔至设计标高以下,或发现浅部断桩时,应提出上部断桩并采取补救措施。

⑧ 当褥垫层厚度大于 200 mm 时,宜分层铺设,虚铺完成后宜采用静力将其压实至设计厚度;褥垫层铺设宜采用静力压实法,当基础底面下桩间土的含水量较小时,也可以采用动力夯实法。对较干的砂石材料,虚铺后可适当洒水再进行碾压或夯实。

6.1.8 夯实水泥土搅拌复合地基

6.1.8.1 加固原理及适用范围

夯实水泥土桩是指利用机械成孔(挤土、不挤土)或人工挖孔,然后将土与不同比例的水泥拌和,将它们夯入孔内而形成的桩。基于夯实后水泥土的高密度及水泥土本身的强度,夯实水泥土桩桩体有较高强度。机械挤土成孔与夯实同时可将桩周土挤密,提高桩间土的密度和承载力。夯实水泥土桩法适用于处理地下水位以上的粉土、素填土、杂填土、黏性土等地基。处理深度不宜超过 10 m。

6.1.8.2 施工

(1) 施工设备

成孔机具采用洛阳铲或螺旋钻机;夯实机具用偏心轮夹杆式夯实机。

(2) 施工程序

① 应根据设计要求、现场土质、周围环境等情况选择适宜的成桩设备和夯实工艺。设计标高以上的预留土层应不薄于 500 mm,垫层施工时应将多余桩头凿除,桩顶面应水平。

② 夯实水泥土桩混合料的拌和。夯实水泥土桩混合料的拌和可采用人工和机械两种方法。人工拌和遍数不得少于 3 遍;机械拌和宜采用强制式搅拌机,搅拌时间不得少于 1 min。

③ 采用人工或机械洛阳铲成孔时,在达到设计深度后要进行孔底虚土的夯实,在确保孔底虚土密实后再倒入混合料进行成桩施工。

④ 夯实水泥土桩复合地基施工。分段夯填时,夯锤落距和填料厚度应满足夯填密实度的要求。夯击遍数应根据设计要求,通过现场干密度试验确定。

6.1.9 旋喷桩复合地基

6.1.9.1 加固原理及适用范围

水泥土搅拌桩复合地基是指以水泥(或水泥系材料)为固化剂,通过特制的搅拌机械,在地基深处强制搅拌原状土和水泥而形成的水泥土圆柱体,与原地基土构成的地基。水泥土搅拌桩除作为竖向承载的复合地基外,还可用于基坑工程围护挡墙、被动区加固体、防渗帷幕等。加固体形状可分为柱状、壁状、格栅状或块状等。根据固化剂掺入状态的不同,施工工艺可分为湿法(浆液搅拌)和干法(粉体喷射搅拌)。

水泥土搅拌桩适用于处理正常固结的淤泥与淤泥质土、粉土、饱和黄土、素填土、黏性土以及无流动地下水的饱和松散砂土等地基。

6.1.9.2 施工

(1) 施工设备

旋喷桩法的主要机具设备包括高压泵、钻机、浆液搅拌器等;辅助设备包括操纵控制系统、高压管路系统、材料储存系统以及各种管材、阀门、接头安全设施等。

(2) 施工程序

① 施工前先进行场地平整,挖好排浆沟,做好钻机定位。钻机应水平安放,钻杆应保持垂直,其倾斜度不得大于 1.5%。

② 旋喷桩施工程序:机具就位→贯入注浆管→试喷射→喷射注浆→拔管及冲洗等。

③ 单管法和二重管法施工时,可用注浆管射水成孔至设计深度后,再一边提升注浆管一边进行喷射注浆。三重管法施工时须预先用钻机或振动打桩机钻成直径 150～200 mm 的孔,然后将三重注浆管插入孔内,按旋喷、定喷或摆喷的工艺要求,由下而上进行喷射注浆,注浆管分段提升的搭接长度不得小于 200 mm。

6.1.10 石灰桩复合地基

6.1.10.1 加固原理及适用范围

石灰桩的主要固化剂为生石灰,石灰桩是将固化剂与粉煤灰、火山灰、炉渣、黏性土等掺合料按一定的比例均匀混合后,在桩孔中经机械或人工分层振压或夯实所形成的密实桩体。为提高桩身强度,还可添加石膏、水泥等外加剂。生石灰与掺合料的配合比宜根据地质情况确定,生石灰与掺合料的体积比可选用1∶1或1∶2,对于淤泥、淤泥质土等软土可适当增加生石灰用量,桩顶附近生石灰用量不宜过大。当掺石膏和水泥时,掺加量为生石灰用量的3%～10%。

石灰桩的主要作用机理是通过生石灰的吸水膨胀作用挤密桩周土,继而通过离子交换和胶凝反应提高桩间土强度,同时桩身生石灰与活性掺合料产生的水化、胶凝反应,使桩身具有0.3～1.0 MPa 的抗压强度。由于生石灰的吸水膨胀作用,石灰桩特别适用于新填土和淤泥的加固,生石灰吸水后还可使淤泥产生自重固结,形成强度后的密集的石灰桩身与经加固的桩间土结合为一体,使桩间土欠固结状态消失。

石灰桩法适用于处理饱和黏性土、淤泥、淤泥质土、素填土和杂填土等地基;用于地下水位以上的土层时,宜增加掺合料的含水量并减少生石灰用量,或采取土层浸水等措施。

6.1.10.2 施工

(1) 施工设备

成孔机械主要为螺旋钻机、洛阳铲(人工或机械),夯实机具用偏心轮夹杆式夯实机。

(2) 施工工艺

① 施工准备。应根据设计要求、现场土质、周围环境等情况选择适宜的成桩设备和夯实工艺。

② 混合料的拌和,石灰桩混合料的拌和可采用人工和机械两种方法。人工拌和遍数不得少于3遍;机械拌和宜采用强制式搅拌机,搅拌时间不得少于1 min。

③ 采用人工或机械洛阳铲成孔时,在达到设计深度后要进行孔底虚土的夯实,在确保孔底虚土密实后再倒入混合料进行成桩施工。

6.1.11 土桩、灰土桩复合地基

6.1.11.1 加固原理及适用范围

土桩、灰土桩复合地基施工通过成孔过程的横向挤压作用,将桩孔内的土挤向周围,使桩间土得以密实,然后将准备好的灰土或素土(黏土)分层填入桩孔内,并分层捣实至设计标高。用灰土分层夯实的桩体,称为灰土挤密桩;用素土夯实的桩体称为土挤密桩。

土桩、灰土桩复合地基适用于处理地下水位以上的湿陷性黄土、素填土和杂填土等地基,

可处理地基的深度为 5～15 m。当以消除地基土的湿陷性为主要目的时，宜选用土挤密桩法。当以提高地基土的承载力或增强其水稳性为主要目的时，宜选用灰土挤密桩法。当地基土的含水量大于 24%、饱和度大于 65%时，不宜选用土桩、灰土桩复合地基。

6.1.11.2 施工

(1) 施工设备

施工机具包括成孔设备和夯实机具。

(2) 施工程序

① 应根据设计要求、现场土质、周围环境等情况选择适宜的成桩设备和施工工艺。设计标高以上的预留土层厚度应满足下列要求：沉管（锤击、振动）成孔时，宜不小于 1.0 m；采用冲击、钻孔夯扩法时，宜不小于 1.50 m。

② 土或灰土的铺设厚度应根据不同的施工方法设置。夯击遍数应根据设计要求，通过现场干密度试验确定。

③ 成孔和孔内回填夯实的施工顺序。当整片处理时，宜从里（或中间）向外间隔 1～2 孔进行施工，对大型工程可采用分段施工；当局部处理时，宜从外向里间隔 1～2 孔进行施工。

6.1.12 柱锤冲扩桩复合地基

6.1.12.1 加固原理及适用范围

柱锤冲扩桩复合地基是利用直径 300～500 mm、长 2～6 m 的圆柱形重锤冲击成孔，再向孔内添加填料（碎砖三合土、级配砂石、矿渣、灰土、水泥混合土等）并夯实所制成的桩体，与原地基土构成的地基。

柱锤冲扩桩复合地基适用于处理地下水位以上的杂填土、粉土、黏性土、素填土和黄土等地基，对地下水位以下的饱和松软土层，应通过现场试验确定其适用性。地基处理深度不宜超过 10 m，复合地基承载力特征值不宜超过 160 kPa。

6.1.12.2 施工

(1) 施工设备

柱锤冲扩桩法宜用直径 300～500 mm、长度 2～6 m、质量 1～8 t 的柱状锤（柱锤）进行施工。起重机具可用起重机、步履式夯扩桩机或其他专用机具设备。

(2) 施工程序

① 清理平整施工场地，布置桩位。

② 施工机具就位，使柱锤对准桩位。

③ 柱锤冲孔。根据土质及地下水情况可分别采用下述三种成孔方式：

a. 冲击成孔：将柱锤提升至一定高度（一般 5～10 m），使其自动脱钩下落冲击土层，如此反复冲击，当孔底接近设计成孔深度时，可在孔内填少量粗骨料继续冲击，夯送的锤体瞬间沉入量很小时(一般每击下沉量不大于 100 mm),可认为孔底已被夯密实。

b. 填料冲击成孔:成孔时若出现缩颈或塌孔,可分次填入碎砖和生石灰块,边冲击边将填料挤入孔壁及孔底,当孔底接近设计成孔深度时,夯入部分碎砖挤密桩端土。

c. 复打成孔:当塌孔严重,难以成孔时,可提锤反复冲击至设计孔深,然后分次填入碎砖和生石灰块(配合比一般为 1∶1),待孔内生石灰吸水膨胀、桩间土性质有所改善后,再进行二次冲击复打成孔。

当采用上述方法仍难以成孔时,也可以采用套管成孔。

④ 成桩:用标准料斗或运料车将拌和好的填料分层填入桩孔夯实。当采用套管成孔时,边分层填料夯实,边将套管拔出。锤重、锤长、落距、分层填料量、分层夯填度、夯击次数、总填料量等应根据试验或按当地经验确定。每个桩孔应夯填至桩顶设计标高以上至少 0.5 m,其上部桩孔宜用原槽土夯封。施工中应做好记录,并对发现的问题及时进行处理。

⑤ 施工机具移位,重复上述步骤进行下一根桩的施工。

⑥ 成孔和填料夯实的施工,宜间隔进行。

⑦ 基槽开挖后,应进行晾槽拍底或碾压,随后进行褥垫层的施工。

6.1.13 多桩型复合地基

6.1.13.1 加固原理及适用范围

多桩型复合地基是指由两种及两种以上不同材料增强体或由同一种材料增强体制成的而长度不同的桩形成的复合地基,适用于处理存在浅层欠固结土、湿陷性土、液化土等特殊土,或场地土层具有不同深度持力层以及存在软弱下卧层,地基承载力和变形要求较高时的地基处理。

6.1.13.2 施工

(1) 后施工桩不应产生使先施工桩承载力降低或丧失的扰动;

(2) 对可液化土,应先处理液化,再施工用以提高承载力的增强体桩;

(3) 对湿陷性黄土,应先处理湿陷性,再施工用以提高承载力的增强体桩;

(4) 对于长短桩复合地基,应先施工长桩后施工短桩。

6.2 桩基施工技术

桩型与成桩工艺应根据建筑结构类型、荷载性质、桩的使用功能、穿越地层情况、桩端持力层性质、地下水位、工程环境、施工设备、施工经验、制桩材料供应条件等,按安全适用、经济合理的原则选择。

6.2.1 灌注桩施工

6.2.1.1 泥浆护壁成孔灌注桩

(1) 护壁泥浆

① 泥浆的功能

a. 泥浆有防止孔壁坍塌的功能

在天然状态下，竖直向下挖掘处于稳定状态的地基土，会破坏土体的平衡状态，孔壁往往有发生坍塌的危险，泥浆则有防止这种坍塌发生的作用。这种作用主要表现在：

i. 泥浆的静侧压力可抵抗作用在壁上的土压力和水压力，并防止地下水的渗入。

ii. 泥浆在孔壁上形成不透水的泥皮，从而使泥浆的静压力有效地作用在孔壁上，同时防止孔壁的剥落。

iii. 泥浆从孔壁表面向地层内渗透到一定的深度后就黏附在土颗粒上，这种黏附作用可降低孔壁坍塌可能性和土层透水性。

b. 泥浆有排出悬浮土渣的功能

在成孔过程中，土渣混在泥浆中，合理的泥浆密度能够将悬浮于泥浆当中的土渣，通过泥浆循环排至泥浆池沉淀。

c. 泥浆有冷却施工机械的功能

钻进成孔时，钻具会同地基土作用而产生很高热量，泥浆循环能够携带排出热量，延长施工机具的寿命。

② 泥浆的制备和处理

除能自行造浆的黏性土层外，在其他土层施工时均应制备泥浆。泥浆制备应选用高塑性黏土或膨润土。泥浆应根据施工机械、工艺及穿越土层情况进行配合比设计。施工期间护筒内的泥浆面应高出地下水位 1.0 m 以上，在受水位涨落影响时，泥浆面应高出最高水位 1.5 m 以上；在清孔过程中，应不断置换泥浆，直至灌注水下混凝土。

(2) 适用范围

宜用于地下水位以下的黏性土、粉土、砂土、填土、碎石土及风化岩层；对孔深较大的端承型桩和粗粒土层中的摩擦型桩，宜采用反循环工艺成孔或清孔，也可根据土层情况采用正循环钻进，反循环清孔。

(3) 工艺原理

使用钻头或切削刀具成孔属于泥浆循环工艺，在孔内充满泥浆的同时，用泵使泥浆在孔底与地面之间循环，并把土渣排出地面，即泥浆除了起稳定孔壁的作用之外，还被用作排渣的手段。通过管道把泥浆压送到孔底，浆在管道的外面上升，把土渣携带出地面，为正循环方式。泥浆从管道的外面自然流入或泵入孔内，然后和土渣一起被抽吸到地面上来，即反循环方式。

(4) 施工工艺

① 测量放线。应由专业测量人员根据给定的控制点用“双控法”测量桩位，并用标桩标定准确。

② 埋设护筒。泥浆护壁成孔时，宜采用孔口护筒，护筒设置应符合下列规定：

a. 护筒埋设应准确、稳定，护筒中心与桩位中心的偏差不得大于 50 mm。

b. 护筒可用 4～8 mm 厚钢板制作，其内径应大于钻头直径 100 mm，上部宜开设 1～2 个溢浆孔。

c. 护筒的埋设深度：在黏性土中不宜小于 1.0 m，在砂土中不宜小于 1.5 m。护筒下端外侧应用黏土填实，其高度尚应满足孔内泥浆面高度的要求。

d. 对于受水位涨落影响或水下施工的钻孔灌注桩，护筒应加高加深，必要时应打入不透水层。

③ 钻机就位。钻机就位前，应先平整场地，铺好枕木并用水平尺校正，保证钻机平稳、牢固。成孔设备就位后，必须保持平正、稳固，确保在施工过程中不发生倾斜、移动。使用双向吊锤球校正钻杆垂直度，必要时可使用经纬仪校正钻杆垂直度。为准确控制钻孔深度，应在桩架上做出标示深度的标尺，以便在施工中进行观测、记录。

④ 钻进。钻进参数应根据地层情况、桩径、砂石泵的合理排量和钻机的经济钻速等因素加以选择和调整。

⑤ 清孔。分为正循环清孔和反循环清孔。

⑥ 钢筋笼加工及安放

a. 钢筋笼制作

钢筋笼的加工场地应选择在运输和就位比较方便的场所，最好设置在施工现场内。钢筋的种类、型号及规格尺寸要符合设计要求。钢筋进场后应按钢筋的不同型号、直径、长度分别堆放。

钢筋笼绑扎顺序是先在架立筋（加强箍筋）上将主筋等间距布置好，再按规定的间距绑扎箍筋。箍筋、架立筋和主筋之间的接点可用电焊焊接等方法固定。在直径大于 2 m 的大直径钢筋笼中，可用角钢或扁钢作架立筋，以提高钢筋笼刚度。钢筋笼长度一般在 8 m 左右，当采取辅助措施后，可加长到 12 m 左右。钢筋笼下端部的加工应适应钻孔情况。为确保桩身混凝土保护层的厚度，一般应在主筋外侧安设钢筋定位器或滚轴垫块。钢筋笼堆放应考虑安装顺序、钢筋笼变形和防止事故等因素，以堆放两层为宜，如果采取保护措施可堆放三层。

b. 钢筋笼安放

钢筋笼要对准孔位安放，应扶稳、慢放，避免碰撞井壁，到位后立即固定。大直径桩的钢筋笼要使用吨位适应的吊车将钢筋笼吊入孔内。在吊装过程中，要防止钢筋笼发生变形。

当钢筋笼需要接长时，要先将第一段钢筋笼放入孔中，利用其上部架立筋将其暂时固定在护筒上部，然后吊起第二段钢筋笼，对准位置，用绑扎或焊接等方法接长后将其放入孔中，如此逐段接长，最后将整个钢筋笼放到预定位置。待钢筋笼安设完成后，要检查确认钢筋顶端的高度。

⑦ 混凝土灌注

a. 灌注混凝土的导管直径宜为 200～250 mm，壁厚不小于 3 mm，分节长度视工艺要求而定，一般为 2.0～2.5 m，导管与钢筋应保持 100 mm 距离，导管使用前应试拼装，以 0.6～1.0 MPa 水压力进行试压。

b. 开始灌注水下混凝土时，管底至孔底的距离宜为 300～500 mm，并将导管一次埋入混凝土面以下 0.8 m 以上，在以后的浇筑中，导管埋深宜为 2～6 m。

c. 桩顶灌注高度不能偏低，应保证在凿除泛浆层后，桩顶混凝土能达到强度设计值。

6.2.1.2 旋挖成孔灌注桩

(1) 适用范围

旋挖成孔灌注桩宜用于黏性土、粉土、砂土、填土、碎石土及风化岩层。旋挖钻成孔灌注桩应根据不同的地层情况及地下水位埋深，采用干作业成孔或泥浆护壁成孔工艺。

(2) 工艺原理

利用钻杆和钻头的旋转及重力作用使土屑进入钻斗，钻斗装满土屑后，提升钻斗出土，这样通过钻斗的旋转、削土、提升和出土，多次反复而成孔。

(3) 施工工艺

① 测量放线。应由专业测量人员根据给定的控制点用“双控法”测量桩位，并用标桩标定准确。

② 钻机就位。安装旋挖钻机，成孔设备就位后，必须保持平正、稳固，确保在施工过程中不发生倾斜、移动。使用双向吊锤球校正钻杆垂直度，必要时可使用经纬仪校正钻杆垂直度。为准确控制钻孔深度，应及时用测绳量测孔深以校核钻机操作室内所显示的成孔深度，同时也便于在施工中进行观测、记录。旋挖钻机施工时，应保证机械稳定、安全作业，必要时可在场地铺设能保证其安全行驶和操作的钢板或垫层(路基板)。

③ 钻头着地，旋转，开孔。以钻头自重加液压为钻进压力。

④ 当钻头内装满土、砂后，将其提升上来，开始灌水。

⑤ 旋转钻机，将钻头中的土倾倒到翻斗车上。

⑥ 关闭钻头的活门，将钻头转回钻进地点，并将旋转体的上部固定住。

⑦ 降落钻头。

⑧ 埋设护筒。采用旋挖钻机成孔时，必须设置护筒。护筒埋设应准确、稳定，护筒中心与桩位中心的偏差不得大于 50 mm。护筒可用 4～8 mm 厚钢板制作，其内径应大于钻头直径100 mm，上部宜开设 1～2 个溢浆孔。护筒的埋设深度：在黏性土中不宜小于 1.0 m，在砂土中不宜小于 1.5 m。护筒下端外侧应采用黏土填实，其高度尚应满足孔内泥浆面高度的要求。对于受水位涨落影响或水下施工的钻孔灌注桩，护筒应加高加深，必要时应打入不透水层。在埋设过程中，一般采用十字拴桩法以确保护筒中心与桩位中心重合。

⑨ 泥浆制备。泥浆护壁旋挖钻机成孔应配备成孔和清孔用泥浆及泥浆池(箱)，在容易产生泥浆渗漏的土层中可采取提高泥浆相对密度、掺入锯末、使用增黏剂提高泥浆黏度等维持孔壁稳定的措施。泥浆制备的能力应大于钻孔时的泥浆需求量，每台套钻机的泥浆储备量不应少于单桩体积。

⑩ 将侧面铰刀安装在钻头内侧，开始钻进。旋挖钻机成孔应采用跳挖方式，钻斗倒出的土距桩孔口的最小距离应大于 6 m，并应及时清除。应根据钻进速度同步补充泥浆，保持所需的泥浆面高度不变。成孔前和每次提出钻斗时，应检查钻斗和钻杆连接销子、钻斗门连接销子以及钢丝绳的状况，并应清除钻斗上的渣土。

⑪ 清孔。钻孔达到设计深度后，应采用清孔钻头进行清孔，并测定深度。

⑫ 测定孔壁。

⑬ 插入钢筋笼。

⑭ 插入导管。

⑮ 二次清孔。

⑯ 水下灌注混凝土。

6.2.1.3 冲(抓)成孔灌注桩

(1) 适用范围

冲(抓)成孔灌注桩宜用于黏性土、粉土、砂土、填土、碎石土及风化岩层,除用于上述地质情况外,还能穿透旧基础、建筑垃圾填土或大孤石等障碍物。在岩溶发育地区应慎重使用,必须采用时,应适当加密勘察钻孔。

(2) 工艺原理

冲击成孔灌注桩工艺用冲击式钻机或卷扬机悬吊一定重量的冲击钻头(又称冲锤)上下往复冲击,使硬质土或岩层破碎成孔,部分碎渣和泥浆被挤入孔壁中,大部分成为泥渣,用掏渣筒掏出成孔,然后再灌筑混凝土成桩。

(3) 施工工艺

① 埋设护筒

护筒内径应比钻头直径大 200 mm,直径大于 1 m 的护筒如果刚度不够,可在顶端焊接加强圆环,在筒身外壁焊竖向加肋筋;埋设可用加压、振动、锤击等方法。

② 安装冲击钻机

冲击钻成孔冲击钻头的质量,一般按其冲孔直径,以每 100 mm 取 100～140 kg 为宜,一般正常悬距可取 0.5～0.8 m;冲击行程一般为 0.78～1.5 m,冲击频率以 40～48 次/min 为宜。

③ 冲击钻进

a. 大直径桩孔可分级成孔,第一级成孔直径应为设计桩径的 0.6～0.8 倍。开孔时,应低锤密击,当表土为淤泥、细砂等软弱土层时,可用黏土块夹小片石反复冲击造壁,孔内泥浆面应保持稳定。

b. 清除沉渣

排渣可采用泥浆循环或抽渣筒等方法。前者指将输浆管插入孔底,泥浆在孔内向上流动,将残渣带出孔外,本法造孔工效高,护壁效果好,泥浆较易处理,但孔深时,对循环泥浆的压力和流量要求高,实施较难,故本法只适于在浅孔应用。抽渣筒法,指将一个下部带活门的钢筒放到孔底,使其作上下来回运动,提升高度在 2 m 左右,当抽筒向下运动时,活门打开,残渣进入筒内;向上运动时,活门关闭,可将孔内残渣抽出孔外。排渣时,必须及时向孔内补充泥浆,以防亏浆造成孔内坍塌。

④ 清孔

a. 不易塌孔的桩孔,可采用空气吸泥清孔。

b. 稳定性差的孔壁应采用泥浆循环或抽渣筒排渣。清孔后、灌注混凝土之前的泥浆指标:孔底 500 mm 以内的泥浆相对密度应小于 1.25;含砂率不得大于 8%;黏度不得大于 28 s。

c. 清孔时,孔内泥浆面应高出地下水位 1.0 m 以上,在受水位涨落影响时,泥浆面应高出最高水位 1.5 m 以上。

d. 灌注混凝土前,孔底沉渣允许厚度应符合下列规定:

i. 对端承型桩,不应大于 50 mm;

ii. 对摩擦型桩,不应大于 100 mm;

iii. 对抗拔、抗水平力桩,不应大于 200 mm。

此后施工程序基本上与泥浆护壁灌注桩相同,此处不再叙述。

6.2.1.4 长螺旋干作业钻孔灌注桩

(1) 适用范围

长螺旋干作业钻孔灌注桩宜用于地下水位以上的黏性土、粉土、填土、中等密实以上的砂土、风化岩层。

(2) 工艺原理

用长螺旋钻机的螺旋钻头,在桩位处就地切削土层,被切削下来的土块钻屑随钻头旋转,沿着带有长螺旋叶片的钻杆上升,输送到出土器后自动排出孔外,然后装卸到翻斗车(或手推车)中运走,该成孔工艺可实现全程机械化。

(3) 施工工艺

① 钻孔机就位:现场放线、抄平后,移动长螺旋钻机至钻孔桩位置,完成钻孔机就位。钻孔机就位后,必须保持平稳,确保施工中不发生倾斜、位移。使用双向吊锤球校正钻杆垂直度,必要时可使用经纬仪校正钻杆垂直度。

② 钻进:调直机架挺杆,对好桩位(用对位圈),开动机器钻进、出土。螺旋钻进应根据地层情况,合理选择和调整钻进参数,并可通过电流表来控制进尺速度,电流值增大,说明孔内阻力增大,应降低钻进速度。开始钻进及穿过软硬土层交界处时,应保持钻杆垂直,控制速度缓慢进尺,以免扩大孔径。钻进中遇含有砖头瓦块卵石较多的土层,或含水量较大的软塑黏土层时,应控制钻杆跳动与机架摇晃,以免引起孔径扩大,致使孔壁附着扰动土和孔底增加回落土。当钻进中遇到卡钻,不进尺或钻进缓慢时,应停机检查,找出原因,采取措施,避免盲目钻进而导致桩孔严重倾斜、跨孔甚至卡钻、折断钻具等恶性孔内事故。遇孔内渗水、跨孔、缩颈等异常情况时,须立即采取相应的技术措施;上述情况不严重时,可调整钻进参数,投入适量黏土球,经常上下活动钻具等,保证钻进顺畅;冻土层、硬土层施工时,宜采用高转速、小进尺、恒钻压钻进。钻杆在砂卵石层中钻进时,钻杆易发生跳动、晃动现象,影响成孔的垂直度,该过程必须用经纬仪严密监测,并建立控制系统,及时控制成孔垂直度。

③ 停止钻进,读钻孔深度:为了准确控制钻孔深度,钻进中应观测挺杆上的深度控制标尺或钻杆长度,当钻至设计孔深时,须再次观测并做好记录。

④孔底土清理:钻到预定的深度后,必须在孔底处进行空转清土,然后停止转动。孔底的虚土厚度超过质量标准时,要分析原因,采取措施进行处理。

⑤提起钻杆:提起钻杆时,不得曲转钻杆。

⑥检查成孔质量。用测深绳(坠)或手提灯测量孔深及虚土厚度,不同类型的桩的成孔的控制深度应符合下列要求:

a. 摩擦型桩：摩擦桩以设计桩长控制成孔深度。

b. 端承型桩：必须保证桩孔进入持力层的深度。

c. 端承摩擦桩：必须保证设计桩长及桩端进入持力层的深度。

检查成孔垂直度、桩径，检查孔壁有无胀缩、塌陷等现象。

⑦ 复核桩位，移动钻机：成孔检查后，填写桩钻孔施工记录，并将钻机移动到下一桩位。

⑧ 下放钢筋笼。

⑨ 放混凝土溜筒。

⑩ 灌注混凝土。

⑪ 拔出混凝土溜筒。

6.2.1.5 长螺旋钻孔压灌桩

(1) 适用范围

长螺旋钻孔压灌桩宜用于黏性土、粉土、砂土、填土、非密实的碎石类土、强风化岩。当需要穿越老黏土、厚层砂土、碎石土以及塑性指数大于 25 的黏土时，应进行试钻。

(2) 工艺原理

利用长螺旋钻机钻孔至设计深度，在提钻的同时利用混凝土泵，以一定压力将混凝土通过钻杆中心通道压至桩孔中，混凝土灌注到设定标高后，再借助钢筋笼自重或专用振动设备将钢筋笼插入混凝土中至设计标高，形成钢筋混凝土灌注桩。

(3) 施工工艺

① 放线定位：按桩位设计图纸要求，测设桩位轴线、定位点，并做好标记。

② 钻机就位：钻机就位后，保持钻机平稳，调整钻塔至垂直，钻杆的连接应牢固。钻机定位后，应进行复检，钻头与桩位点偏差不得大于 20 mm，开孔时下钻速度应缓慢。钻机启动前应将钻杆、钻尖内的土块、残留的混凝土等清理干净。

③ 钻进成孔：钻进速度根据地层情况按成桩工艺试验确定的参数进行控制。钻机钻进过程中，不宜反转或提升钻杆，如需提升或反转钻杆应将钻杆提至地面，对钻尖开启门须重新清洗、调试、封口。对桩间距小于 1.3 m 的饱和粉细砂及软土层部位，宜采取跳打的方法，防止发生串孔。钻进过程中，当遇到卡钻，钻机摇晃、偏斜或出现异常声响时，应立即停钻，查明原因，采取相应措施后方可继续作业。

④ 压灌混凝土：达到设计桩底标高并通过终孔验收后，应先泵入混凝土并停顿 10～20 s，再缓慢提升钻杆。混凝土泵应根据桩径选型，混凝土输送泵管布置宜减少弯道，混凝土泵与钻机的距离不宜超过 60 m。混凝土的泵送宜连续进行，边泵送混凝土边提钻，提钻速度应根据土层情况确定，且应与混凝土泵送量相匹配，保证管内有一定高度的混凝土，保持料斗内混凝土的高度不低于 400 mm，并保证钻头始终埋在混凝土面以下不小于 1000 mm。

⑤ 冬期施工时应采取有效的冬施方案。压灌混凝土时，混凝土的入孔温度不得低于 5 ℃。气温高于 30 ℃时，宜在输送泵管上覆盖隔热材料，每隔一段时间应洒水降温。

⑥ 钢筋笼制作：按设计要求的规格、尺寸制作钢筋笼，刚度应满足振插钢筋笼的要求，钢筋笼底部应有加强构造，保证振动力能有效传递至钢筋笼底部。

⑦ 插入钢筋笼：混凝土压灌结束后，应立即将钢筋笼插至设计深度。钢筋笼插设宜采

用专用插筋器。将振动用钢管在地面水平穿入钢筋笼内，并与振动装置连接可靠，钢筋笼顶部与振动装置应进行连接。钢筋笼吊装时，应采取措施防止变形，安放时应对准孔位，并保持垂直、居中。当插入钢筋笼时，先依靠钢筋笼与导管的自重缓慢插入；当依靠自重不能继续插入时，开启振动装置，使钢筋笼下沉到设计深度，断开振动装置与钢筋笼的连接，缓慢连续振动拔出钢管。钢筋笼应连续下放，不宜停顿，下放时禁止采用直接脱钩的方法。

⑧ 压灌桩的充盈系数宜为 1.0～1.2。桩顶混凝土超灌高度宜为 0.3～0.5 m。

⑨ 成桩后，应及时清除钻杆及泵(软)管内残留的混凝土。钻机长时间停置时，应用清水将钻杆、泵管、混凝土泵清洗干净。

6.2.1.6 人工挖孔灌注桩

(1) 适用范围

人工挖孔灌注桩宜用于地下水位以上的黏性土、粉土、填土、中等密实以上的砂土、风化岩层，也可在黄土、膨胀土和冻土中使用。在地下水位较高的，有承压水的砂土层、滞水层、厚度较大的流塑状淤泥与淤泥质土层中不得选用人工挖孔灌注桩。人工挖孔灌注桩的孔径(不含护壁)不得小于 0.8 m，且不宜大于 2.5 m；孔深不宜大于 30 m。当桩净距小于 2.5 m 时，应采用间隔开挖。相邻排桩跳挖的最小施工净距不得小于 4.5 m。

(2) 工艺原理

人工挖孔灌注桩工艺指在桩位采用人工挖掘方法成孔(或端部扩大)，然后安放钢筋笼、灌注混凝土而成桩。

(3) 施工工艺

① 混凝土护壁施工

混凝土护壁的施工是人工挖孔灌注桩成孔的关键环节，大量人工挖孔桩事故都是在灌注护壁混凝土时发生的，顺利地将护壁混凝土灌注完成，人工挖孔桩的成孔也就完成了。人工挖孔桩混凝土护壁的厚度不应小于 100 mm，混凝土强度等级不应低于桩身混凝土强度等级，护壁混凝土应振捣密实；护壁应配置直径不小于 8 mm 的构造钢筋，竖向筋应上下搭接或拉结。

② 桩体混凝土灌注

挖至设计标高并成孔后应清除护壁上的泥土和孔底的残渣、积水，并应进行隐蔽工程验收。验收合格后，应立即封底和灌注桩身混凝土。灌注桩身混凝土时，混凝土必须通过溜槽；当落距超过 3 m 时，应采用串筒，串筒末端距孔底高度不宜大于 2 m；也可采用导管泵送；混凝土宜采用插入式振捣器振实。当渗水量过大时，应采取场地截水、降水或水下灌注混凝土等有效措施。严禁在桩孔中边抽水边开挖边灌注，相邻桩的灌注亦不被允许。

(4) 安全措施

① 孔内必须设置应急软爬梯供人员上下；使用的电动葫芦、吊笼等应安全可靠，并配有自动卡紧保险装置，施工人员不得使用麻绳和尼龙绳吊挂或脚踏井壁凸缘上下。电动葫芦宜用按钮式开关，使用前必须检验其安全起吊能力。

② 每日开工前必须检测井下的有毒、有害气体，并应有足够的安全防范措施。当桩孔开挖深度超过 10 m 时，应有专门向井下送风的设备，风量不宜少于 25 m^3/s。

③ 孔口四周必须设置护栏，护栏高度宜为 0.8 m。

④ 挖出的土石方应及时运离孔口，不得堆放在孔口周边 1 m 范围内，机动车辆的通行不得对井壁的安全造成影响。

6.2.2 混凝土预制桩施工

预制桩的制作流程：

现场布置→场地整平与处理→用三七灰土做场地地坪或浇筑混凝土→支模→绑扎钢筋骨架、安设吊环→浇筑混凝土→养护至 30%强度拆模，再支上层模，涂刷隔离层→重叠生产浇筑第二层桩混凝土→养护至 70%强度起吊→达 100%强度后运输、堆放→沉桩。

6.2.2.1 锤击法施工

(1) 锤击桩的工作机理

工作机理是利用桩锤自由下落时的瞬时冲击力锤击桩头，利用这一过程所产生的冲击机械能克服土体对桩的桩侧摩阻力和桩端阻力，破坏其静力平衡状态，导致桩体下沉，达到新的静力平衡状态。

(2) 锤击桩的施工设备

打桩设备包括桩锤、桩架、动力装置、送桩器及衬垫。

(3) 打桩顺序

制定打桩顺序时，应先研究现场条件和环境、桩区面积和位置、邻近建筑物和地下管线的状况、地基土性质、桩型、桩的布置、桩间距、桩长和桩数、堆放场地、采用的施工机械、机具台数及使用要求、施工工艺等，然后结合施工条件选用打桩效率高、对环境污染小的合理打桩顺序，打桩顺序应符合下列规定：

① 对于密集桩群，自中间向两个方向或四周对称施打；

② 当场地一侧毗邻建筑物时，由毗邻建筑物处向另一方向施打；

③ 根据基础的设计标高，宜先深后浅施打；

④ 根据桩的规格，宜先大后小、先长后短施打；

⑤ 施打大面积密集桩群时，可采取辅助措施。

(4) 打桩与送桩

① 打桩

a. 将桩锤控制箱的各种油管及导线与动力装置连接好。

b. 启动动力装置，并逐渐加速。

c. 打开控制板上的开关，并把行程开关调到适当的位置。

d. 当人工控制时，只要按动手控阀按钮，即可提起冲击块，松掉按钮，即下落冲击。

e. 当进行连续作业时，须将“提升”和“停止”控制装置调到所要求的位置，并把“输出”开关扳到“自动控制”位置。

f. 对首次使用的液压锤，须添加液压油。

g. 停锤时，须把“输出”开关扳回关闭位置。

h. 桩打入时应符合下列规定：

i. 桩帽或送桩帽与桩周围的间隙应为 5～10 mm；

ii. 锤与桩帽、桩帽与桩之间应加设硬木、麻袋、草垫等弹性衬垫；

iii. 桩锤、桩帽或送桩器应和桩身在同一中心线上；

iv. 桩插入时的垂直度偏差不得超过 0.5%。

② 送桩

当桩顶设计标高在地面以下，或由于桩架导杆结构及桩机平台高程不合格等原因而无法将桩直接打至设计标高时，需要使用送桩。锤击沉桩送桩应符合下列规定：

a. 送桩深度不宜大于 2.0 m。

b. 当桩顶打至接近地面时，应测出桩的垂直度并检查桩顶质量，合格后应及时送桩。

c. 送桩的最后贯入度应参考相同条件下不送桩时的最后贯入度进行修正。

d. 送桩后遗留的桩孔应立即回填或覆盖。

e. 当送桩深度超过 2.0 m 且不大于 6.0 m 时，打桩机应为三点支撑履带自行式或步履式柴油打桩机；桩帽和桩锤之间应用竖纹硬木或盘圆层叠的钢丝绳作"锤垫"，其厚度宜取 150～200 mm。

(5) 桩终止锤击控制标准

在沉桩施工中，确定最后停打的控制指标有两种，即设计预定的"桩尖标高控制"和"最后贯入度控制"，采用单一的桩的"最后贯入度控制"或"预定桩尖标高控制"是不恰当的，也是不合理的，有时甚至是不可能的。桩终止锤击的控制应符合下列规定：

① 当桩端位于一般土层时，应以控制桩端设计标高为主，控制贯入度为辅；

② 桩端到达坚硬、硬塑的黏性土、中密以上粉土、砂土、碎石类土及风化岩时，应以贯入度控制为主，桩端标高控制为辅；

③ 贯入度已达到设计要求而桩端标高未达到时，应继续锤击 3 阵，并按每阵 10 击的贯入度不应大于设计规定数值的标准进行确认，必要时，施工控制贯入度应通过试验确定；

④ 当遇到贯入度剧变，桩身突然发生倾斜、位移或严重回弹，桩顶或桩身出现严重裂缝、破碎等情况时，应暂停打桩，并分析原因，采取相应措施。

6.2.2.2 静压法施工

(1) 静压桩的施工机理

在桩压入过程中，以桩机本身的重力（包括配重）为反作用力，克服压桩过程中的桩侧摩阻力和桩端阻力。当预制桩在竖向静压力作用下沉入土中时，桩周土体发生急速而剧烈的挤压，土中孔隙水压力急剧上升，土的抗剪强度大幅降低，使桩身很容易下沉。

(2) 适用范围

通常运用于高压缩性黏土层或砂性较轻的软黏土地层。当桩需贯穿过一定厚度的砂性土夹层时，必须根据桩机的压桩力与终压力，土层的性状、厚度、密度、组合变化特点与上下土层的力学指标，桩型、桩的构造、桩的强度、桩截面规格大小与布桩形式，地下水位高低，以及终压前的稳压时间与稳压次数等综合考虑其适用性。

(3) 静压桩机具设备

静压桩宜选择液压式和绳索式压桩工艺；宜根据单节桩的长度选用顶压式液压压桩机和抱压式液压压桩机。选择静压桩机应综合考虑桩的截面、长度，穿越土层和桩端土的特性，单桩极限承载力及布桩密度等因素。

(4) 压桩顺序与压桩程序

① 压桩顺序

压桩顺序宜根据场地工程地质条件确定，并应符合下列规定：

a. 场地地层中局部含砂、碎石、卵石时，宜先对该区域进行压桩；

b. 当持力层埋深或桩的入土深度差别较大时，宜先施压长桩后施压短桩。

② 压桩程序

静压法沉桩一般都采取分段压入，逐段接长的方法。其程序为：测量定位→压桩机就位、对中、调直→压桩→接桩→再压桩→送桩→终止压桩→切桩头。

a. 测量定位。通常在桩位中心打 1 根短钢筋。如在较软的场地施工，桩机的行驶会挤走预定短钢筋，故在桩机大体就位之后要重新测定桩位。

b. 桩尖就位、对中、调直。

c. 压桩。通过夹持油缸将桩夹紧，然后用压桩油缸压桩。在压桩过程中要认真记录桩的入土深度和压力表读数的关系，以判断桩重及承载力。

d. 接桩。桩的单节长度应根据设备条件和施工工艺确定。若桩贯穿的土层中夹有薄层砂土，确定单节桩的长度时应避免桩端停在砂土层中进行接桩。当下一节桩压到露出地面 0.8～1.0 m 时，便可接上一节桩。

e. 送桩或截桩。如果桩顶接近地面，而压桩力尚未达到规定值，则可以送桩。如果桩顶高出地面一段距离，而压桩力已达到规定值则要截桩，以便压桩机移位。

f. 压桩结束。当压力表读数达到预先规定值时，便可停止压桩。

(5) 终止压桩的控制原则

静压法沉桩时，终止压桩的控制原则与压桩机大小、桩型、桩长、桩周土灵敏性、桩端土特性、布桩密度、复压次数以及单桩竖向设计极限承载力等因素有关。终压条件应符合下列规定：

① 应根据现场试压桩的试验结果确定终压力标准。

② 终压连续复压次数应根据桩长及地质条件等因素确定。对于入土深度大于或等于 8 m 的桩，复压次数可为 2～3 次；对于入土深度小于 8 m 的桩，复压次数可为 3～5 次。

③ 稳压压桩力不得小于终压力，稳定压桩的时间宜为 5～10 s。

7 模板工程

模板工程包括模板和支架系统两大部分。模板质量的好坏，直接影响混凝土成型的质量好坏；支架系统的好坏，直接影响其他施工的安全与否。

7.1 常见模板形式

(1) 胶合板模板：所用胶合板为高耐气候性、高耐水性的Ⅰ类木胶合板或竹胶合板。优点是自重轻、板幅大、板面平整、施工安装方便简单等。

(2) 组合钢模板：主要由钢模板、连接体和支撑体三部分组成，优点是轻便灵活、拆装方便、通用性强、周转率高等；缺点是接缝多且严密性差，导致混凝土成型后外观质量差。

(3) 钢框木(竹)胶合板模板：它是以热轧异形钢为框架，以覆面胶合板为板面，并加焊若干钢肋以承托面板的一种组合式模板。与组合钢模板比，其特点为自重轻、用钢量少、面积大、模板拼缝少、维修方便等。

(4) 大模板：它由板面结构、支撑系统、操作平台和附件等组成，是现浇墙、壁结构施工的一种工具式模板。其特点是以建筑物的开间、进深和层高为大模板尺寸。由于面板由钢板组成，其优点是模板整体性好、抗震性强、无拼缝等；缺点是模板重，移动安装需要起重机械吊运。

(5) 组合铝合金模板：由铝合金带肋面板、端板、主次肋焊接而成，用于现浇混凝土结构施工的一种组合模板。它重量轻、拼缝质量好、周转快、成型误差小，利于早拆体系应用。但成本较高、强度比钢模板小、产品规格较少，应用还不太广泛。

(6) 早拆模板体系：在模板支架立柱的顶端，采用柱头的特殊构造装置，在遵循国家现行标准所规定的拆模原则的前提下，尽早拆除部分模板的体系。优点是部分模板可早拆，能加快周转，节约成本。

(7) 此外还有滑升模板、爬升模板、飞模、模壳模板、胎模及永久性压型钢板模板和各种配筋的混凝土薄板模板等。

7.2 混凝土模板设计

7.2.1 模板设计原则

(1) 实用性：模板要保证构件形状尺寸和相互位置的正确，且应构造简单、支拆方便、表面平整、接缝严密不漏浆等。

(2) 安全性:模板要具有足够的强度、刚度和稳定性,保证施工中不变形、不破坏、不倒塌。

(3) 经济性:在确保工程质量、安全和工期的前提下,应尽量减少一次性投入,加快模板周转,减少支拆用工,实现经济施工。

7.2.2 模板的设计

(1) 设计目标

混凝土模板的设计目标是满足混凝土的成型要求,保证混凝土的质量和施工进度,并且尽可能减少施工成本。

(2) 结构设计

混凝土模板的结构设计应考虑减少模板自重,提高其承载能力,同时要考虑横向和纵向的支撑性能。

(3) 材料选择

混凝土模板应采用质量稳定、不易燃、耐用的材料,以保证模板的使用寿命和安全性。常用的板材包括胶合板、刨花板、钢模板等。

(4) 尺寸设计

混凝土模板的尺寸应根据具体混凝土结构的要求来确定。在设计尺寸时,应考虑到混凝土的收缩和膨胀等因素,以保证混凝土结构的稳定性和整体性。

(5) 表面处理

混凝土模板的表面处理应满足混凝土表面平整度要求,模板表面应具有良好的防粘性能,以保证混凝土成型质量和模板的使用寿命。常用的表面处理方法包括涂刷脱模剂、覆盖薄膜等。

(6) 连接设计

混凝土模板的连接设计应考虑连接的强度和稳定性,同时也应方便拆卸和组装。常用的连接方式包括榫卯连接、螺栓连接等。

(7) 支撑设计

混凝土模板的支撑设计应考虑模板的承重能力和稳定性。对于大型混凝土结构,应采用多点支撑的设计方案,以保证模板的稳定性和整体性。

7.3 模板安装及拆除

7.3.1 模板安装

(1) 模板及其支架的安装必须严格按照施工技术方案进行,其支架必须有足够的支承面积,底座必须有足够的承载力。模板的木杆、钢管、门架等支架立柱不得混用。

(2) 模板的接缝不应漏浆;在浇筑混凝土前,木模板应浇水润湿,但模板内不应有积水。

(3) 模板与混凝土的接触面应清理干净并涂刷隔离剂,但不得采用影响结构性能或妨碍装饰工程施工的隔离剂。

(4) 浇筑混凝土前,模板内的杂物应清理干净。

(5) 对清水混凝土工程及装饰混凝土工程,应使用能达到设计效果的模板。

(6) 用作模板的地坪、胎模等应平整、光洁,不得产生影响构件质量的下沉、裂缝、起砂或起鼓等现象。

(7) 对跨度不小于 4 m 的现浇钢筋混凝土梁、板,其模板应按设计要求起拱;当设计无具体要求时,起拱高度应为跨度的 1/1000～3/1000。

(8) 模板安装应与钢筋安装配合进行,梁柱节点的模板宜在钢筋安装后安装。

(9) 后浇带的模板及支架应独立设置。

7.3.2 模板拆除

(1) 现浇混凝土结构模板及支架拆除时的混凝土强度,应符合设计要求。当无设计要求时,应符合下列要求:

① 底模及支架拆除时的混凝土强度应符合表 7.1 的规定。

表 7.1 底模及支架拆除时的混凝土强度要求

构件类型	构件跨度/m	达到设计的混凝土立方体抗压强度标准值的百分率(%)
板	≤2	≥50
	>2,≤8	≥75
	>8	≥100
梁、拱、壳	≤8	≥75
	>8	≥100
悬臂构件	—	≥100

② 对不承重的侧模板,包括梁、柱墙的侧模板,只要混凝土强度能保证其表面、棱角不因拆模而受损坏,即可进行拆除。一般墙体大模板在常温条件下,混凝土强度达到 1 N/mm^2 时,即可拆除。

(2) 模板的拆除顺序:一般按后支先拆、先支后拆,先拆除非承重部分、后拆除承重部分的顺序进行拆模。

(3) 快拆支架体系的支架立杆间距不应大于 2 m。拆模时应保留立杆并顶托支承楼板,拆模时,可取构件跨度为 2 m,按相关规定确定混凝土强度。

7.4 模板工程施工质量及验收要求

模板分项工程质量控制的检查内容应包括模板的设计、制作、安装和拆除。模板工程施工前应编制施工方案，方案应经过论证和审批。施工过程重点检查：施工方案是否可行及其落实情况；模板的强度、刚度、稳定性、支承面积、平整度、几何尺寸、平面位置及垂直度，拼缝隔离剂涂刷，梁底模起拱，预埋件及预留孔洞，施工缝及后浇带处的模板支撑安装等是否符合设计和规范要求；严格控制拆模时混凝土的强度和拆模顺序。

（1）主控项目

① 安装现浇结构的上层模板及其支架时，下层楼板应具有能承受上层荷载的承载能力，或应加设支架；上、下层支架的立柱应对准，并铺设垫板。

检查数量：全数检查。

检验方法：对照模板设计文件和施工技术方案观察。

② 在涂刷模板隔离剂时，不得玷污钢筋和混凝土阶梯处。

检查数量：全数检查。

检验方法：观察。

（2）一般项目

模板安装应满足下列要求：

① 模板的接缝不应漏浆，在浇筑混凝土前，木模板应浇水湿润，但模板内不应有积水。

② 模板与混凝土的接触面应清理干净并涂刷隔离剂，但不得采用影响结构性能或妨碍装饰工程施工的隔离剂。

③ 浇筑混凝土前，模板内的杂物应清理干净。

④ 对清水混凝土工程及装饰混凝土工程，应使用能达到设计效果的模板。

检查数量：全数检查。

检验方法：观察。

⑤ 用作模板的地坪、胎模等应平整光洁，不得产生影响构件质量的下沉、裂缝、起砂或起鼓等现象。

检查数量：全数检查。

检验方法：观察。

⑥ 对跨度不小于 4 m 的现浇钢筋混凝土梁、板，其模板应按设计要求起拱，当设计无具体要求时，起拱高度宜为跨度的 1/1000～3/1000。

检查数量：在同一检验批次内，对梁应抽查构件数量的 10%，且抽查件数不少于 3 件；对板应抽查 10%的有代表性的自然间，且抽查间数不少于 3 间；对大空间结构，板可按纵、横轴线划分检查面，抽查 10%，且抽查面数不少于 3 面。

检验方法：用水准仪或拉线钢尺检查。

8 钢筋工程

8.1 钢筋配料及代换

8.1.1 普通钢筋

混凝土结构用的普通钢筋，可分为热轧钢筋和冷轧钢筋两类。

热轧钢筋按屈服强度(MPa)分为300级、400级、500级和600级。

纵向受力普通钢筋可采用HRB400、HRB400E、HRBF400、HRBF400E、HRB500、HRB500E、HRBF500、HRBF500E钢筋。箍筋宜采用HPB300、HRB400、HRB400E、HRBF400、HRBF400E、HRB500、HRB500E、HRBF500、HRBF500E钢筋。

冷轧钢筋可分为冷轧带肋钢筋和冷拔螺旋钢筋等(冷拉钢筋和冷拔低碳钢丝已逐渐被淘汰)。

8.1.2 钢筋的性质

钢筋的力学性能，可通过钢筋拉伸过程中的应力-应变图加以说明。热轧钢筋具有软钢性质，有明显的屈服性；冷轧带肋钢筋呈硬钢性质，无明显屈服点，一般将塑性应变为0.2%时的应力定为屈服强度，其用$\sigma_{0.2}$表示。

钢筋的延性通常用拉伸试验测得的延伸率表示。钢筋延伸率一般随钢筋(强度)等级的提高而降低。

钢筋冷弯性能是衡量钢筋塑性的指标，也是钢筋加工所需。钢筋冷弯性能一般随着强度等级的提高而降低。低强度热轧钢筋的冷弯性能较好，强度较高的热轧钢筋冷弯性能稍差，冷轧钢筋的冷弯性能最差。

钢材的可焊性常用碳当量来估计。可焊性随碳当量的增加而降低。

钢筋的化学成分中，硫(S)、磷(P)为有害物质，应予以严格控制。

8.1.3 钢筋配料

钢筋配料指根据构件配筋图，先绘出各种形状和规格的单根钢筋简图并加以编号，然后分别计算钢筋下料长度、根数及总重，填写钢筋配料单，作为申请、备料、加工的依据。为使钢筋符合设计要求的形状和尺寸，需要对钢筋进行弯折，而弯折后钢筋各段的长度总和并不等于其在直线状态下的长度，所以，要对钢筋剪切下料长度加以计算。各种钢筋下料长度计算方法如下：

直钢筋下料长度＝构件长度－保护层厚度＋弯钩增加长度

弯起钢筋下料长度＝直段长度＋斜段长度－弯曲调整值＋弯钩增加长度

箍筋下料长度＝箍筋周长＋箍筋调整值

上述钢筋如需要搭接，还要增加钢筋搭接长度。

构件中的钢筋可采用并筋的配置方式。直径 28 mm 及以下钢筋的并筋数量不应超过 3 根；直径 32 mm 钢筋的并筋数量宜为 2 根；直径 36 mm 及以上的钢筋不应采用并筋。并筋应按单根等效钢筋计算，等效钢筋的等效直径应按截面面积相等的原则换算确定。

8.1.4 钢筋代换

(1) 代换原则：等强度代换或等面积代换。当构件配筋受强度控制时，按钢筋代换前后强度相等的原则进行代换；当构件按最小配筋率配筋，或同钢号钢筋之间进行代换时，按钢筋代换前后面积相等的原则进行代换。当构件受裂缝宽度或挠度控制时，代换前后应进行裂缝宽度和挠度验算。

(2) 钢筋代换时，应征得设计单位的同意，并办理相应手续。钢筋代换除应满足设计要求的构件承载力与最大力下的总伸长率、裂缝宽度验算以及抗震规定外，还应满足最小配筋率、钢筋间距、保护层厚度、钢筋锚固长度、接头面积百分率及搭接长度等构造要求。

8.2 钢 筋 加 工

(1) 钢筋加工包括调直、除锈、下料切断、接长、弯曲成型等。

(2) 钢筋宜采用无延伸功能的机械设备进行调直，也可采用冷拉调直。当采用冷拉调直时，HPB300 级光圆钢筋的冷拉率不宜大于 4%；HRB400、HRB500 级带肋钢筋的冷拉率不宜大于 1%。

(3) 钢筋除锈：一是在钢筋冷拉或调直过程中除锈；二是可采用机械除锈机除锈、喷砂除锈、酸洗除锈和手工除锈等。

(4) 钢筋下料切断可采用钢筋切断机或手动液压切断器进行。钢筋的切断口不得呈马蹄形或出现起弯等现象。

(5) 钢筋加工宜在常温状态下进行，加工过程中不应加热钢筋。钢筋弯曲成型可采用钢筋弯曲机、四头弯筋机及手工弯曲工具等进行。钢筋弯折应一次完成，不得反复弯折。

8.3 钢筋的连接

(1) 钢筋的连接方法有焊接、机械连接和绑扎连接三种。

(2) 钢筋的焊接：常用的焊接方法有闪光对焊、电弧焊(包括帮条焊、搭接焊、熔槽焊、剖口焊、预埋件角焊和塞孔焊等)、电渣压力焊、气压焊、埋弧压力焊和电阻点焊等。直接承受动力荷载的结构构件中，纵向钢筋不宜采用焊接接头。

(3) 钢筋机械连接：有钢筋套筒挤压连接、钢筋直螺纹套筒连接(包括钢筋镦粗直螺纹套筒连接、钢筋剥肋滚压直螺纹套筒连接)等方法。

目前最常见、应用最多的方式是钢筋剥肋滚压直螺纹套筒连接。

(4) 钢筋绑扎连接(或搭接)：钢筋搭接长度应符合规范要求。

当受拉钢筋直径大于 25 mm、受压钢筋直径大于 28 mm 时，不宜采用绑扎搭接接头。轴心受拉及小偏心受拉杆件(如桁架和拱架的拉杆等)的纵向受力钢筋和直接承受动力荷载结构中的纵向受力钢筋均不得采用绑扎搭接接头。

(5) 钢筋接头位置宜设置在受力较小处。同一纵向受力钢筋不宜设置两个或两个以上接头。接头末端至钢筋弯起点的距离不应小于钢筋直径的 10 倍。构件同一截面内钢筋接头数应符合设计和规范要求。

(6) 在施工现场，应按国家现行标准抽取钢筋机械连接接头、焊接接头试件做力学性能检验，其质量应符合有关规程的规定。

8.4 钢 筋 安 装

8.4.1 准备工作

(1) 现场弹线，并剔凿、清理接头处表面的混凝土浮浆、松动石子、混凝土块等，整理接头处插筋。

(2) 核对需绑钢筋的规格、直径、形状、尺寸、数量等是否与料单、料牌和图纸相符。

(3) 准备绑扎用的钢丝、工具和绑扎架等。

8.4.2 柱钢筋绑扎

(1) 柱钢筋的绑扎应在柱模板安装前进行。

(2) 每层柱第一个钢筋接头的位置距楼地面的最低高度宜取 500 mm、柱高的 1/6 及柱截面长边边长(或直径)中的较大值。

(3) 框架梁、牛腿及柱帽等钢筋，应放在柱子纵向钢筋内侧。

(4) 柱中的竖向钢筋搭接时,角部钢筋的弯钩应与模板呈 45°(多边形柱中弯钩应平分模板内角,圆形柱中弯钩应与模板切线垂直),中间钢筋的弯钩应与模板呈 90°。

(5) 箍筋的接头(弯钩叠合处)应交错布置在四角纵向钢筋上;箍筋转角与纵向钢筋交叉点均应扎牢(箍筋平直部分与纵向钢筋交叉点可间隔扎牢),绑扎箍筋时绑扣相互间应呈八字形。

(6) 如设计无特殊要求,当柱中纵向受力钢筋直径大于 25 mm 时,应在搭接接头两个端面外 100 mm 范围内各设置两个箍筋,其间距宜为 50 mm。

8.4.3 墙钢筋绑扎

(1) 墙钢筋的绑扎,也应在模板安装前进行。

(2) 墙(包括水塔壁、烟囱筒身、池壁等)的垂直钢筋每段长度不宜超过 4 m(钢筋直径不大于 12 mm 时)或 6 m(直径大于 12 mm 时)或层高加搭接长度,水平钢筋每段长度不宜超过8 m,以利绑扎。钢筋的弯钩应朝向混凝土内。

(3) 采用双层钢筋网时,在两层钢筋间应设置撑铁或绑扎架,以固定钢筋间距。

8.4.4 梁、板钢筋绑扎

(1) 连续梁、板的上部钢筋接头位置宜设置在跨中 1/3 跨度范围内,下部钢筋接头位置宜设置在梁端 1/3 跨度范围内。

(2) 当梁的高度较小时,梁的钢筋可架空在梁模板顶上绑扎,然后再落位;当梁的高度较大(大于或等于 1.0 m)时,梁的钢筋宜在梁底模上绑扎,其两侧模板或一侧模板后装。板的钢筋在模板安装后绑扎。

(3) 梁纵向受力钢筋采用双层排列时,两排钢筋之间应垫以直径不小于 25 mm 的短钢筋,以保持其设计距离。箍筋的接头(弯钩叠合处)应交错布置在两根架立钢筋上,其余同柱钢筋绑扎。

(4) 板的钢筋网绑扎时,四周两行钢筋交叉点应每点扎牢,中间部分交叉点可相隔交错扎牢,但必须保证受力钢筋不位移。对双向主筋的钢筋网,须将全部钢筋相交点扎牢。采用双层钢筋网时,在上层钢筋网下面应设置钢筋撑脚以保证钢筋位置正确。绑扎时应注意相邻绑扎点的钢丝扣要呈八字形,以免网片歪斜变形。

(5) 应注意,板上部的负筋要防止被踩下;特别是雨篷、挑檐、阳台等悬臂板,要严格控制负筋位置,以免拆模后断裂。

(6) 板、次梁与主梁交叉处板的钢筋在上,次梁的钢筋居中,主梁的钢筋在下;当有圈梁或垫梁时,主梁的钢筋在上。

(7) 框架节点处钢筋穿插十分稠密时,应特别注意梁顶面主筋间的净距要有 30 mm,以利浇筑混凝土。

(8) 梁板钢筋绑扎时,应防止水电管线影响钢筋位置。

9 混凝土工程

9.1 混凝土的配合比

9.1.1 普通混凝土

普通混凝土是以胶凝材料(水泥)、水、细骨料(砂)、粗骨料(石子)、外加剂和矿物掺合料(需要时掺入)为原料,将其按适当比例配合,经过均匀拌制、密实成型及养护硬化而成的人工石材。

(1) 普通混凝土常用水泥:硅酸盐水泥、普通硅酸盐水泥、矿渣硅酸盐水泥、火山灰质硅酸盐水泥、粉煤灰硅酸盐水泥和复合硅酸盐水泥。

水泥进场时应对其品种、级别、包装或散装仓号、出厂日期等进行检查,并应对其强度、安定性及其他必要的性能指标进行复验,其质量必须符合现行国家标准的规定。

当在使用中对水泥质量有怀疑或水泥出厂超过三个月(快硬硅酸盐水泥出厂超过一个月)时,应进行复验,并按复验结果使用。

水泥贮存应做好防潮措施,避免水泥受潮。不同品种的水泥不得混掺使用。水泥不得和石灰石、石膏等粉状物料混放在一起。

(2) 砂:按其产源可分为天然砂(河砂、湖砂、海砂和山砂)、人工砂。按砂的粒径(或细度模数)可分为粗砂、中砂和细砂。

(3) 石子:普通混凝土用石子可分为碎石和卵石。石子粒径应大于 5 mm。

(4) 水:拌制混凝土宜采用饮用水。当采用其他水源时,水质应符合《混凝土用水标准》(JGJ 63—2006)的规定。

(5) 矿物掺合料:通常有粉煤灰、磨细矿渣(高炉矿渣)、沸石粉、硅粉、复合料及其他矿物掺合料等。

在混凝土中,掺入的矿物掺合料可以代替部分水泥,改善混凝土的物理、力学性能与耐久性。通常在混凝土中掺入适量的磨细矿物掺合料,可以起到降低温升,改善和易性,提高后期强度,改善混凝土内部结构,提高耐久性,代替部分水泥,节约资源等作用。掺加某些磨细矿物掺合料还能起到抑制碱-骨料反应的作用。

(6) 混凝土外加剂按其主要功能分为四类:

第一类:改善混凝土拌合物流动性能的外加剂,包括各种减水剂、引气剂、泵送剂等。

第二类:调节混凝土凝结时间、硬化性能的外加剂,包括缓凝剂、早强剂、速凝剂等。

第三类:改善混凝土耐久性的外加剂,包括引气剂、防水剂和阻锈剂等。

第四类:改善混凝土其他性能的外加剂,包括膨胀剂、着色剂、防冻剂等。

外加剂的选用应根据设计和施工要求,并通过试验及技术经济比较确定。不同品种外加剂复合使用时,应注意其相容性及对混凝土性能的影响,使用前应进行试验,满足要求后方可使用。

为了预防混凝土碱-骨料反应所造成的危害,应控制外加剂的碱总量,满足国家相关标准要求。

为了防止外加剂对混凝土中的钢筋产生锈蚀等不良影响,应控制外加剂的氯离子含量,满足国家标准要求(预应力混凝土中的外加剂氯离子含量应限制在 0.02 kg/m^3 以下,普通钢筋混凝土中的限制在 0.02～0.2 kg/m^3,无筋混凝土中的限制在 0.2～0.6 kg/m^3)。

混凝土外加剂中含有游离甲醛、游离萘等有害人身体健康的成分,其含量应控制在国家有关标准规定范围内。含有尿素、氨类等有刺激性气味成分的外加剂,不得用于房屋建筑工程中。

9.1.2 普通混凝土配合比

普通混凝土配合比应根据原材料性能及对混凝土的技术要求(强度等级、耐久性、工作性等),由具有资质的试验室进行计算,并经试配调整后确定。混凝土配合比应为质量比。

9.2 混凝土的搅拌与运输

(1) 混凝土一般宜由场外商品混凝土搅拌站或现场搅拌站搅拌,应严格掌握混凝土配合比,确保各种原材料质量合格,计量偏差符合标准规定要求,投料顺序、搅拌时间合理、准确,最终确保混凝土搅拌质量满足设计、施工要求。当掺有外加剂时,搅拌时间应适当延长。

(2) 混凝土在运输中不宜发生分层、离析现象;否则,应在浇筑前二次搅拌。

(3) 要尽量减少混凝土的运输时间和转运次数,确保混凝土在初凝前运至现场并浇筑完毕。

(4) 泵送混凝土

泵送混凝土指利用混凝土泵的压力,将混凝土通过管道输送到浇筑地点,一次性完成水平运输和垂直运输。泵送混凝土具有输送能力大、效率高、能连续作业、节省人力等优点。

泵送混凝土配合比设计:

① 泵送混凝土的入泵坍落度不宜低于 100 mm。

② 宜选用硅酸盐水泥、普通水泥、矿渣水泥和粉煤灰水泥。

③ 粗骨料针片状颗粒含量不宜大于 10%,粒径与管径之比应小于或等于 1:4。

④ 用水量与胶凝材料总量之比不宜大于 0.6。

⑤ 泵送混凝土的胶凝材料总量不宜小于 300 kg/m^3。

⑥ 泵送混凝土宜掺用适量粉煤灰或其他活性矿物掺合料，掺粉煤灰的泵送混凝土配合比，必须经过试配确定，并应符合相关规范要求。

⑦ 泵送混凝土掺加的外加剂品种和掺量宜由试验确定，不得随意使用；当掺用引气型外加剂时，其含气量不宜大于 4%。

泵送混凝土搅拌时，应按规定顺序进行投料，并且粉煤灰宜与水泥同步投放，外加剂的添加宜滞后于水和水泥。

混凝土泵或泵车设置处，应场地平整、坚实，具有通车行走条件。混凝土泵或泵车应尽可能靠近浇筑地点，浇筑时由远至近进行。

混凝土供应要保证泵能连续工作。输送管线宜直，转向宜缓，接头应严密，并要注意预防输送管线堵塞。

9.3 混凝土的浇筑和振捣

(1) 混凝土浇筑前应根据施工方案认真交底，并做好浇筑前的各项准备工作，尤其应对模板、支撑、钢筋、预埋件等认真细致检查，检验合格并做好相关隐蔽验收后，才可浇筑混凝土。

(2) 浇筑混凝土前，应清除模板内或垫层上的杂物。表面干燥的地基、垫层、模板还应洒水湿润；现场环境温度高于 35 ℃时宜对金属模板进行洒水降温；洒水后不得留有积水。

(3) 当采用泵送方式输送混凝土，且混凝土粗骨料最大粒径不大于 25 mm 时，可采用内径不小于 125 mm 的输送泵管；混凝土粗骨料最大粒径不大于 40 mm 时，可采用内径不小于 150 mm 的输送泵管。输送泵管安装接头应严密，输送泵管转向宜平缓。输送泵管应采用支架固定，支架应与结构体牢固连接，输送泵管转向处支架应加密。

(4) 在浇筑竖向结构混凝土前，应先在底部填以厚度不大于 30 mm、与混凝土内砂浆成分相同的水泥砂浆；浇筑过程中混凝土不得发生离析现象。

(5) 柱、墙模板内混凝土浇筑时，为保证混凝土不产生离析，其自由倾落高度应符合如下规定：

① 粗骨料粒径大于 25 mm 时，不宜超过 3 m；

② 粗骨料粒径小于 25 mm 时，不宜超过 6 m。

当不能满足自由倾落高度要求时，应加设串筒、溜管、溜槽等装置。

(6) 混凝土浇筑应连续进行。当必须间歇时，其间歇时间宜尽量缩短，并应在前层混凝土初凝之前，将次层混凝土浇筑完毕；否则，应留置施工缝。

(7) 混凝土宜分层浇筑、分层振捣。每一振点的振捣延续时间，应保证混凝土不再往上冒气泡，表面不再出现浮浆和不再沉落。当采用插入式振捣器振捣普通混凝土时应快插慢拔，移动间距不宜大于振捣器作用半径的 1.4 倍，振捣器与模板的距离不应大于其作用半径的 0.5 倍，并应避免碰撞钢筋、模板、芯管、吊环、预埋件等，振捣器插入下层混凝土内的深度应不小于 50 mm。当采用表面平板振动器时，其移动间距应保证振动器的平板能覆盖已振实部分的边缘。

(8) 混凝土浇筑过程中,应经常观察模板、支架、钢筋、预埋件和预留孔洞的情况;当发现有变形、移位时,应及时采取措施进行处理。

(9) 在浇筑与柱和墙连成整体的梁和板时,应在柱和墙浇筑完毕后停歇 1～1.5 h,再继续浇筑。

(10) 梁和板宜同时浇筑混凝土,有主次梁的楼板宜顺着次梁方向浇筑,单向板宜沿着板的长边方向浇筑;对拱和高度大于 1 m 的梁等结构,可单独浇筑混凝土。

9.4 混凝土的养护

(1) 混凝土的养护方法有自然养护和加热养护两大类。现场施工一般采用自然养护。自然养护又可分覆盖浇水养护、薄膜布养护和养生液养护等。

(2) 对已浇筑完毕的混凝土,应在混凝土终凝前(通常在混凝土浇筑完毕后 8～12 h 内),开始进行自然养护。

(3) 混凝土覆盖浇水养护的时间:对硅酸盐水泥、普通硅酸盐水泥或矿渣硅酸盐水泥拌制的混凝土,不得少于 7 d;对火山灰质硅酸盐水泥、粉煤灰硅酸盐水泥拌制的混凝土,不得少于 14 d;对掺用缓凝型外加剂、矿物掺合料或有抗渗要求的混凝土,不得少于14 d。浇水次数应能保证混凝土处于湿润状态,混凝土的养护用水应与拌制用水相同。

(4) 当采用塑料薄膜布养护时,混凝土外表面应全部覆盖包裹严密,并应保证塑料布内有凝结水。

(5) 采用养生液养护时,应按产品使用要求,将养生液均匀喷刷在混凝土外表面,不得漏喷刷。

(6) 在已浇筑的混凝土强度达到 1.2 N/mm^2 以前,不得在其上踩踏或安装模板及支架等。

9.5 混凝土施工缝及后浇带

9.5.1 施工缝

(1) 施工缝的位置应在混凝土浇筑之前确定,并宜留置在结构受剪力较小且便于施工的部位。施工缝的留置位置应符合下列规定:

① 柱:宜留置在基础、楼板、梁的顶面,梁和吊车梁牛腿、无梁楼板柱帽的下面。

② 对与板连成整体的大截面梁(高度超过 1 m),留置在板底面以下 20～30 mm 处;当板下有梁托时,留置在梁托下部。

③ 单向板:留置在平行于板的短边的任意位置。

④ 对有主次梁的楼板,施工缝应留置在次梁跨中 1/3 范围内。

⑤ 墙：留置在门洞口过梁跨中 1/3 范围内，也可留置在纵横墙的交接处。

⑥ 对双向受力板、大体积混凝土结构、拱、穹拱、薄壳蓄水池、斗仓、多层钢架及其他结构复杂的工程，施工缝应按设计要求留置。

(2) 在施工缝处继续浇筑混凝土时，应符合下列规定：

① 已浇筑混凝土的，抗压强度不应小于 1.2 N/mm^2；

② 对已硬化的混凝土表面，应清除水泥薄膜和松动石子以及软弱混凝土层，并加以充分湿润，将混凝土表面冲洗干净，且不得积水；

③ 在浇筑混凝土前，宜先在施工缝处刷一层水泥浆(可掺适量界面剂)或铺一层与混凝土成分相同的水泥砂浆；

④ 混凝土应细致捣实，使新旧混凝土紧密结合。

9.5.2 后浇带

后浇带是在现浇钢筋混凝土结构施工过程中，为克服由温度、收缩等原因导致有害裂缝而设置的临时施工缝。后浇带通常根据设计要求留设，并在主体结构完成后保留一段时间(若无设计要求，则至少保留 14 d)再浇筑，将结构连成整体。填充后浇带时，可采用微膨胀混凝土、强度等级比原结构强度等级高一级的混凝土，并保持至少 14 d 的湿润养护。后浇带接缝处按施工缝的要求处理。

9.6 现浇混凝土结构质量检查

9.6.1 钢筋工程

钢筋分项工程质量控制的检查内容包括钢筋进场检验、钢筋加工、钢筋连接、钢筋安装等。施工过程重点检查：原材料进场合格证和复试报告，钢筋加工质量，钢筋连接试验报告及操作者合格证，钢筋安装质量(包括纵向、横向钢筋的品种、规格、数量、位置、保护层厚度，钢筋连接方式、接头位置、接头数量、接头面积百分率，以及箍筋的品种、规格、数量、间距等)，预埋件的规格、数量、位置。

9.6.2 混凝土工程

检查混凝土主要组成材料的合格证及复验报告、配合比、坍落度，冬施浇筑时的入模温度，现场混凝土试块(包括制作、数量、养护及其强度试验等)，现场混凝土浇筑工艺及方法(包括预铺砂浆的质量、浇筑的顺序和方向、分层浇筑的高度、施工缝的留置、浇筑时的振捣方法及对模板和其支架的观察等)，大体积混凝土测温措施、养护方法及时间，后浇带的留置和处理等是否符合设计和规范要求。混凝土的实体检测：检测混凝土的强度、钢筋保护层厚度等，检测方法主要有破损法检测和非破损法检测两类。

9.6.3 钢筋混凝土构件安装工程

钢筋混凝土构件安装工程质量控制主要包括预制构件质量控制和连接质量控制。施工过程质量控制主要检查:构件的合格证(包括生产单位、构件型号、生产日期、质量验收标志),构件的外观质量(包括构件上的预埋件、插筋和预留孔洞的规格、位置和数量)、标志标识(位置、标高、构件中心线位置、吊点)、尺寸偏差、结构性能、临时堆放方式、临时加固措施、起吊方式及角度、垂直度、接头焊接及接缝质量,灌浆用细石混凝土原材料合格证及复试报告、配合比、坍落度,现场留置试块强度,灌浆的密实度等是否符合设计和规范要求。

9.6.4 预应力混凝土工程

(1) 后张法预应力工程的施工应由具备相应技术、管理能力,且具有相应经验的施工单位承担。

(2) 预应力筋张拉机具设备及仪表:主要检查维护、校验记录和配套标定记录是否符合设计和规范要求。

(3) 预应力筋:主要检查品种、规格、数量、位置、外观状况及产品合格证、出厂检验报告和进场复验报告等是否符合设计要求和有关标准的规定。

(4) 预应力筋锚具和连接器:主要检查品种、规格、数量、位置等是否符合设计和规范要求。

(5) 预留孔道:主要检查规格、数量、位置、形状及灌浆孔、排气兼泌水管等是否符合设计和规范要求。对金属螺旋管还应检查产品合格证、出厂检验报告和进场复验报告等。

(6) 预应力筋张拉与放张:主要检查混凝土强度、构件几何尺寸、孔道状况、张拉力(包括油压表读数、预应力筋实际与理论伸长值)、张拉或放张顺序、张拉工艺、预应力筋断裂或滑脱情况等是否符合设计和规范要求。

(7) 灌浆及封锚:主要检查水泥和外加剂的产品合格证、出厂检验报告和进场复验报告,水泥浆配合比和强度,灌浆记录,外露预应力筋切割方法、切割长度及封锚状况等是否符合设计和规范要求。

(8) 其他:主要检查锚固区局部加强构造等是否符合设计和规范要求。

9.7 混凝土缺陷修整

9.7.1 钢筋错位

现象:柱、梁、板、墙主筋位置或保护层厚度偏差过大。

原因:钢筋未按照设计或翻样尺寸进行加工和安装;钢筋现场翻样时,未合理考虑主筋的相互位置及避让关系；混凝土浇筑过程中，钢筋被碰撞移位，在混凝土初凝前，未能及时将其校正；保护层垫块尺寸或安装位置不准确。

防治措施：钢筋现场翻样时，应根据结构特点合理考虑钢筋之间的避让关系，钢筋应严格按照设计和现场翻样的尺寸进行加工和安装；钢筋绑扎或焊接必须牢固，固定钢筋的措施应可靠有效；为使保护层厚度准确，垫块要沿主筋方向摆放，位置、数量应准确；混凝土浇筑过程中应采取措施，尽量不碰撞钢筋，严禁砸、压、踩踏和直接顶撬钢筋，同时浇筑过程中要有专人随时检查钢筋位置，并及时校正。

9.7.2　混凝土强度等级偏低

现象：混凝土标准养护试块强度或现场检测强度，经规范标准评定达不到设计要求的强度等级。

原因：

(1) 配置混凝土所用原材料的材质不符合国家标准的规定。

(2) 拌制混凝土时混凝土配合比设计有误，或未能严格按混凝土配合比进行规范操作。

(3) 拌制混凝土时投料计量有误。

(4) 混凝土搅拌、运输、浇筑、养护不符合规范要求。

防治措施：

(1) 拌制混凝土所用水泥、粗(细)骨料、外加剂等均必须符合有关标准规定。

(2) 必须按法定检测单位发出的混凝土配合比试验报告进行配制。

(3) 配制混凝土时必须按质量比计量投料且计量要准确。

(4) 混凝土必须采用机械搅拌，加料顺序为粗骨料→水泥→细骨料→水，并应严格控制搅拌时间。

(5) 混凝土的运输和浇捣必须在混凝土初凝前进行。

(6) 控制好混凝土的浇筑和振捣质量。

(7) 做好混凝土的养护。

9.7.3　混凝土表面缺陷

现象：拆模后混凝土表面出现麻面、露筋、蜂窝、孔洞等。

原因：

(1) 模板表面不光滑、安装质量差，接缝不严、漏浆，模板表面污染物未清除。

(2) 木模板在混凝土入模前没有充分润湿，钢模板隔离剂涂刷不均匀。

(3) 钢筋保护层垫块厚度或放置间距、位置等不当。

(4) 局部配筋、铁件过密，阻碍混凝土下料或导致无法正常振捣。

(5) 混凝土坍落度、和易性不好。

(6) 混凝土浇筑方法不当，浇筑不分层或分层过厚，布料顺序不合理等。

(7) 混凝土浇筑高度超过规定要求，且未采取措施，导致混凝土离析。

(8) 漏振或振捣不实。

(9) 混凝土拆模过早。

防治措施:

(1) 模板使用前应进行表面清理,保持表面清洁光滑,钢模应保证边框平直,组合后接缝应严密,必要时可用胶带加强,浇筑混凝土前模板应充分润湿或均匀涂刷隔离剂。

(2) 按规定或方案要求合理布料,分层振捣,防止漏振。

(3) 对局部配筋或铁件过密处,应事先制定处理措施,保证混凝土能够顺利通过,浇筑密实。

9.7.4 混凝土柱、墙、梁等外形尺寸、表面平整度、轴线位置偏差大

现象:混凝土柱、墙、梁等外形尺寸、表面平整度、轴线位置等偏差超过规范允许偏差值。

原因:

(1) 没有按施工图进行施工放线或误差过大。

(2) 模板的强度和刚度不足。

(3) 模板支撑基座不稳,受力变形大。

防治措施:

(1) 施工前必须按施工图放线,并确保构件断面几何尺寸和轴线定位线准确无误。

(2) 模板及其支撑(架)必须具有足够的承载力、刚度和稳定性,确保模具在混凝土浇筑及养护过程中,不变形、不失稳、不跑模。

(3) 要确保模板支撑基座坚实。

(4) 在浇筑混凝土前后及过程中,要认真检查,及时发现问题,及时纠正。

9.7.5 混凝土收缩裂缝

现象:裂缝多出现在新浇筑并暴露于空气中的结构构件表面,有塑态收缩、沉陷收缩、干燥收缩、碳化收缩、凝结收缩等收缩裂缝。

原因:

(1) 混凝土原材料质量不合格,如骨料含泥量大等。

(2) 水泥或掺合料用量超出规范规定。

(3) 混凝土水胶比、坍落度偏大,和易性差。

(4) 混凝土浇筑振捣质量差,养护不及时或养护不当。

防治措施:

(1) 选用合格的原材料。

(2) 根据现场情况、图纸设计和规范要求,由有资质的试验室确定合适的混凝土配合比,并确保搅拌质量。

(3) 确保混凝土浇筑振捣密实,并在初凝前进行二次抹压。

(4) 确保混凝土养护及时,并保证养护质量满足要求。

10 钢结构工程

10.1 钢结构制作、运输、堆放

10.1.1 钢结构材料

（1）钢结构工程中，常用钢材有普通碳素钢、优质碳素结构钢、普通低合金钢等三种。

（2）钢材的品种、规格、性能等应符合现行国家标准和设计要求。进口钢材的质量应符合设计和合同规定标准的要求。

（3）钢材的堆放要考虑搬运的便利性，要尽量减少钢材的变形和锈蚀，钢材端部应树立标牌，标牌应标明钢材规格、钢号、数量和材质验收证明书。

10.1.2 钢结构构件的制作

10.1.2.1 准备工作

钢结构构件加工前，应先进行施工详图设计、图纸审查、提料、备料、工艺试验和工艺规程的编制、技术交底等工作。施工详图和节点设计文件应经原设计单位确认。

10.1.2.2 钢结构构件生产的工艺流程

（1）放样：以 1∶1大样放出节点，核对各部分的尺寸，制作样板和样杆作为加工的依据。

（2）号料：包括检查核对材料，在材料上画出切割、铣、刨、制孔等加工位置，打冲孔，标出零件编号等。

（3）切割下料：包括氧割（气割）、等离子切割等使用高温热源的方法和机切、冲模、锯切等使用机械力的方法。

（4）平直矫正：采用型钢矫正机的机械矫正和火焰矫正等。

（5）边缘及端部加工：方法有铲边、刨边、铣边、碳弧气刨、半自动和自动气割机加工、坡口机加工等。

（6）滚圆：可选用对称三轴滚圆机、不对称三轴滚圆机、四轴滚圆机等机械进行加工。

（7）煨弯：根据不同规格材料可选用型钢滚圆机、弯管机、折弯压力机等机械进行加工。

(8) 制孔:可采用钻孔、冲孔、铣孔、铰孔、镗孔、锪孔等方法,钻孔用钻床、电钻、风钻、磁座钻等加工。

(9) 钢结构组装:可采用仿形复制装配法、专用设备装配法、胎模装配法等。

(10) 焊接:一般分为手工焊接、半自动焊接和自动化焊接三种。

(11) 摩擦面的处理:可采用喷砂、喷丸、酸洗、打磨等方法。

(12) 涂装:严格按设计要求和有关规定进行施工。

10.1.3 钢结构构件的运输

钢构件运输时的保护措施:

(1) 保护构件在运输和吊装的过程中不受损坏,保护其外观不被破坏,确保工地安装顺利进行。

(2) 将构件与发货清单一一对应,便于验货和收货时清点构件。

(3) 合理装车,使构件的运输体积紧凑,以减少运输费用,便于构件卸装。

(4) 装车时应考虑构件的堆放位置,以免构件受压变形。大型构件间应设置捆扎点和吊点,确保构件吊运时不受损伤。构件装车应布置合理,易于卸车时的绑扎。

(5) 钢构件运输时绑扎必须牢固,防止松动。钢构件在运输车上的支点、两端伸出的长度及绑扎方法均要保证构件不产生变形、不损伤母材且保证运输安全。

(6) 将零配件按分类标识打包,在各包装体上做好明显标志,零配件应标明名称、数量、生产日期。螺栓、辅材等应有可靠的防水、防雨淋措施。

(7) 在运输过程中,构件应保持平稳,采用车辆装运时,对超长、超宽、超高物件的运输,必须由经过培训的驾驶员、押运人员负责,并在车辆上设置标记。

10.1.4 钢结构构件的堆放

(1) 构件按照节点、主构件、次构件及其他连接件,分四类进行堆放,主构件单层堆放,间距为 1.0 m;次构件堆放两层为宜,上下层之间用木枋支垫在同一垂直方向。

(2) 构件应按照便于安装的顺序进行堆放,即先安装的构件靠近吊机堆放,后安装的构件紧随其后堆放在便于吊装的地方。

(3) 构件堆放时一定要注意把构件的编号、标识外露,便于查看。

(4) 钢结构施工时,若装饰及机电安装等其他专业同时在施工,钢构件材料进场时间和堆放场地布置应兼顾各方,统一协调。

(5) 构件卸货到指定场地后,堆放应整齐,防止变形和损坏。构件应根据其编号和安装顺序分类堆放。

(6) 所有构件堆放场地均应按现场实际情况进行安排,按规定的要求进行支垫,避免构件发生变形;钢构件堆放场地应按施工作业进展分阶段布置。

(7) 现场施工场地需硬化处理,构件堆场的排水要畅通。

10.2　钢结构安装

10.2.1　钢结构单层厂房安装

(1) 安装准备工作

包括技术准备、机具准备、构件材料准备、现场基础准备和劳动力准备等。

(2) 安装方法和顺序

单层钢结构安装工程施工时，柱子、柱间支撑和吊车梁一般采用单件流水法吊装，即一次性将柱子安装并校正后再安装柱间支撑、吊车梁等，此种方法尤其适合采用移动较方便的履带式起重机；当采用汽车式起重机时，考虑到移动不方便，可以 2～3 个轴线为一个单元进行节间构件安装。

屋盖系统通常采用“节间综合法”吊装，即吊车一次性安装完一个节间的全部屋盖构件后，再安装下一个节间的屋盖构件。

(3) 钢柱安装

一般钢柱的刚性较好，吊装时通常采用一点起吊。常用的吊装方法有旋转法、滑行法和递送法。对于重型钢柱也可采用双机抬吊。

钢柱吊装回直后，慢慢插进地脚锚固螺栓，找正平面位置。经过平面位置校正，垂直度初校，柱顶四面临时缆风钢丝绳拉设，地脚锚固螺栓临时固定后，起重机方可脱钩。再次对钢柱进行复校，具体可优先采用缆风绳校正；对于不便采用缆风绳校正的钢柱，可采用调撑杆或千斤顶校正。在复校的同时将柱脚底板与基础间间隙用垫铁垫紧，复校后拧紧锚固螺栓，将垫铁点焊固定，并拆除缆风绳。

(4) 钢屋架安装

钢屋架侧向刚度较差，安装前需进行吊装稳定性验算，稳定性不足时应进行吊装临时加固，通常可在钢屋架上下弦处绑扎杉木杆进行加固。

钢屋架吊点必须选择在上弦节点处，并符合设计要求。吊装就位时，应按屋架下弦两端的定位标记和柱顶的轴线标记严格定位并临时固定。为使屋架起吊后不致发生摇摆而碰撞其他构件，起吊前宜在支座节间附近用麻绳系牢，随吊随放松，以控制屋架位置。第一榀屋架吊装就位后，应在屋架上弦两侧对称处设缆风绳固定；第一榀屋架就位后，每坡宜用一个屋架间调整器进行屋架垂直度校正，再固定两端支座，并安装屋架间水平与垂直支撑、檩条及屋面板等。

如果吊装机械性能允许，屋面系统结构可在扩大拼装后进行组合吊装，即在地面上将两榀屋架及其上的天窗架、檩条、支撑等拼装成整体后一次性吊装。图 10.1 为钢结构单层厂房。

图 10.1　钢结构单层厂房

10.2.2　高层钢结构的安装

(1) 准备工作:包括钢构件预检和配套、定位轴线和标高及地脚螺栓的检查、钢构件现场堆放、安装机械的选择、安装流水段的划分和安装顺序的确定、劳动力的进场等。

图 10.2　高层钢结构

(2) 多层及高层钢结构(图 10.2)吊装,在分片区的基础上,多采用综合吊装法,其吊装程序一般是,平面上从中间或某一对称节间开始,以一个节间的柱网为一个吊装单元,按钢柱→钢梁→支撑的顺序吊装,并向四周扩展;垂直方向上由下至上组成稳定结构,同节柱范围内的横向构件,通常由上而下逐层安装。采用对称安装、对称固定的工艺,有利于将安装误差积累和节点焊接变形减少到最小。

安装时,一般按吊装程序先划分吊装作业区域,按划分的区域、平行的顺序同时进行施工。当一个片区吊装完毕后,即进行测量、校正、高强度螺栓初拧等工序,待几个片区安装完毕,再对整体结构进行测量、校正、高强度螺栓终拧、焊接。接着,进行下一节钢柱的吊装。

(3) 高层建筑的钢柱通常以 2～4 层为一节,吊装时一般采用一点正吊。钢柱安装到位、对准轴线、校正垂直度、临时固定牢固后才能松开吊钩。

安装时,每节钢柱的定位轴线应从地面控制轴线直接引上,不得从下层柱的轴线引上。在每一节柱子范围内的全部构件安装、焊接、栓接完成并验收合格后,才能从地面控制轴线引测上一节柱子的定位轴线。

(4) 同一节柱、同一跨范围内的钢梁,宜从上向下安装。钢梁安装完毕后,宜立即安装本节柱范围内的各层楼梯及楼面压型钢板。

(5) 结构安装时,应注意日照、焊接等导致的温度变化引起的热影响所造成的构件伸缩和弯曲,并应采取相应措施。

10.2.3 网架结构安装

网架结构(图10.3)具有空间受力小、重量轻、刚度大、抗震性能好、外形美观等优点,有三角锥、三棱体、正方体、截头四角锥等基本单元和焊接空心球节点、螺栓球节点、板节点、毂节点、相贯节点等节点形式,这些基本单元和节点可组合成三边形、四边形、六边形、圆形等平板型或微曲面形结构。网架结构广泛应用于体育馆、展览馆、俱乐部、影剧院、食堂、会议室、候车厅、飞机库、车间等的屋盖结构。

图10.3 网架结构

10.2.3.1 网架安装的方法

(1) 高空散装法:适用于全支架拼装的各种类型的空间网格结构,尤其适用于螺栓连接、销轴连接等非焊接连接的结构。

(2) 分条或分块安装法:适用于分割后刚度和受力状况改变较小的网架,如两向正交正放四角锥、正向抽空四角锥等网架。分条或分块的大小应根据起重能力而定。

(3) 滑移法:适用于能设置平行滑轨的各种空间网格结构,尤其适用于必须跨越施工(不允许搭设支架)或场地狭窄、起重运输不便等情况。

(4) 整体吊装法:适用于中小型网架,吊装时可在高空平移或旋转就位。

(5) 整体提升法:适用于各种类型的网架,结构在地面整体拼装完毕后用提升设备提升至设计标高并就位。

(6) 整体顶升法:适用于支点较少的多点支承网架。

10.2.3.2 高空散装法要点

(1) 高空散装法是将小拼单元或散件(单根杆件及单个节点)直接在设计位置进行总拼的方法。

(2) 根据测量控制网对基础轴线、标高或柱顶轴线、标高进行技术复核。

(3) 当采用全支架拼装网架时,支架顶部常用木板或竹脚手板满铺,作为操作平台。这类铺板易燃,故如网架采用焊接连接,全部焊接工作均需在此高空平台上完成,则必须注意防火。

(4) 采用悬挑法拼装网架时,需要预先制作好小拼单元,再用起重机将小拼单元吊至设计标高就位拼装。采用悬挑法拼装网架可以少搭支架,节省材料。但悬挑部分的网架必须具有足够的刚度,而且几何形状应能保持不变。

(5) 各种类型的螺栓球节点网架结构可采用此方法安装,焊接空心球节点网架也可采用此方法安装。

(6) 高空散装法脚手架用量大,高空作业多,工期较长,需占用建筑物场内用地,且技术上有一定难度。

10.2.3.3　分条或分块安装法要点

(1) 承重支架除用扣件式钢管脚手架外，由于分条或分块安装法所用的承重支架是局部不满堂的脚手架，也可以用塔式起重机的标准节或其他桥架、预制架。

(2) 网架分条分块单元的划分，主要根据起重机的负荷能力和网架的结构特点而定。其划分方法有下列几种：

① 网架单元相互靠紧，可将下弦双角钢分置于两个单元上。此法可用于正放四角锥等网架。

② 网架单元相互靠紧，单元间上弦用剖分式安装节点连接。此法可用于斜放四角锥等网架。

③ 单元之间空出一个节间，该节间在网架单元吊装后再在高空拼装。此法可用于两向正交正放等网架。

(3) 网架挠度的调整

条状单元合拢前应先将其顶高，使中央挠度与网架形成整体后在该处的挠度相同。由于分条分块安装法多在中小跨度网架中应用，可用钢管作顶撑，在钢管下端设千斤顶，调整标高时将千斤顶顶高即可，操作比较方便。

如果在设计时已经考虑到分条安装的特点而增加了网架高度，则分条安装时就不需要调整挠度。

(4) 网架尺寸控制

分条(块)网架单元尺寸必须准确，以保证高空总拼时节点吻合，并减少偏差。如前所述，一般可采取预拼装或套拼的办法进行尺寸控制。另外，还应尽量减少中间转运环节，如需运输，应用特制专用车辆，防止网架单元变形。

10.2.3.4　滑移法要点

(1) 滑移法

① 单条滑移法。将条状单元一条一条地从一端滑移至另一端就位安装，各条之间分别在高空再行连接，即逐条滑移，逐条连成整体。

② 逐条积累滑移法。先将条状单元滑移一段距离(能连接上第二单元即可)，连接好第二条单元后，两条一起再滑移一段距离(长度同上)，再连接第三条，三条又一起滑移一段距离，如此循环操作直至接上最后一条单元为止。

③ 按摩擦方式可分为滚动式及滑动式两类。滚动式滑移即将网架装上滚轮，网架滑移是通过滚轮与滑轨的滚动摩擦方式实现的。滑动式滑移即将网架支座直接搁置在滑轨上，网架滑移是通过支座底板与滑轨的滑动摩擦方式实现的。

(2) 适用范围

① 滑移法可用于矩形、梯形或多边形等的建筑平面；

② 滑移法适用于现场狭窄地区的施工；也适用于跨越施工，如车间屋盖的更换，轧钢、机械等厂房内设备基础、设备与屋面结构的平行施工。

(3) 整体吊装法要点

① 网架整体吊装法，是指网架在地面总拼后，采用单根或多根拔杆、一台或多台起重机进行吊装就位的施工方法。

② 特点：网架地面总拼可以就地与柱错位进行或在场外进行。当就地与柱错位总拼时，网架起升后在空中需要平移或转动 1.0～2.0 m 再下降就位，由于柱是穿在网架的网格中的，凡与柱相连接的梁均应断开，即在网架吊装完成后再施工框架梁。而且建筑物在地面以上的有些结构必须待网架安装完成后才能进行施工，不能平行施工。

③ 适用范围：整体吊装法适用于中小型网架结构，吊装时可在高空平移或旋转就位。

10.2.3.5 整体提升法要点

(1) 整体提升法是指利用安装在结构柱上的提升设备提升网架的施工方法。

(2) 整体提升法的主要类型：

① 单提网架法：将网架在设计位置就地总拼后，利用安装在柱子上的小型设备(穿心式液压千斤顶)将网架整体提升到设计标高以上，然后下降就位、固定。

② 网架爬升法：将网架在设计位置就地总拼后，利用安装在网架上的小型设备(穿心式液压千斤顶)，将提升锚点固定在柱上或拔杆上，将网架整体提升到设计标高，就位、固定。

③ 升梁抬网法：将网架在设计位置就地总拼，同时安装好支承网架的装配式圈梁(提升前圈梁与柱断开，提升网架完成后再与柱连成整体)，把网架支座搁置于此圈梁中部，在每个柱顶上安装好提升设备，这些提升设备在升梁的同时，抬升网架至设计标高。

(3) 网架整体提升法一般情况下适宜在设计平面位置的地面上拼装网架并垂直提升就位。如网架垂直提升到设计标高后还需水平移动，须另加悬挑结构，并结合滑移法施工，以使网架就位到设计位置。

10.2.4 压型金属板安装

10.2.4.1 准备工作

包括确认压型钢板的板型，选定符合设计规定的材料(主要考虑用于制作楼承板的镀锌钢板的材质、板厚、力学性能、防火能力、镀锌量、压型板的价格等技术经济要求)；绘制压型钢板排布图(标准层压型钢板排版图、非标准层压型钢板排版图、标准节点做法详图、个别节点的做法详图、压型钢板编号、材料清单等)，完成前一工序的钢结构的安装、焊接、接点处防腐等隐蔽工程的验收。

10.2.4.2 压型钢板安装与上下工序间的衔接

压型钢板安装与其他相关联的工序应按下列工序流程进行施工：

钢结构隐蔽验收→搭设支顶架→压型钢板安装焊接→堵头板和封边板安装→压型钢板锁口→栓钉焊→清扫、施工批交验→设备管道、电气线路施工，钢筋绑扎→混凝土浇筑。

10.2.4.3 施工质量技术要点

(1) 压型钢板在装、卸、安装中严禁用钢丝绳捆绑直接起吊,运输及堆放时应有足够支点,以防变形。

(2) 铺设前应矫正好弯曲变形者。

图 10.4 压型钢板

(3) 钢梁顶面要保持清洁,严防潮湿及涂刷油漆未干的情况。

(4) 下料、切孔应采用等离子弧切割机操作,严禁用氧气乙炔切割。大孔洞四周应补强。

(5) 是否须搭设临时的支顶架应由施工组织设计确定,如搭设应待混凝土达到一定强度后方可拆除。

(6) 压型钢板(图 10.4)应按图纸放线安装、调直、压实并点焊牢靠,要求如下:

① 波纹对直,以便钢筋在波内通过;

② 与梁搭接在凹槽处,以便施焊;

③ 每个凹槽处必须焊接牢靠,每个凹槽焊点不得少于一处,焊接点直径不得小于 1 cm。

(7) 压型钢板铺设完毕、调直固定后应及时用锁口机具进行锁口,防止堆放施工材料或人员通行造成压型钢板咬口分离。

(8) 安装完毕后,应在钢筋安装前及时清扫施工垃圾,剪切下来的边角料应收集到地面上集中堆放。

(9) 加强成品保护,铺设人员交通马道,避免人员在压型钢板上走动,严禁在压型钢板上堆放重物。

10.3 钢结构的连接

钢结构的连接方法有焊接、普通螺栓连接、高强度螺栓连接和铆接。

10.3.1 焊接

(1) 建筑工程钢结构常用的焊接方法如图 10.5 所示。

(2) 钢材的可焊性是指在适当的设计和工作条件下,材料易于焊接和满足结构性能的程度。可焊性常受钢材的化学成分、轧制方法、板厚等因素影响。化学成分对可焊性的影响,一般用碳当量表示,碳当量越小,钢材的淬硬倾向越小,可焊性就越好;反之,碳当量越大,钢材的淬硬倾向越大,可焊性就越差。

(3) 根据焊接接头的连接部位,可以将熔化焊接头分为对接接头、角接接头、T 形及十字接头、搭接接头、塞焊接头等。

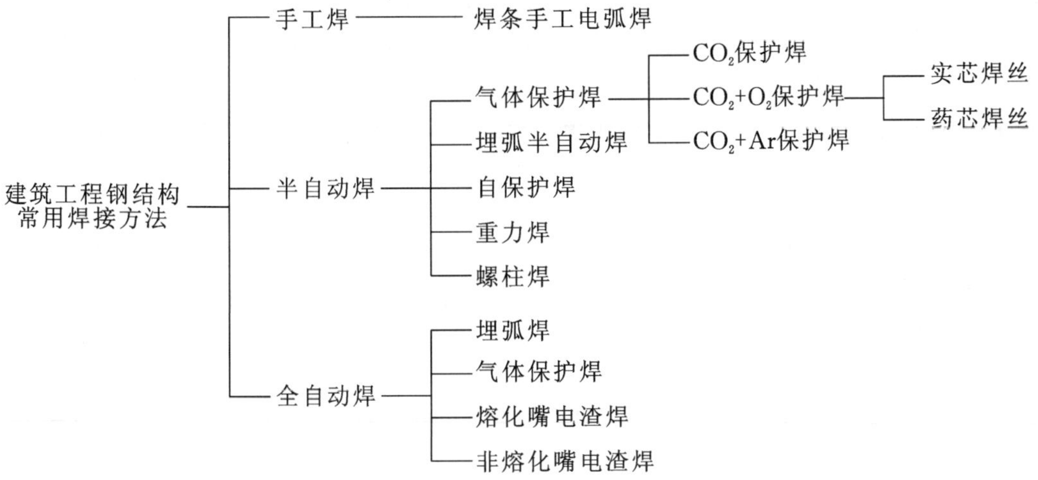

图 10.5 建筑工程钢结构常用焊接方法分类

(4) 焊工应经考试合格并取得资格证书,应在资格认可的范围内进行焊接作业,严禁无证上岗。

对于施工单位首次采用的钢材、焊接材料、焊接方法、接头形式、焊接位置、焊后热处理制度,以及焊接工艺参数、预热和后热处理等各种参数及参数的组合,应在钢结构制作及安装前进行焊接工艺评定试验。

(5) 根据设计要求、接头形式、钢材牌号和等级等合理选择、使用和保管好焊接材料和焊剂、焊接气体。

(6) 对于全熔透焊接接头中的T形、十字形、角接接头,应特别注意全焊透结构的Z向撕裂问题,尤其在板厚较大的情况下,为了防止Z向层状撕裂,必须对接头处的焊缝进行补强角焊,补强焊脚尺寸一般应大于$t/4$(t为较厚板的板厚)和小于10 mm。当其翼缘板厚度等于或大于40 mm时,设计宜采用抗层状撕裂的钢板,钢板的厚度方向性能级别应根据工程的结构类型、节点形式及板厚、板受力状态等具体情况选择。

(7) 焊缝缺陷通常分为六类:裂纹、孔穴、固体夹杂、未熔合及未焊透、形状缺陷和上述以外的其他缺陷。产生各类焊缝的原因和处理方法为:

裂纹:通常有热裂纹和冷裂纹之分。产生热裂纹的主要原因是母材抗裂性能差、焊接材料质量不好、焊接工艺参数选择不当、焊接内应力过大等;产生冷裂纹的主要原因是焊接结构设计不合理、焊缝布置不当,如焊前未预热、焊后冷却快等。处理办法是在裂纹两端钻止裂孔或铲除裂纹处的焊缝金属并进行补焊。

孔穴:通常分为气孔和弧坑缩孔两种。产生气孔的主要原因是焊条药皮损坏严重,焊条和焊剂未烘烤,母材有油污或锈和氧化物,焊接电流过小、弧长过长,焊接速度太快等。其处理方法是铲去气孔处的焊缝金属,然后补焊。产生弧坑缩孔的主要原因是焊接电流太大且焊接速度太快、熄弧太快,未反复向熄弧处填充金属等,其处理方法是在弧坑处补焊。

固体夹杂:有夹渣和夹钨两种缺陷。产生夹渣的主要原因是焊接材料质量不好、焊接电流太小、焊接速度太快、熔渣密度太大、熔渣上浮受阻、多层焊时熔渣未清除干净等,其处理方法是铲除夹渣处的焊缝金属,然后焊补。产生夹钨的主要原因是氩弧焊时钨极与熔池金属接触，其处理方法是挖去夹钨处的缺陷金属，重新焊接。

未熔合及未焊透：产生的主要原因是焊接电流太小、焊接速度太快、坡口角度间隙太小、操作技术不佳等。未熔合的处理方法是铲除未熔合处的焊缝金属后焊接。未焊透的处理方法：对于开敞性好的结构，若存在单面未焊透缺陷，可在焊缝背面直接补焊；对于不能直接焊接的重要焊件，应铲去未焊透处的焊缝金属，重新焊接。

形状缺陷：包括咬边、焊瘤、下塌、根部收缩、错边、角度偏差、焊缝超高、表面不规则等。

产生咬边的主要原因：焊接工艺参数选择不当，如电流过大、电弧过长等；操作技术不正确，如焊枪角度不对、运条不当等；焊条药皮端部的电弧偏吹；焊接零件的位置安放不当等。处理方法：轻微的、浅的咬边可用机械方法修锉，使其平滑过渡；严重的、深的咬边应进行焊补。

产生焊瘤的主要原因是焊接工艺参数选择不正确、操作技术不佳、焊件位置安放不当等。其处理方法是用铲、锉、磨等手工或机械方法除去多余的堆积金属。

其他缺陷：主要有电弧擦伤、飞溅、表面撕裂等。

10.3.2 连接螺栓

钢结构中使用的连接螺栓一般分为普通螺栓和高强度螺栓两种。

10.3.2.1 普通螺栓

(1) 常用的普通螺栓(图10.6)有六角螺栓、双头螺栓和地脚螺栓等。

图10.6 普通螺栓

(2) 制孔时，钻孔、冲孔为一次制孔，铣孔、铰孔、镗孔和锪孔为二次制孔。一般直径在80 mm以上的圆孔可以采用气割制孔，对于长圆孔或异形孔可采用先行钻孔然后再气割制孔的方法，但严禁气割扩孔。冲孔制孔时，钢板厚度应控制在12 mm以内。

(3) 普通螺栓作为永久性连接螺栓时，应符合下列要求：

① 螺栓头和螺母(包括螺栓)应和结构件的表面及垫圈密贴；

② 螺栓头和螺母下面应放置平垫圈，以增大承压面；

③ 每个螺栓头侧放置的垫圈不应多于2个，螺母侧垫圈不应多于1个，并不得用大螺母

代替垫圈，螺栓拧紧后，外露丝扣不应少于 2 扣；

④ 对于有防松动设计要求的螺栓连接应采用有防松动装置的螺栓（即双螺母）或弹簧垫圈，或用人工方法采取防松动措施（如将螺栓外露丝扣凿毛或将螺母与外露螺栓点焊等）；

⑤ 对于承受动荷载或重要部位的螺栓连接应按设计要求放置弹簧垫圈，弹簧垫圈必须设置在螺母一侧；

⑥ 对于工字钢、槽钢翼缘等倾斜面上的螺栓连接，应放置斜垫圈垫平，使螺母和螺栓的头部支承面垂直于螺杆。

(4) 普通螺栓常用的连接形式有平接连接、搭接连接和 T 形连接。螺栓排列主要有并列和交错排列两种形式。

(5) 普通螺栓的紧固：螺栓的紧固应从中间开始，对称向两边进行。螺栓的紧固施工以操作者的手感及连接接头的外形控制为准，对大型接头应采用复拧，即两次紧固的方法，保证接头内各个螺栓能均匀受力。

(6) 永久性普通螺栓的紧固质量，可采用锤击法检查，即一手扶螺栓头（或螺母），另一手用 0.3 kg 小锤敲击，要求螺栓头（螺母）不偏移、不颤动、不松动，锤声比较干脆；否则，说明螺栓紧固质量不好，须重新紧固。

10.3.2.2 高强度螺栓

(1) 高强度螺栓按连接形式通常分为摩擦连接、张拉连接和承压连接等。其中，摩擦连接是目前被广泛采用的基本连接形式。

(2) 高强度螺栓连接处摩擦面的处理方法通常有喷砂（丸）法、酸洗法、砂轮打磨法和钢丝刷人工除锈法等，可根据设计抗滑移系数的要求选择处理工艺，抗滑移系数必须满足设计要求。

(3) 经表面处理后的高强度螺栓连接摩擦面应符合以下规定：

① 连接摩擦面应保持干燥、清洁，不应有飞边、毛刺、焊接飞溅物、焊疤、氧化铁皮、污垢等。

② 经处理后的摩擦面应采取保护措施，不得在摩擦面上作标记。

③ 若摩擦面采用生锈处理方法，安装前应用细钢丝刷沿垂直于构件受力的方向刷除摩擦面上的浮锈。

④ 高强度大六角头螺栓连接副由一个螺栓、一个螺母和两个垫圈组成，扭剪型高强度螺栓连接副由一个螺栓、一个螺母和一个垫圈组成。

⑤ 安装环境气温不宜低于－10 ℃。当摩擦面潮湿或暴露于雨雪中时，应停止作业。

⑥ 高强度螺栓安装时应先使用安装螺栓和冲钉。安装螺栓和冲钉的数量要保证能承受构件的自重和连接校正时的外作用力，规定每个节点安装高强度螺栓的最少个数是为了防止连接后构件位置发生偏移，同时限制冲钉用量。高强度螺栓不得兼作安装螺栓。

⑦ 高强度螺栓现场安装时应能自由穿入螺栓孔，不得强行穿入。若螺栓不能自由穿入，可用铰刀或锉刀修整螺栓孔，不得采用气割扩孔，扩孔数量应征得设计方同意，修整或扩孔后的孔径不应超过 1.2 倍螺栓直径。

⑧ 高强度螺栓（图 10.7）超拧时应予以更换，废弃换下来的螺栓，不得重复使用。严禁用火焰或电焊切割高强度螺栓梅花头。

(a)　　(b)

图 10.7　高强度螺栓

(a) 大六角头高强度螺栓；(b) 扭剪型高强度螺栓

⑨ 高强度螺栓长度应以螺栓连接副终拧后外露 2～3 道扣丝为标准进行计算，应在构件安装精度调整后拧紧螺栓。扭剪型高强度螺栓终拧检查，以目测尾部梅花头拧断为合格。

⑩ 高强度大六角头螺栓连接副施拧可采用扭矩法或转角法。同一接头中，高强度螺栓连接副的初拧、复拧、终拧应在 24 h 内完成。高强度螺栓连接副初拧、复拧和终拧原则上应以从接头刚度较大的部位向约束较小的方向、从螺栓群中央向四周的顺序进行。对于高强度螺栓和焊接并用的连接节点，当设计文件无规定时，宜采用先紧固螺栓后焊接的施工顺序。

10.4　钢结构防火涂装

建筑钢结构防火涂装应符合《建筑钢结构防火技术规范》(GB 51249—2017)的要求。

10.4.1　建筑钢结构防火基本要求

(1) 钢结构构件的设计耐火极限应根据建筑的耐火等级，按现行国家标准《建筑设计防火规范(2018 年版)》(GB 50016—2014)的规定确定。柱间支撑的设计耐火极限应与柱相同，楼盖支撑的设计耐火极限应与梁相同，屋盖支撑和系杆的设计耐火极限应与屋顶承重构件相同。

(2) 钢结构节点的防火保护应与被连接构件中防火保护要求最高者相同。

(3) 钢结构构件的耐火验算和防火设计，可采用耐火极限法、承载力法或临界温度法。

(4) 钢结构构件的耐火极限经验算低于设计耐火极限时，应采取防火保护措施。

10.4.2　建筑钢结构防火保护措施

(1) 钢结构的防火保护可采取下列措施之一或其中几种的复(组)合：

① 喷涂(抹涂)防火涂料;
② 包覆防火板;
③ 包覆柔性毡状隔热材料;
④ 外包混凝土、金属网抹砂浆或砌筑砌体。
(2) 钢结构采用喷涂防火涂料保护时,应符合下列规定:
① 室内隐蔽构件,宜选用非膨胀型防火涂料;
② 设计耐火极限大于 1.50 h 的构件,不宜选用膨胀型防火涂料;
③ 室外、半室外钢结构采用膨胀型防火涂料时,应选用性能符合环境要求的产品;
④ 非膨胀型防火涂料涂层的厚度不应小于 10 mm;
⑤ 防火涂料与防腐涂料应相容、匹配。
(3) 钢结构采用包覆防火板保护时,应符合下列规定:
① 防火板应为不燃材料,且受火时不应出现炸裂和穿透裂缝等现象;
② 防火板的包覆应根据构件形状和所处部位进行构造设计,并应采取确保安装牢固稳定的措施;
③ 固定防火板的龙骨及黏结剂应为不燃材料,龙骨应便于与构件及防火板连接,黏结剂在高温下应能保持一定的强度,并应能保证防火板的包覆完整。
(4) 钢结构采用包覆柔性毡状隔热材料保护时,应符合下列规定:
① 不应用于易受潮或受水的钢结构;
② 在自重作用下,毡状材料不应发生压缩不均的现象。
(5) 钢结构采用外包混凝土、金属网抹砂浆或砌筑砌体保护时,应符合下列规定:
① 当采用外包混凝土保护时,混凝土的强度等级不宜低于 C20。
② 当采用外包金属网抹砂浆保护时,砂浆的强度等级不宜低于 M5;金属丝网的网格边长不宜大于 20 mm, 丝径不宜小于 0.6 mm;砂浆最小厚度不宜小于 25 mm。
③ 当采用砌筑砌体保护时,砌块的强度等级不宜低于 MU10。

10.5 钢结构施工质量控制

10.5.1 钢结构工程质量检查与检验

(1) 原材料及成品进场:钢材、焊接材料、连接用紧固标准件、焊接球、螺栓球、封板、锥头、套筒、金属压型钢板、涂装材料、橡胶垫及其他特殊材料的品种、规格、性能等应符合现行国家标准及设计要求,其中进口钢材产品的质量应符合设计和合同规定标准的要求;主要对产品的质量合格证明文件、中文标志和检验报告(包括抽样复验报告)等进行检查。

(2) 钢结构焊接工程:主要检查焊工合格证及其有效期和认可范围,焊接材料、焊钉(栓钉)烘焙记录,焊接工艺评定报告,焊缝外观、尺寸及探伤记录,焊缝预、后热施工记录和工艺试验报告等是否符合设计标准和规范要求。

(3) 紧固件连接工程:主要检查紧固件和连接钢材的品种、规格、型号、级别、尺寸、外观及匹配情况，普通螺栓的拧紧顺序、拧紧情况、外露丝扣，高强度螺栓的连接摩擦面抗滑移系数试验报告和复验报告、扭矩扳手标定记录、紧固顺序、转角或扭矩（初拧、复拧、终拧）、外露丝扣等是否符合设计和规范要求。当普通螺栓作为永久性连接螺栓，且设计有要求或对其质量有疑义时，应检查螺栓实物复验报告。

(4) 钢零件及钢部件加工：主要检查钢材切割面或剪切面的平面度、割纹和缺口的深度、边缘缺棱情况、型钢端部垂直度、构件几何尺寸偏差、矫正工艺和温度、弯曲加工质量及其间隙、刨边允许偏差和粗糙度、螺栓孔质量（包括精度、直径、圆度、垂直度、孔距、孔边距等）、管和球的加工质量等是否符合设计和规范要求。

(5) 钢结构安装：主要检查钢结构零件及部件的制作质量、地脚螺栓及预留孔情况、安装平面轴线位置、标高、垂直度、平面弯曲、单元拼接长度与整体长度、支座中心偏移与高差、钢结构安装完成后由环境影响造成的自然变形、节点平面紧贴情况、垫铁的位置及数量等是否符合设计和规范要求。

(6) 钢结构涂装工程：防腐涂料、涂装遍数及其间隔时间、涂层厚度及涂装前钢材表面处理应符合设计要求和国家现行有关标准，防火涂料的黏结强度、抗压强度、涂装厚度、表面裂纹宽度，以及涂装前钢材表面处理和防锈涂装等应符合设计要求和国家现行有关标准。

(7) 其他：钢结构施工过程中，用于临时加固、支撑的钢构件的原材料、加工制作、焊接、安装、防腐等应符合相关技术标准和规范要求。

10.5.2 钢结构工程中主要质量问题防治

10.5.2.1 钢柱底部螺栓孔偏移

现象：钢柱底部预留螺栓孔与预埋螺栓不对中。

防治措施：

(1) 钢柱底部预留螺栓孔应放大样后制作，并确保螺栓孔位与柱子轴线的相对位置准确。

(2) 如螺栓孔偏移不大，经设计方许可，可沿偏差方向将孔扩大为椭圆孔，然后换用加大的垫圈进行安装。

(3) 如螺栓孔偏移较大，经设计方认可，可将原孔塞焊，重新钻孔。

10.5.2.2 地脚螺栓位移

现象：地脚螺栓与轴线的相对位置超过允许值。

防治措施：

(1) 先浇筑混凝土，预留孔洞，后埋螺栓。在埋设螺栓时，采用型钢两次校正办法，检查无误后，浇筑预留孔洞。

(2) 将每根柱的地脚螺栓用预埋钢架固定，一次性浇筑混凝土。

(3) 可用氧乙炔火焰将柱底座板螺栓孔扩大，安装时，另加厚钢垫板。

(4) 如螺栓孔相对偏移较大，经设计方同意可将螺栓割除，将根部螺栓焊于预埋钢板上，附上 块与预埋钢板等厚的钢板，再采用铆钉塞焊法将其焊在预埋钢板上，然后根据设计要求焊上新螺栓。

10.5.2.3 连接板拼装不严密

现象:连接板之间拼缝不密实,有间隙。

防治措施:

(1) 连接处钢板应平直,变形较大者应调整后使用。

(2) 连接型钢或零件的平面坡度大于 1∶20 时,应放置斜垫片。

(3) 连接板间的间隙小于 1 mm 时,可不作处理。

(4) 连接板间的间隙为 1～3 mm 时,可将厚的一侧做成向较薄一侧过渡的缓坡。

(5) 连接板间的间隙大于 3 mm 时,应填入垫板,垫板的表面应与构件作相同处理。

10.6 安全防护措施

10.6.1 构件吊装和管道安装时的注意事项

(1) 钢结构吊装时,构件应尽可能在地面组装,并应搭设临时固定、电焊、高强度螺栓连接等工序施工时的高空安全设施,且将其随构件同时吊装就位。拆卸时的安全措施,亦应一并考虑和落实。高空吊装预应力混凝土屋架、桁架等大型构件前,也应搭设悬空作业所需的安全设施。

(2) 悬空安装大模板、吊装第一块预制构件、吊装单独的大中型预制构件时,施工人员必须站在操作平台上操作。吊装中的大模板和预制构件以及石棉水泥板等屋面板上,严禁人员站立和行走。

(3) 安装管道时必须有已完成结构或操作平台作为立足点,严禁在安装中的管道上站立和行走。

10.6.2 铆焊设备的安全控制要点

(1) 焊接操作及配合人员必须按规定穿戴劳动防护用品,现场必须采取防止触电、高空坠落、瓦斯中毒、火灾等事故的安全措施。

(2) 对处于承压状态的压力容器及管道、带电设备、承载结构的受力部位,以及装有易燃、易爆物品的容器,严禁进行焊接和切割。

(3) 气焊电石起火时必须用干砂或二氧化碳灭火器灭火,严禁用泡沫、四氯化碳灭火器或水灭火。电石粒末应在露天销毁。

(4) 严禁使用未安装减压器的氧气瓶。

11 幕墙工程

建筑幕墙是由支承结构体系与面板组成的，相对主体结构有一定位移能力或自身有一定变形能力，但不承担主体结构所受荷载与作用的建筑外围护结构。幕墙的特点是装饰效果好、质量轻、安装速度快，它是外墙轻型化、装配化较理想的形式，因此在现代大型和高层建筑上得到广泛的应用。

建筑幕墙按面板材料分类，有玻璃幕墙、金属幕墙、人造板材幕墙等。

11.1 玻璃幕墙

玻璃幕墙主要用玻璃这种饰面材料作幕墙安装面板。其透光性强，给人以透明、轻巧、明亮的感觉，尤其在蓝天白云的映衬下，显得晶莹剔透，宛如“水晶宫”，具有强烈的艺术感染力。根据安装形式玻璃幕墙可分为框支承玻璃幕墙（构件式和单元式）、全玻幕墙（吊挂和落地式）、点支承玻璃幕墙（钢管式、玻璃肋、拉杆、拉索、桁架等）、双层玻璃幕墙（内循环、外循环）等。

11.1.1 框支承玻璃幕墙

框支承玻璃是指玻璃面板周边由金属框架支承的玻璃幕墙。

11.1.1.1 构件式玻璃幕墙

构件式玻璃幕墙（图 11.1）是在现场依次安装立柱、横梁和玻璃面板的框支承玻璃幕墙，包括明框玻璃幕墙、隐框玻璃幕墙和半隐框玻璃幕墙三类。

（1）幕墙立柱

① 立柱可采用铝合金型材或钢型材。铝型材开口部位的厚度不应小于 3.0 mm；闭口部位的厚度不应小于 2.5 mm。钢型材截面受力部位的厚度不应小于 3.0 mm。

② 铝合金立柱通常以一层楼高为一整根，接头处应有一定空隙，上、下立柱之间通过活动接头连接。当每层设两个支点时，一般宜设计成受拉构件，不宜设计成受压构件。上支点宜设圆孔，构件在上端悬挂，采用长圆孔或椭圆孔与下端连接，形成吊挂受力状态。

③ 铝合金立柱与钢镀锌连接件（支座）接触面之间应加防腐隔离柔性垫片。

④ 每个连接部位至少需要布置 2 个受力螺栓。

⑤ 立柱应先与连接件（角码）连接，然后连接件再与主体结构预埋件连接。

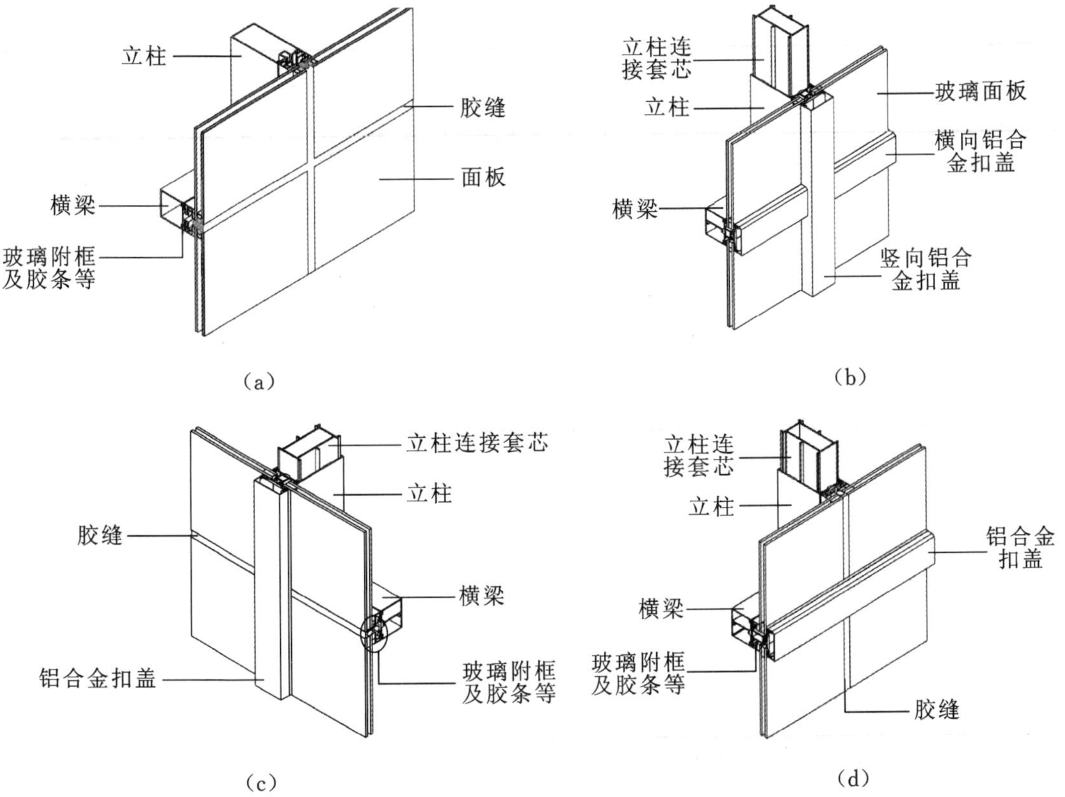

图 11.1 构件式玻璃幕墙

(a) 隐框幕墙;(b) 明框幕墙;(c) 横隐竖明幕墙;(b) 横明竖隐幕墙

⑥ 采用后置埋件时,应按规范要求的比例对后置锚栓的承载力进行现场抽样检验。

(2) 幕墙横梁

① 横梁可采用铝合金型材或钢型材。当铝合金型材横梁跨度不大于 1.2 m 时,其截面主要受力部位的厚度不应小于 2.0 mm;当铝合金型材横梁跨度大于 1.2 m 时,其截面主要受力部位的厚度不应小于 2.5 mm。采用钢型材时,其截面主要受力部位的厚度不应小于 2.5 mm。

② 横梁一般分段与立柱连接,连接处应设置柔性垫片或预留 1~2 mm 的间隙,间隙内应填胶,以避免型材刚性接触。

③ 横梁与立柱间的连接紧固件应按设计要求采用不锈钢螺栓、螺钉等连接件。

④ 明框幕墙横梁及组件上的导气孔和排水孔位置应符合设计要求,保证导气孔和排水孔通畅。

(3) 玻璃面板

① 玻璃面板出厂前,应按规格编号。现场应靠墙或用专用钢架放置玻璃面板。

② 半隐框、隐框玻璃幕墙的玻璃板块在经过抽样硅酮结构密封胶剥离试验和质量检验并合格后,方可运输到现场。

③ 固定半隐框、隐框玻璃幕墙玻璃板块的压块或勾块的规格和间距应符合设计要求。固定幕墙玻璃板块时,不得采用自攻螺钉。

④ 隐框玻璃幕墙采用挂钩式固定玻璃板块时,挂钩接触面宜设置柔性垫片,以防止产生摩擦噪声。

⑤ 明框玻璃幕墙的玻璃不得与框构件直接接触,玻璃四周与构件凹槽底部应保持一定的空隙,每块玻璃下面应至少放置两块宽度与槽口宽度相同的弹性定位垫块,定位垫块的长度、玻璃四边嵌入量及留空尺寸应符合规范和设计要求。

⑥ 幕墙开启窗的开启角度不宜大于 30°,开启距离不宜大于 300 mm。开启扇周边缝隙宜用氯丁橡胶、三元乙丙橡胶或硅橡胶密封条等密封。

(4) 密封胶

① 密封胶的施工厚度应大于 3.5 mm,一般控制在 4.5 mm 以内。密封胶的施工宽度不宜小于厚度的 2 倍。

② 密封胶在接缝内应两对面黏结,不应三面黏结。

③ 硅酮结构密封胶与硅酮耐候密封胶的性能不同,二者不能互换使用。

11.1.1.2 单元式玻璃幕墙

单元式玻璃幕墙是将玻璃面板和金属框架(横梁、立柱)在工厂组装为幕墙单元,以幕墙单元形式在现场完成玻璃幕墙的安装。其主要特点:

图 11.2 单元板块现场吊装

(1) 工厂化程度高。幕墙大部分工作量是在工厂完成的,产品精度相对较高。

(2) 工期短。单元式玻璃幕墙可以采取交叉流水作业,对缩短施工工期有利。图 11.2 为单元板块现场吊装。

(3) 建筑立面造型丰富。单元式玻璃幕墙可以采用多种不同材料的骨架和面板,进行不同的立面组合。

(4) 施工技术要求较高。

(5) 单元式玻璃幕墙还存在单方材料消耗量大、造价高,幕墙的接缝、封口和防渗漏技术要求高,施工有一定的难度等缺点。

11.1.2 全玻幕墙

全玻幕墙是由玻璃肋和玻璃面板构成的玻璃幕墙,如图 11.3 所示。

(1) 全玻幕墙玻璃面板厚度不宜小于 10 mm;夹层玻璃单片厚度不应小于 8 mm;玻璃肋截面厚度不应小于 12 mm,截面高度不应小于 100 mm。当幕墙玻璃高度超过 4 m(玻璃厚度 10 mm、12 mm)或 5 m(玻璃厚度 15 mm)或 6 m(玻璃厚度 19 mm)时,全玻幕墙应悬挂在主体结构上。

(2) 用钢桁架或钢梁作受力构件时,其中心线必须与幕墙中心线一致,椭圆螺孔中心线应与幕墙吊杆锚栓位置一致,吊挂式全玻幕墙的吊夹与主体结构之间应设置刚性水平传力结构。

(3) 吊挂玻璃下端与下槽底之间应留空隙，并用弹性垫块支承或填塞。槽壁与玻璃之间应用硅酮结构密封胶密封。

(4) 吊挂玻璃的夹具不得与玻璃直接接触，夹具衬垫材料应与玻璃平整贴合，确保紧密牢固。

(5) 全玻幕墙面板与玻璃肋的连接缝必须采用硅酮结构密封胶密封，可以现场打注。

(a)　　(b)

图 11.3　全玻幕墙

11.1.3　点支承玻璃幕墙

点支承玻璃幕墙是由玻璃面板、点支承装置和支承结构构成的玻璃幕墙。它的支承结构形式有玻璃肋支承、单根型钢或钢管支承、桁架支承及张拉杆索体系支承等。张拉杆索支承体系中，常用的有索桁架、自平衡、单层平面索网、单层曲面索网和单向竖网五类。

11.1.3.1　点支承玻璃幕墙玻璃的相关规范要求

(1) 玻璃面板厚度：采用浮头式连接件时，不应小于 6 mm；采用沉头式连接件时，不应小于 8 mm。

(2) 面板玻璃应采用钢化玻璃及其制品。

(3) 以玻璃肋为支承结构时，应采用钢化夹层玻璃。

(4) 玻璃支承孔边与板边的距离不宜小于 70 mm。

11.1.3.2　点支承玻璃幕墙(图 11.4)的安装要点

(1) 支承钢结构安装过程中，制孔、组装、焊接、螺栓连接和涂装等工序均应符合现行《钢结构工程施工规范》(GB 50755—2012)和《钢结构工程施工质量验收标准》(GB 50205—2020)的有关规定。

(2) 钢拉杆和钢拉索安装时，施加的预拉力应以张拉力为控制量；拉杆、拉索的预拉力应分次、分批对称施加；在张拉过程中，应对拉杆、拉索的预拉力随时进行调整。

(3) 幕墙爪件安装前，应精确定位其安装位置，并对爪件进行三维调整，使玻璃面板位

(a)

(b)

图 11.4　点支承玻璃幕墙

置准确，爪件表面与玻璃面平行；玻璃面板之间空隙的宽度不应小于 10 mm，且应采用硅酮结构密封胶嵌缝。

11.2　金属幕墙

金属幕墙是面板主要为金属的建筑幕墙，主要采用铝、铜、钛金、不锈钢、搪瓷板等单层金属板以及金属板与其他材料复合构成的面板（如铝塑复合板、蜂窝板等）。金属幕墙如图 11.5 所示。

11.3　人造板材幕墙

人造板材幕墙的分类：按照面板的材料分，人造板材幕墙包括以瓷板、陶板、微晶玻璃板、石材蜂窝复合板、高压热固化木纤维板和纤维水泥板六类人造板为面板的幕墙。人造板材幕墙适用于非地震区和抗震设防烈度不大于 8 度的地震区的民用建筑；应用高度不宜大于 100 m。陶板幕墙如图 11.6 所示。

图 11.5　金属幕墙

图 11.6　陶板幕墙

11.4 幕墙相关要求

11.4.1 幕墙工程施工准备

11.4.1.1 施工测量

根据土建施工单位给出的标高基准点和轴线位置，对已施工的主体结构及其与幕墙有关的部位进行全面复测。复测的内容包括：

(1) 轴线位置、各层标高、垂直度、混凝土结构构件(梁、柱、墙、板等)局部偏差和凹凸程度；

(2) 预埋件的位置偏差及漏埋情况等。

11.4.1.2 材料进场验收要点

(1) 材料进场时应由施工单位会同监理和建设单位组织验收。检验的主要内容应包括产品合格证和质量保证资料，同时应对其外观质量进行抽查，并填写质量检验记录表，记录表应由施工、监理和建设单位签字。

(2) 对于规范要求进行复验的材料，应在材料使用前随机抽取试样，对规范要求复验的材料性能指标送样检验。

(3) 后置埋件的验收要点：

① 后置埋件的品种、规格是否符合设计要求；

② 锚板和锚栓的材质、锚栓埋置深度及拉拔力等是否符合设计要求；

③ 化学锚栓的锚固胶是否符合设计和规范要求。

11.4.1.3 幕墙构配件验收要点

(1) 随着建筑施工工厂化程度的提高，幕墙工程的构配件应委托专业工厂或幕墙施工企业的构配件制作车间生产，而不宜在施工现场直接制作、安装。尤其是单元式幕墙和构件式隐框、半隐框玻璃幕墙，其构配件不得在施工现场进行制作生产。

(2) 规范要求，幕墙工程上墙安装前，施工单位应根据幕墙的类别、尺寸和设计要求，将进场的构配件组装成若干幕墙试件，委托有资质的机构对其进行耐风压性能、气密性能和水密性能检测。对有抗震要求的幕墙还应增加平面内变形性能检测；对有节能要求的幕墙还应增加有关节能性能的检测。

(3) 现场项目部对进场幕墙构配件的验收要点：

① 检测构配件的材质、构造、组装工艺是否符合设计和规范要求。

② 检验机构出具的检测报告中的各项性能指标是否满足设计和规范要求。

③ 如果检测报告中的某项性能指标由于安装缺陷未能达到规定要求，规范允许在改进安装工艺、修补缺陷后重新检测。如属于设计或材质缺陷导致某些性能没有达到规定指标

的情况，则应重新制作试件，另行检测。

④ 现场项目部在试件设计、制作、检测全过程中都应与制作工厂保持密切联系，特别是对需要修补缺陷或重新制作的试件，应共同研究，以确保检测合格。

⑤ 单元式幕墙应选择有代表性的单元构件进行检测。

⑥ 对影响幕墙构配件质量的关键部位，如玻璃与铝合金框黏结的胶缝，除须检测胶缝尺寸、胶的品种外，还应检查结构胶的各项试验报告和注胶记录，记录必须真实、齐全。

⑦ 点支承玻璃幕墙工程的钢结构支承构件进场后，除须对构件进行质量验收外，还应重点检查厂方提供的技术资料，从原材料质量到构件加工质量应按《钢结构工程施工质量验收标准》(GB 50205—2020)进行验收。

11.4.2 建筑幕墙技术要求

(1) 建筑幕墙防火构造要求

① 幕墙与各层楼板、隔墙外沿间的缝隙应用不燃材料封堵，填充材料可采用岩棉或矿棉，其厚度不应小于 100 mm，其性能应满足设计耐火极限要求，在楼层间要能形成水平防火防烟带。防火层应用厚度不小于 1.5 mm 的镀锌钢板承托，不得采用铝板。承托板与主体结构、幕墙结构及承托板之间的缝隙应用防火密封胶密封。防火密封胶应有法定检测机构出具的防火检验报告。

② 对于无窗槛墙的幕墙，应在每层楼板的外沿设置耐火极限不低于 1.0 h、高度不低于 0.8 m 的不燃烧实体裙墙或防火玻璃墙。在计算裙墙高度时可计入钢筋混凝土楼板厚度或边梁高度。

③ 当建筑设计要求防火分区分隔构件有通透效果时，可采用单片防火玻璃或由其加工成的中空、夹层防火玻璃。

④ 防火层不应与玻璃直接接触，防火材料朝向玻璃一面宜用装饰材料覆盖。

⑤ 同一幕墙玻璃单元不应跨越两个防火分区。

(2) 建筑幕墙的防雷构造要求

① 幕墙的防雷设计应符合国家现行标准《建筑物防雷设计规范》(GB 50057—2010)和《民用建筑电气设计标准》(GB 51348—2019)的有关规定。

② 幕墙的金属框架应与主体结构的防雷体系可靠连接。

③ 幕墙的铝合金立柱中，在不大于 10 m 范围内宜有一根立柱用柔性导线把上柱与下柱的连接处连通。铜质导线截面积不宜小于 25 mm^2，铝质导线截面积不宜小于 30 mm^2。

④ 在主体结构有水平均压环的楼层，对应导电通路的立柱预埋件或固定件应用圆钢或扁钢与均压环焊接连通，形成防雷通路。圆钢直径不宜小于 12 mm，扁钢截面不宜小于 5 mm×40 mm。避雷接地一般每三层与均压环连接。

⑤ 兼有防雷功能的幕墙压顶板宜采用厚度不小于 3 mm 的铝合金板制造，与主体结构屋顶的防雷系统应有效连通。

⑥ 在有镀膜层的构件上进行防雷连接时，应除去其镀膜层。

⑦ 使用不同材料的防雷连接应避免产生双金属腐蚀。

⑧ 防雷连接的钢构件在完成后都应涂刷防锈油漆。

⑨ 防雷构造连接均应进行隐蔽工程验收。幕墙防雷连接的电阻值应符合规范要求。

(3) 建筑幕墙的成品保护与清洗要求

① 幕墙框架安装后，不得作为操作人员和物料进出的通道，操作人员不得踩在框架上操作。

② 玻璃面板安装后，在易撞、易碎部位，都应有醒目的警示标识或安全装置。

③ 铝合金型材和面板的保护膜，在不妨碍下道工序施工的前提下，不应提前撕下来，应待竣工验收前撕去，但也不宜过迟。

④ 对幕墙的框架、面板等应采取措施进行保护，使其不发生变形、污染和被刻划等情况。幕墙施工中表面的黏附物，都应随时清除。

⑤ 幕墙工程完成后，应制订清洗方案。清洗维护时不得采用 pH 值小于 4 或 pH 值大于 10 的清洗剂以及有毒有害化学品。在清洗时，应检查幕墙排水系统是否畅通，发现堵塞应及时疏通。

⑥ 清洗作业时，不得在同一垂直方向的上下面同时作业。

⑦ 幕墙外表面的检查、清洗作业，不得在风力超过 4 级，雨(雪)、雾天气及气温超过 35 ℃或低于 5 ℃时进行。

12 砌体工程

砌体结构是由块体和砂浆砌筑而成的，以墙、柱为建筑物主要受力构件的结构。砌体的强度计算指标由块体和砂浆的强度等级确定。

12.1 砖砌体工程

12.1.1 砌筑用砖

(1) 烧结普通砖

烧结普通砖按主要原料分为黏土砖、页岩砖、煤矸石砖和粉煤灰砖。

烧结普通砖根据抗压强度分为MU30、MU25、MU20、MU15、MU10五个强度等级。

烧结普通砖的外形为直角六面体，其公称尺寸为长240 mm、宽115 mm、高53 mm。配砖规格为175 mm×115 mm×53 mm。烧结普通砖强度如表12.1所示。

表12.1 烧结普通砖强度

强度等级	抗压强度平均值/MPa	变异系数≤0.21	变异系数＞0.21
		强度标准值/MPa	单块最小抗压强度值/MPa
MU30	30.0	22.0	25.0
MU25	25.0	18.0	22.0
MU20	20.0	14.0	16.0
MU15	15.0	10.0	12.0
MU10	10.0	6.5	7.5

粉煤灰砖是以煤渣为主要原料，掺入适量石灰、石膏，经混合、压制成型、蒸养或蒸压而成的实心砖，粉煤灰砖的外形为长方体，公称尺寸为长240 mm、宽115 mm、高53 mm。

粉煤灰砖根据抗压强度和抗折强度分为MU30、MU25、MU20、MU15、MU10五个强度等级。粉煤灰砖强度如表12.2所示。

表 12.2 粉煤灰砖强度

强度等级	抗压强度/MPa		抗折强度/MPa	
	10 块平均值	单块值	10 块平均值	单块值
MU30	30.0	24.0	6.2	5.0
MU25	25.0	20.0	5.0	4.0
MU20	20.0	16.0	4.0	3.2
MU15	15.0	12.0	3.3	2.6
MU10	10.0	8.0	2.5	2.0

(2) 烧结多孔砖

烧结多孔砖是以黏土、页岩、煤矸石等为主要原料,经焙烧而成的多孔砖。烧结多孔砖的外形为长方体,其长度、宽度、高度尺寸应符合相关要求。

烧结多孔砖根据抗压强度、变异系数分为 MU30、MU25、MU20、MU15、MU10 五个强度等级。烧结多孔砖强度同表 12.1。

12.1.2 烧结普通砖砌体

(1) 砖基础

砖基础的下部为大放脚、上部为基础墙。

大放脚有等高式和间隔式(图 12.1)。等高式大放脚是每砌两皮砖,两边各收进 1/4 砖长(60 mm);间隔式大放脚是每砌两皮砖及一皮砖,两边轮流各收进 1/4 砖长(60 mm),最下面应为两皮砖。

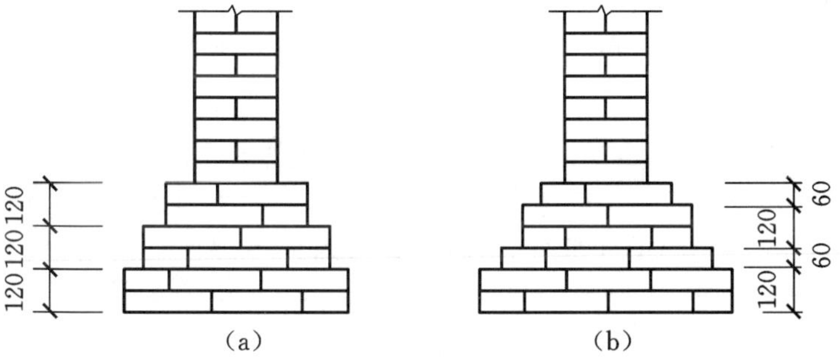

图 12.1 砖基础大放脚形式

(a) 等高式;(b) 间隔式

砖基础大放脚上下皮垂直灰缝相互错开 60 mm。砖基础的水平灰缝厚度和垂直灰缝宽度宜为 10 mm。水平灰缝的砂浆饱满度不得小于 80%。砖基础的转角处和交接处应同时砌筑,当不能同时砌筑时,应留置斜槎。

(2) 砖墙

砖墙根据其厚度不同,可采用全顺、两平一侧、全丁、一顺一丁、梅花丁或三顺一丁的砌筑形式(图 12.2)。

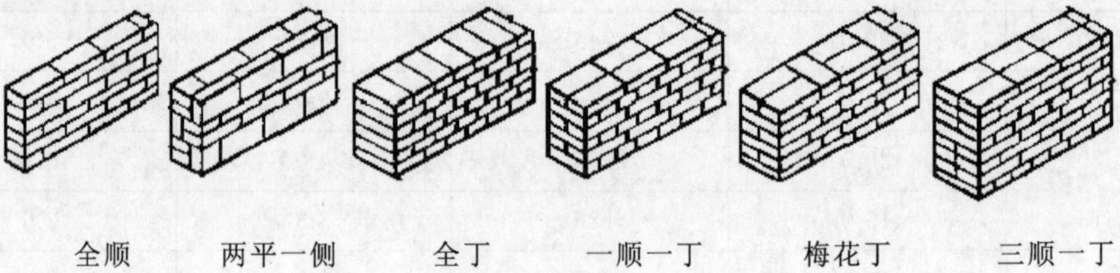

图 12.2　砌筑形式

全顺:各皮砖均顺砌,上下皮垂直灰缝相互错开半砖长(120 mm),适合砌半砖厚(115 mm)墙。

两平一侧:两皮顺砖与一皮侧砖相间,上下皮垂直灰缝相互错开 1/4 砖长(60 mm)以上,适合砌 3/4 砖厚(178 mm)墙。

全丁:各皮砖均丁砌,上下皮垂直灰缝相互错开 1/4 砖长,适合砌一砖厚(240 mm)墙。

一顺一丁:一皮顺砖与一皮丁砖相间,上下皮垂直灰缝相互错开 1/4 砖长,适合砌一砖及一砖以上厚墙。

梅花丁:同皮中顺砖与丁砖相间,丁砖的上下均为顺砖,丁砖位于顺砖中间,上下皮垂直灰缝相互错开 1/4 砖长,适合砌一砖厚墙。

三顺一丁:三皮顺砖与一皮丁砖相间,顺砖与顺砖间的上下皮垂直灰缝相互错开 1/2 砖长;顺砖与丁砖间的上下皮垂直灰缝相互错开 1/4 砖长。适合砌一砖及一砖以上厚墙。

(3) 砖柱

砖柱断面宜为方形或矩形。最小断面尺寸为 240 mm×365 mm。砖柱砌筑时应保证砖柱外表面上下皮垂直灰缝相互错开 1/4 砖长,砖柱内部应少通缝,为满足错缝需要应加砌配砖,不得采用包心砌法。

砖柱的水平灰缝厚度和垂直灰缝宽度宜为 10 mm,但不应小于 8 mm,也不应大于 12 mm。砖柱水平灰缝的砂浆饱满度不得小于 80%。对于成排同断面砖柱,宜先砌成两端的砖柱,以此为准,拉准线砌中间部分砖柱,这样可保证各砖柱皮数相同,水平灰缝厚度相同。砖柱中不得留脚手眼。砖柱每日砌筑高度不得超过 1.8 m。

(4) 砖垛

砖垛应与所附砖墙同时砌起。砖垛最小断面尺寸为 120 mm×240 mm。砖垛应隔皮与砖墙搭砌,搭砌长度应不小于 1/4 砖长。砖垛外表面上下皮垂直灰缝应相互错开 1/2 砖长,砖垛内部应尽量少通缝,为满足错缝需要应加砌配砖。

(5) 砖平拱

砖平拱应用整砖侧砌,平拱高度应不小于砖长(240 mm)。砖平拱的拱脚下面伸入墙内的长度应不小于 20 mm。砖平拱砌筑时,应在其底部支设模板,模板中央应有 1%的起拱。

砖平拱的砖数应为单数。砌筑时应从平拱两端同时向中间进行。灰缝的宽度，在平拱的底面不应小于 5 mm；在平拱的顶面不应大于 15 mm。砖平拱底部的模板，应在砂浆强度不低于设计强度的 50%后拆除。砖平拱截面计算高度内的砂浆强度等级不宜低于 M5。砖平拱的跨度不得超过 1.2 m。

(6) 钢筋砖过梁

钢筋砖过梁(图 12.3)的底面为砂浆层，砂浆层厚度不宜小于 30 mm。砂浆层中应配置钢筋，钢筋直径不应小于 5 mm，其间距不宜大于 120 mm，钢筋两端伸入墙体内的长度不宜小于 250 mm，钢筋两端应有向上的直角弯钩。

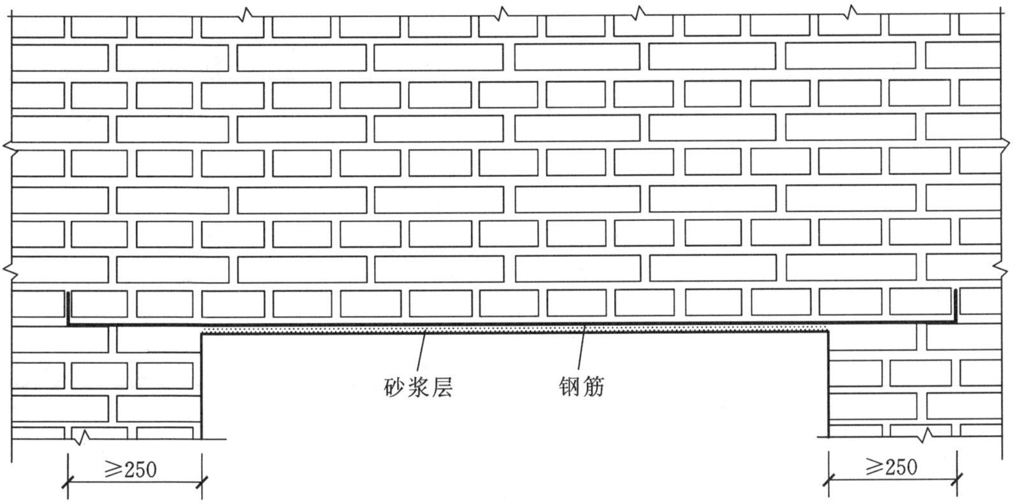

图 12.3 钢筋砖过梁

钢筋砖过梁砌筑前，应先支设模板，模板中央应略有起拱。砌筑时，宜先铺 15 mm 厚的砂浆层，把钢筋放在砂浆层上，使其弯钩向上，然后再铺 15 mm 厚的砂浆层，使钢筋位于 30 mm 厚的砂浆层中间。之后，按墙体砌筑形式与墙体同时砌砖。

钢筋砖过梁截面计算高度内(7 皮砖高)的砂浆强度不宜低于 M5。钢筋砖过梁的跨度不应超过 1.5 m。钢筋砖过梁底部的模板，应在砂浆强度不低于设计强度的 50%后拆除。

12.2 配筋砌体工程

12.2.1 面层和砖组合砌体

12.2.1.1 面层和砖组合砌体构造

面层和砖组合砌体有组合砖柱、组合砖垛、组合砖墙(图 12.4)。

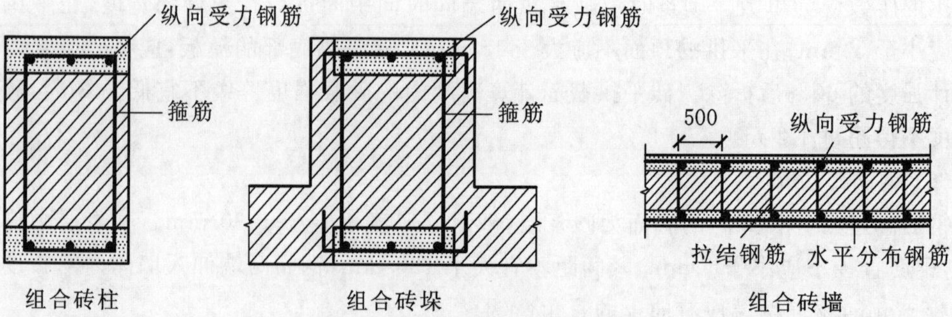

图 12.4　面层和砖组合砌体

面层和砖组合砌体由烧结普通砖砌体、混凝土或砂浆面层以及钢筋等组成。烧结普通砖砌体所用砌筑砂浆强度等级不得低于 M7.5,砖的强度等级不宜低于 MU10。混凝土面层所用混凝土强度等级宜为 C20。混凝土面层厚度应大于 45 mm。砂浆面层所用水泥砂浆强度等级不得低于 M7.5。砂浆面层厚度为 30～45 mm。

竖向受力钢筋宜采用 HPB300 级钢筋,对于混凝土面层,亦可采用 HRB335 级钢筋。受力钢筋的直径不应小于 8 mm。钢筋的净间距不应小于 30 mm。受拉钢筋的配筋率不应小于 0.1%。受压钢筋一侧的配筋率,对砂浆面层,不宜小于 0.1%;对混凝土面层,不宜小于 0.2%。箍筋的直径,不宜小于 4 mm 及受压钢筋直径的 1/5,并不宜大于 6 mm。箍筋的间距,不应大于 20 倍受压钢筋的直径及 500 mm,并不应小于 120 mm。当组合砖砌体一侧受力钢筋多于 4 根时,应设置附加箍筋或拉结钢筋。对于组合砖墙,应以穿通墙体的拉结钢筋为箍筋,同时设置水平分布钢筋。水平分布钢筋竖向间距及拉结钢筋的水平间距,均不应大于 500 mm。

受力钢筋的保护层厚度,不应小于表 12.3 中的规定。受力钢筋距砖砌体表面的距离,不应小于 5 mm。设置在灰缝内的钢筋,应居中置于灰缝内,水平灰缝厚度应大于钢筋直径 4 mm 以上。

表 12.3　受力钢筋的保护层厚度

组合砖砌体	保护层厚度/mm	
	室内正常环境	露天或室内潮湿环境
组合砖墙	15	25
组合砖柱、砖垛	25	35

注:当面层为水泥砂浆时,对于组合砖柱,保护层厚度可减小 5 mm。

12.2.1.2　面层和砖组合砌体施工

组合砖砌体应按下列顺序施工:

(1) 砌筑砖砌体,同时按照箍筋或拉结钢筋的竖向间距,在水平灰缝中铺设箍筋或拉结钢筋。

(2) 绑扎钢筋:将纵向受力钢筋与箍筋绑牢。在组合砖墙中,将纵向受力钢筋与拉结钢筋绑牢,将水平分布钢筋与纵向受力钢筋绑牢。

(3) 在面层部分的外围分段支设模板,每段支模高度宜在 500 mm 以内,浇水润湿模板及砖砌体表面,分层浇灌混凝土或砂浆,并用捣棒捣实。

(4) 待面层混凝土或砂浆的强度达到其设计强度的 30%以上,方可拆除模板。如有缺陷应及时修整。

12.2.2 构造柱和砖组合砌体

12.2.2.1 构造柱和砖组合砌体构造

构造柱和砖组合砌体[仅有组合砖墙(图 12.5)],构造柱和砖组合墙由钢筋混凝土构造柱、烧结普通砖墙以及拉结钢筋等组成。

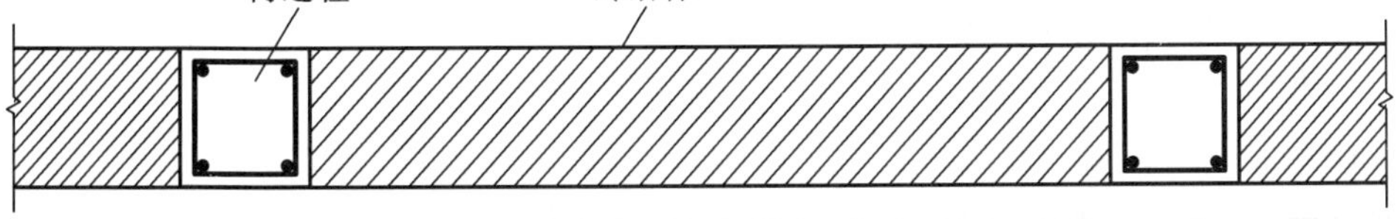

图 12.5 构造柱和砖组合墙

钢筋混凝土构造柱的截面尺寸不宜小于 240 mm×240 mm,其厚度不应小于墙厚,边柱、角柱的截面宽度宜适当加大。构造柱内的竖向受力钢筋,对于中柱,不宜少于 4ϕ12;对于边柱、角柱,不宜少于 4ϕ14。构造柱的竖向受力钢筋的直径也不宜大于 16 mm。箍筋在一般部位宜采用ϕ6@200,在楼层上下 500 mm 范围内宜采用ϕ6@100。构造柱的竖向受力钢筋应在基础梁和楼层圈梁中锚固,并应符合受拉钢筋的锚固要求。构造柱的混凝土强度等级不宜低于 C20。

烧结普通砖墙所用砖的强度等级不应低于 MU10,砌筑砂浆的强度等级不应低于 M5。砖墙与构造柱的连接处应砌成马牙槎,每一个马牙槎的高度不宜超过 300 mm,并应沿墙高每隔 500 mm 设置 2ϕ6 拉结钢筋,拉结钢筋每边伸入墙内的长度不宜小于 600 mm。

对于采用构造柱和砖组合墙的房屋,应在纵横墙交接处、墙端部和较大洞口的洞边设置构造柱,其间距不宜大于 4 m。各层洞口宜设置在对应位置,并宜上下对齐。

对于采用构造柱和砖组合墙的房屋,应在基础顶面、有组合墙的楼层处设置现浇钢筋混凝土圈梁。圈梁的截面高度不宜小于 240 mm。

12.2.2.2 构造柱和砖组合砌体施工

构造柱和砖组合墙的施工程序应为先砌墙,后浇混凝土构造柱。构造柱施工程序为绑扎钢筋→砌砖墙→支模板→浇混凝土→拆模。

构造柱的模板可用木模板或组合钢模板。在每层砖墙及其马牙槎砌好后,应立即支设模板，模板必须与所在墙的两侧贴合严密，支撑牢靠，防止模板缝漏浆。构造柱的底部(圈梁面上)应留出2皮砖高的孔洞，以便清除模板内的杂物，清除后将孔封闭。

构造柱浇灌混凝土前，必须将马牙槎部位和模板浇水润湿，将模板内的落地灰、砖渣等杂物清理干净，并在结合面处注入适量与构造柱混凝土相同的去石水泥砂浆。构造柱的混凝土坍落度宜为50～70 mm，石子粒径不宜大于20 mm。混凝土应随拌随用，拌和好的混凝土应在1.5 h内浇灌完。构造柱的混凝土浇灌可以分段进行，每段高度不宜大于2.0 m。在施工条件较好并能确保混凝土浇灌密实时，亦可每层一次性浇灌。捣实构造柱混凝土时，宜用插入式混凝土振动器，应分层振捣，振动棒随振随拔，每层振捣厚度不应超过振捣棒长度的1.25倍。振捣棒应避免直接碰触砖墙，严禁通过砖墙传振。钢筋的混凝土保护层厚度宜为20～30 mm。

构造柱与砖墙连接的马牙槎内的混凝土必须密实饱满。构造柱从基础到顶层必须垂直，并对准轴线。在逐层安装模板前，必须根据构造柱轴线随时校正竖向钢筋的位置和垂直度。

12.2.3 网状配筋砖砌体

(1) 网状配筋砖砌体构造

网状配筋砖砌体有配筋砖柱、砖墙，即在烧结普通砖砌体的水平灰缝中配置钢筋网。

网状配筋砖砌体所用烧结普通砖强度等级不应低于MU10，砂浆强度等级不应低于M7.5。钢筋网可采用方格网或连弯网，方格网的钢筋直径宜为3～4 mm；连弯网的钢筋直径不应大于8 mm。钢筋网中钢筋的间距不应大于120 mm，并不应小于30 mm。

钢筋网在砖砌体中的竖向间距不应大于5皮砖高，并不应大于400 mm，当采用连弯网时，网的钢筋方向应互相垂直，网应沿砖砌体高度交错设置，钢筋网的竖向间距取同一方向网的间距。设置钢筋网的水平灰缝厚度时，应保证钢筋上下至少各有2 mm厚的砂浆层。

(2) 网状配筋砖砌体施工

钢筋网应按设计规定制作成型。砖砌体部分用常规方法砌筑。在配置钢筋网的水平灰缝施工时，应先铺一半厚的砂浆层，放入钢筋网后再铺一半厚的砂浆层，使钢筋网居于砂浆层中间。钢筋网四周应有砂浆保护层。

配置钢筋网的水平灰缝厚度：当用方格网时，水平灰缝厚度为2倍钢筋直径加4 mm；当用连弯网时，水平灰缝厚度为钢筋直径加4 mm。应确保钢筋上下各有2 mm厚的砂浆保护层。网状配筋砖砌体外表面宜用1∶1水泥砂浆勾缝或抹灰。

12.2.4 配筋砌块砌体

12.2.4.1 配筋砌块砌体构造

配筋砌块砌体有配筋砌块剪力墙、配筋砌块柱。

施工配筋小砌块砌体剪力墙时，应采用专用的小砌块砌筑砂浆砌筑砌块，采用专用的小砌块灌孔混凝土浇筑芯柱。

配筋砌块剪力墙所用砌块强度等级不应低于 MU10；砌筑砂浆强度等级不应低于M7.5；灌孔混凝土强度等级不应低于 C20。

配筋砌体剪力墙的构造配筋应符合下列规定：

(1) 应在墙的转角、端部和孔洞的两侧配置竖向连续的钢筋，钢筋直径不宜小于 12 mm。

(2) 应在洞口的底部和顶部设置 2 ϕ 10 的水平钢筋，其伸入墙内的长度不宜小于 $35d$（d 为钢筋直径）和 400 mm。

(3) 应在楼(屋)盖的所有纵横墙处设置现浇钢筋混凝土圈梁，圈梁的宽度和高度宜等于墙厚和砌块高，圈梁主筋不应少于 4 ϕ 10，圈梁的混凝土强度等级不宜低于同层混凝土砌块强度等级的 2 倍或该层灌孔混凝土的强度等级，也不应低于 C20。

(4) 剪力墙其他部位的竖向和水平钢筋的间距不应大于墙长、墙高之半，也不应大于 1200 mm。对局部灌孔的砌块砌体，竖向钢筋的间距不应大于 600 mm。

(5) 剪力墙沿竖向和水平方向的构造配筋率均不宜小于 0.07%。

配筋砌块柱所用材料的强度要求同配筋砌块剪力墙。

配筋砌块柱截面边长不宜小于 400 mm，柱高度与柱截面短边之比不宜大于 30∶1。

配筋砌块柱的构造配筋(图 12.6)应符合下列规定：

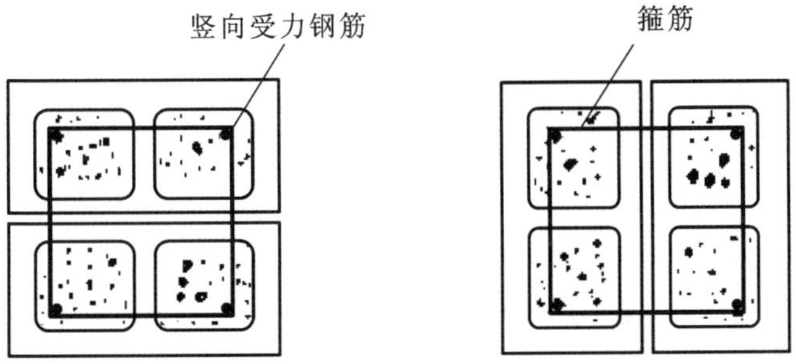

图 12.6 配筋砌块柱构造配筋

(1) 柱的纵向钢筋的直径不宜小于 12 mm，数量不少于 4 根，全部纵向受力钢筋的配筋率不宜小于 0.2%。

(2) 箍筋设置应根据下列情况确定：

① 当纵向受力钢筋的配筋率大于 0.25%，且柱承受的轴向力大于受压承载力设计值的 25%时，柱应设置箍筋；当配筋率小于 0.25%，或柱承受的轴向力小于受压承载力设计值的 25%时，柱中可不设置箍筋。

② 箍筋直径不宜小于 6 mm。

③ 箍筋的间距不应大于 16 倍的纵向钢筋直径、48 倍的箍筋直径及柱截面短边尺寸中的较小者。

④ 箍筋应做成封闭状，端部应有弯钩。

⑤ 箍筋应设置在水平灰缝或灌孔混凝土中。

12.2.4.2 配筋砌块砌体施工

配筋砌块砌体施工前，应按设计要求，将所配置的钢筋加工成型，堆置于配筋部位旁。砌块的砌筑应与钢筋设置互相配合。砌块的砌筑应采用专用的小砌块砌筑砂浆和专用的小砌块灌孔混凝土。

钢筋的设置应注意以下几点：

(1) 钢筋的接头

钢筋直径大于 22 mm 时宜采用机械连接接头，其他直径的钢筋可采用搭接接头，此外接头应符合下列要求：

① 钢筋的接头位置宜设置在受力较小处。

② 受拉钢筋的搭接接头长度不应小于 $1.1L_a$（L_a 为钢筋锚固长度），受压钢筋的搭接接头长度不应小于 $0.7L_a$，且不应小于 300 mm。

③ 当相邻接头钢筋的间距不大于 75 mm 时，其搭接长度应为 $1.2L_a$。当钢筋间的接头错开 $20d$（d 为钢筋直径）时，搭接长度可不增加。

(2) 水平受力钢筋(网片)的锚固和搭接长度

① 在凹槽砌块混凝土带中钢筋的锚固长度不宜小于 $30d$，且其水平或垂直弯折段的长度不宜小于 $15d$ 和 200 mm；钢筋的搭接长度不宜小于 $35d$。

② 在砌体水平灰缝中，钢筋的锚固长度不宜小于 $50d$，且其水平或垂直弯折段的长度不宜小于 $20d$ 和 150 mm；钢筋的搭接长度不宜小于 $55d$。

③ 在隔皮或错缝搭接的灰缝中钢筋的长度为 $50d+2h$（d 为灰缝受力钢筋直径，h 为水平灰缝的间距）。

(3) 钢筋的最小保护层厚度

① 灰缝中钢筋外露砂浆保护层厚度不宜小于 15 mm。

② 位于砌块孔槽中的钢筋保护层厚度，在室内正常环境中不宜小于 20 mm；在室外或潮湿环境中不宜小于 30 mm。

③ 对安全等级为一级或设计使用年限大于 50 年的配筋砌体，钢筋保护层厚度应比上述规定增加至少 5 mm。

(4) 钢筋的弯钩

对钢筋骨架中的受力光面钢筋，应在钢筋末端做弯钩，在焊接骨架、焊接网以及受压构件中，可不做弯钩。对绑扎骨架中的受力变形钢筋，在钢筋的末端可不做弯钩。弯钩应为 180°弯钩。

(5) 钢筋的间距

① 两平行钢筋间的净距不应小于 25 mm；

② 柱和壁柱中的竖向钢筋间的净距不宜小于 40 mm(包括接头处钢筋间的净距)。

12.3 填充墙砌体工程

12.3.1 烧结空心砖砌体

烧结空心砖是以黏土、页岩、煤矸石等为主要原料，经焙烧而成的空心砖。

烧结空心砖的外形为直角六面体，其长度、宽度、高度尺寸应符合下列要求：390 mm，290 mm，240 mm，190 mm，180(175) mm，140 mm，115 mm，90 mm。烧结空心砖强度见表 12.4。

表 12.4 烧结空心砖强度

强度等级	抗压强度/MPa			密度等级范围/(kg/m^3)
	抗压强度平均值	变异系数≤0.21	变异系数>0.21	
		强度标准值	单块最小抗压强度值	
MU10.0	10.0	7.0	8.0	≤1100
MU7.5	7.5	5.0	5.8	
MU5.0	5.0	3.5	4.0	
MU3.5	3.5	2.5	2.8	
MU2.5	2.5	1.6	1.8	≤800

烧结空心砖在运输、装卸过程中，严禁抛掷和倾倒；进场后应按品种、规格堆放整齐，堆置高度不宜超过 2 m。

采用普通砌筑砂浆砌筑填充墙时，烧结空心砖应提前 1～2 d 浇(喷)水润湿，烧结空心砖的相对含水率应达到 60%～70%。空心砖墙应侧砌，其孔洞应呈水平方向，上下皮垂直灰缝应相互错开 1/2 砖长。空心砖墙底部宜砌 3 皮烧结普通砖。

烧结空心砖墙与烧结普通砖墙交接处施工时，应从普通砖墙引出不短于 240 mm 的墙体与空心砖墙相接，并每隔 2 皮空心砖高在交接处的水平灰缝中设置 2φ6 钢筋作为拉结钢筋，拉结钢筋在空心砖墙中的长度应不小于空心砖长加 240 mm。

烧结空心砖墙的转角处，应用烧结普通砖砌筑，砌筑长度不短于 240 mm。烧结空心砖墙砌筑时不得留置斜槎或直槎，中途停歇时，应将墙顶砌平。在转角处、交接处，烧结空心砖与普通砖应同时砌筑。烧结空心砖墙中不得留置脚手眼，不得对烧结空心砖进行砍凿。

12.3.2 蒸压加气混凝土砌块砌体

蒸压加气混凝土砌块是以水泥、矿渣、砂、石灰等为主要原料，加入发气剂，经搅拌成型、蒸压养护而成的实心砌块。蒸压加气混凝土砌块的规格尺寸见表 12.5。

表 12.5　蒸压加气混凝土砌块的规格尺寸

砌块公称尺寸/mm			砌块制作尺寸/mm		
长度 L	宽度 B	高度 H	长度 L_1	宽度 B_1	高度 H_1
600	100 125 150 200 250 300	200 250 300	$L-10$	B	$H-10$

蒸压加气混凝土砌块按其抗压强度分为 A1.0、A2.0、A2.5、A3.5、A5.0、A7.5、A10 七个强度等级；按其密度分为 B03、B04、B05、B06、B07、B08 六个密度级别；按尺寸偏差、外观质量、密度和抗压强度分为优等品(A)、一等品(B)和合格品(C)。

蒸压加气混凝土砌块的抗压强度应符合表 12.6 的规定。

表 12.6　蒸压加气混凝土砌块的抗压强度

强度等级	立方体抗压强度/MPa		强度等级	立方体抗压强度/MPa	
	15 块平均值	单块最小值		15 块平均值	单块最小值
A1.0	1.0	0.8	A5.0	5.0	4.0
A2.0	2.0	1.6	A7.5	7.5	6.0
A2.5	2.5	2.0	A10	10.0	8.0
A3.5	3.5	2.8			

12.3.2.1　蒸压加气混凝土砌块砌体构造

蒸压加气混凝土砌块可砌成单层墙或双层墙。单层墙是将蒸压加气混凝土砌块立砌，墙厚为砌块的宽度。双层墙是将蒸压加气混凝土砌块立砌两层，中间夹以空气层，两层砌块间，每隔 500 mm 沿墙高在水平灰缝中放置ϕ4～ϕ6 的钢筋扒钉，扒钉间距为 600 mm，空气层厚度为 70～80 mm。

承重蒸压加气混凝土砌块墙的外墙转角处、墙体交接处，均应沿墙高每隔 1 m 左右，在水平灰缝中放置拉结钢筋，拉结钢筋为 3ϕ6，钢筋伸入墙内的长度不小于 1000 mm。非承重蒸压加气混凝土砌块墙的外墙转角处、与承重墙交接处，均应沿墙高每隔 1 m 左右，在水平灰缝中放置拉结钢筋，拉结钢筋为 2ϕ6，钢筋伸入墙内的长度不小于 700 mm。

蒸压加气混凝土砌块外墙的窗口下一皮砌块下的水平灰缝中应设置拉结钢筋，拉结钢筋为 3ϕ6，钢筋伸过墙口侧边的长度应不小于 500 mm。

12.3.2.2　蒸压加气混凝土砌块砌体施工

蒸压加气混凝土砌块在运输、装卸过程中，严禁抛掷和倾倒。进场后应按品种、规格堆放整齐，堆置高度不宜超过 2 m。蒸压加气混凝土砌块在运输及堆放中应防止雨淋。

砌筑填充墙时，蒸压加气混凝土砌块的产品龄期不应小于 28 d，蒸压加气混凝土砌块的含水率宜小于 30%。承重蒸压加气混凝土砌块砌体所用砌块强度等级应不低于 A7.5，砂浆强度不低于 M5。

蒸压加气混凝土砌块砌筑前，应根据建筑物的平面、立面图绘制砌块排列图。在墙体转角处应设置皮数杆，皮数杆上应画出砌块皮数及砌块高度，并在相对砌块的上边线间拉准线，依准线砌筑墙体。蒸压加气混凝土砌块采用蒸压加气混凝土砌块砌筑砂浆或普通砌筑砂浆砌筑时，应在砌筑当天将砌块砌筑面喷水润湿，蒸压加气混凝土砌块的相对含水率宜为 40%～50%。

砌筑蒸压加气混凝土砌块宜采用专用工具（铺灰铲、锯、钻、镂、平直架等）。在厨房、卫生间、浴室等处采用蒸压加气混凝土砌块砌筑墙体时，墙底部宜现浇混凝土坎台，其高度宜为 150 mm。

蒸压加气混凝土砌块墙的上下皮砌块的竖向灰缝应相互错开，相互错开长度宜为 300 mm，并不小于 150 mm。如不能满足，应在水平灰缝中设置 2 φ6 的拉结钢筋或钢筋网片，拉结钢筋或钢筋网片的长度应不小于 700 mm。

填充墙拉结钢筋处的下皮小砌块宜采用半盲孔小砌块或用混凝土灌实孔洞的小砌块；用薄灰砌筑法施工蒸压加气混凝土砌块砌体时，拉结钢筋应放置在砌块上表面的沟槽内。

蒸压加气混凝土砌块不应与其他块体混砌，不同强度等级的同类块体也不得混砌。蒸压加气混凝土砌块墙的灰缝应横平竖直，砂浆饱满，水平灰缝砂浆饱满度不应小于 90%，竖向灰缝砂浆饱满度不应小于 80%。水平灰缝厚度宜为 15 mm；竖向灰缝宽度宜为 20 mm。在蒸压加气混凝土砌块墙的转角处，纵横墙的砌块应相互搭砌，砌块隔皮露端面。在蒸压加气混凝土砌块墙的 T 字交接处，横墙砌块应隔皮露端面，并坐中于纵墙砌块。

12.3.2.3 干法砌筑蒸压加气混凝土砌块

蒸压加气混凝土砌块材料吸水率高，砌筑完成后须浇水养护，这增大了砌块墙体的含水率，易导致墙体产生干缩裂缝等质量问题。干法砌筑是指为防止砌块因受潮而干缩变形，在砌体施工过程中不采用湿作业，而在砌筑砂浆中添加专用砂浆添加剂，以提高砌筑砂浆的黏结性、保水性、触变性、流动性等特性，砌块砌筑时不须在砌筑面适量浇水，从而达到砌筑施工的干作业环境要求。

(1) 干法砌筑砂浆

① 材料

干法砌筑砂浆（胶黏剂）一般是将由专用砂浆添加剂按照规定比例制成的胶液掺入砂浆中搅拌而成的。专用砂浆添加剂为蒸压加气砌块配套产品，由专门生产厂家供应。添加剂用量：可根据生产厂家建议的专用砂浆添加剂的用量，结合具体的砌筑砂浆等级，通过有资质的实验室试配，确定其配比。

砂子应选用河砂且为中砂，并经过筛级配，不得含有草根、废渣等杂物，含泥量应小于 5%。水泥应采用普通硅酸盐水泥或矿渣硅酸盐水泥。水应采用不含有害物质的洁净水。砂浆试块应随即取样制作，严禁用同盘砂浆制作多组试块。对每一检验批且不超过一个楼层或 250 m^3 砌体所用的各种类型及强度等级的砌筑砂浆，应制作不少于一组的试块，每组试块数量为 6 块。

② 胶液调配

现场应配置 2 个或 2 个以上 200 L 容量的容器(如油桶)作调配胶液用，按照配合比要求将专用砂浆添加剂与清水拌和成胶液。然后用胶液替代清水搅拌制成干法砌筑砂浆。

③ 专用砂浆集中搅拌

由于干法砌筑砂浆的特殊性，搅拌站应集中在一个地点(若工程场地过大或体量较大，可根据现场情况布置多个集中搅拌点)，以免与其他普通砂浆混淆。另须配置小型翻斗车作为砂浆水平运输工具，各栋楼在靠近垂直运输设备的地方应设砂浆中转池。

(2) 干法砌筑施工

① 砌体构筑

a. 切割砌块应使用手提式机具或专用的机械设备。

b. 胶黏剂应使用电动工具搅拌均匀，随拌随用，拌合量宜以在 3 h 内用完为限；若环境温度高于 25 ℃应在拌和后 2 h 内用完。

c. 使用胶黏剂施工时，严禁用水浇湿砌块。

d. 墙体砌筑前，应对基层进行清理和找平，按设计要求弹出墙的中线、边线与门、窗洞口的位置。立准皮数杆，拉好水准线。

e. 砌筑每层楼第一皮砌块前，必须清理基面，洒少量水润湿基面，再用 1∶2.5 水泥砂浆找平，待第二天砂浆干后再开始砌墙。砌筑时在砌块的底面和两端侧面披刮黏结剂，按排块图砌筑，并应注意及时校正砌块的水平度和垂直度。

f. 常温下，砌块的日砌筑高度宜控制在 1.8 m 内。

g. 上一皮砌块砌筑前，宜先将下皮砌块表面(铺浆面)用毛刷清理干净，再铺水平灰缝的胶黏剂。

h. 每皮砌块砌筑时，宜用水平尺与橡胶锤校正水平、垂直位置，并做到上下皮砌块错缝搭接，其搭接长度不宜小于被搭接砌块长度的 1/3。

i. 砌块转角处和交接处应同时砌筑，应将不能同时砌筑且必须留设的临时间断处砌成斜槎。斜槎水平投影长度不应小于高度的 2/3。接槎时，应先清理槎口，再铺胶黏剂。

j. 砌块水平灰缝施工时应用刮勺均匀铺刮胶黏剂于下皮砌块表面；砌块的竖向灰缝施工时可先铺刮胶黏剂于砌块侧面，再上墙砌筑。灰缝应饱满，做到随砌随勒。灰缝厚度和宽度应为 2～3 mm。

k. 已砌上墙的砌块不应任意移动或撞击。如需校正，应在清除原胶黏剂后，重新铺刮胶黏剂并重新砌筑。

l. 墙体砌完后必须检查表面平整度，如有不平整处，应用钢齿磨砂板磨平，将偏差值控制在允许范围内。

m. 墙体水平配筋带施工时应预先在砌块的水平灰缝面开设通长凹槽，置入钢筋后，用胶黏剂填实至槽的上口齐平。

n. 砌体与钢筋混凝土柱(墙)相接处，应设置拉结钢筋进行拉结或设 L 形铁件连接。当采用 L 形铁件时，砌块墙体与钢筋混凝土柱(墙)间应预留 10～15 mm 的空隙，待墙体砌成后，再将该空隙用柔性材料嵌填。

o. 砌块墙顶面与钢筋混凝土梁(板)底面间应用预留钢筋拉结并预留 10～25 mm 空隙。在墙体砌筑完成 7 d 后，先将墙顶每一砌块中间部位的两侧用经防腐处理的木楔揳紧，再用 1∶3水泥砂浆或玻璃棉、矿棉、PU 发泡剂嵌严。除用钢筋拉结外，另一种做法是在砌块墙顶面与钢筋混凝土梁(板)底面间预留 40～50 mm 空隙，在墙体砌筑完成 7 d 后用 C20 细石混凝土填充。

p. 厨房、卫生间等潮湿房间及底层外墙的砌体，应砌在高度不小于 200 mm 的 C20 现浇混凝土楼板翻边上，第一皮砌块的砌筑要求同第 e 条的规定，并应做好墙面防水处理。

q. 砌块墙体的过梁宜采用预制钢筋混凝土过梁。过梁宽度宜比砌块墙厚度两侧各缩进 10 mm。

r. 砌块砌体砌筑时，不应在墙体中留设脚手架洞。

s. 墙体修补及空洞填塞时宜用同质材料或专用修补材料进行修补，也可用砌块碎屑拌以水泥、石灰膏及适量的建筑胶水进行修补，水泥、石灰膏、砌块碎屑配合比为 1∶1∶3。

② 门窗樘与墙的连接

a. 若门洞不设钢筋混凝土门框，木门樘安装时，应在门洞两侧的墙体中按上、中、下位置每边砌入带防腐木砖的 C15 混凝土块。然后可用钉子、尼龙锚栓或其他连接件将门框固定其上。木门框与墙体间的空隙用 PU 发泡剂或聚合物防水砂浆封填。

b. 内墙厚度等于或大于 200 mm，且木门框用尼龙锚栓直接固定时，锚栓位置宜在墙厚的正中处，离墙面水平距离不得小于 50 mm。

c. 安装特殊装饰门时，可用发泡结构胶密封木门框与墙体间的缝隙。

d. 安装塑钢、铝合金门窗时，应在门窗洞两侧的墙体中按上、中、下位置每边砌入 C20 混凝土预制块，然后用尼龙锚栓或射钉将塑钢、铝合金门窗框连接铁件与预制混凝土块固定，门窗框与砌体之间的缝隙用 PU 发泡剂或聚合物防水砂浆填实。

③ 墙体暗敷管线

a. 水电管线的暗敷工作，必须待墙体完成并达到一定强度后方能进行。开槽时，应使用轻型电动切割机和手工开槽器。开槽的深度不宜超过墙厚的 1/3。墙厚小于 120 mm 的墙体不得双向对开管线槽。管线开槽应距门窗洞口 300 mm 以上。

b. 预埋在现浇楼板中的管线弯进墙体时，应贴近墙面敷设，且垂直段高度宜低于一皮砌块的高度。

c. 敷设管线后的槽应先刷界面剂，再用 1∶3水泥砂浆填实，填充面应比墙面微凹 2 mm，再用胶黏剂补平，沿槽长在槽的两侧粘贴宽度不小于 100 mm 的耐碱玻纤网格布以防开裂。

12.4 砌体工程质量控制

12.4.1 质量标准

各类砌体按质量均分为合格与不合格两个等级。

各类砌体达到以下规定时属质量合格：

(1) 主控项目应全部符合规定。

(2) 一般项目应有80%及以上的抽检处符合规定；对有允许偏差的项目，最大偏差值为允许偏差值的1.5倍。

达不到上述规定者，为质量不合格。

12.4.1.1　砌筑砂浆的质量标准

(1) 砌筑砂浆试块强度验收时其强度应符合下列规定：

① 同一验收批砂浆试块强度平均值应大于或等于设计强度等级值的1.1倍；

② 同一验收批砂浆试块抗压强度的最小一组平均值应大于或等于设计强度等级值的85%。

(2) 当施工中或验收时出现下列情况，可采用现场检验方法对砂浆或砌体强度进行实体检测，并判定其强度：

① 砂浆试块缺乏代表性或试块数量不足；

② 对砂浆试块的试验结果有疑义或有争议；

③ 砂浆试块的试验结果不能满足设计要求；

④ 发生工程事故，需要进一步分析事故原因。

12.4.1.2　砖砌体工程的质量标准

(1) 主控项目

① 砖和砂浆的强度等级必须符合设计要求。

② 砌体灰缝砂浆应密实饱满，砖墙水平灰缝的砂浆饱满度不得低于80%；砖柱水平灰缝和竖向灰缝砂浆饱满度不得低于90%。

③ 砖砌体的转角处和交接处应同时砌筑，严禁无可靠措施的内外墙分砌施工。在抗震设防烈度为8度及8度以上的地区，应将不能同时砌筑而又必须留置的临时间断处砌成斜槎，普通砖砌体斜槎水平投影长度不应小于高度的2/3，多孔砖砌体的斜槎长高比不应小于1/2。斜槎高度不得超过一步脚手架的高度。

④ 对非抗震设防及抗震设防烈度为6度、7度地区的临时间断处，当不能留斜槎时，除转角处外，可留直槎，但直槎必须做成凸槎，且应加设拉结钢筋，拉结钢筋应符合下列规定：

a. 每隔120 mm沿墙厚放置1ϕ6拉结钢筋(120 mm厚墙应放置2ϕ6拉结钢筋)；

b. 间距沿墙高不应超过500 mm，且竖向间距偏差不应超过100 mm；

c. 埋入长度从留槎处起算，每边均不应小于500 mm，在抗震设防烈度为6度、7度的地区，不应小于1000 mm。

(2) 一般项目

① 砖砌体组砌方法应正确，应内外搭砌，上、下错缝。清水墙、窗间墙应无通缝；混水墙中不得有长度大于300 mm的通缝，长度200～300 mm的通缝每间不超过3处，且不得位于同一面墙体上。砖柱不得采用包芯砌法。

② 砖砌体的灰缝应横平竖直、厚薄均匀，水平灰缝厚度及竖向灰缝宽度宜为10 mm，但

不应小于 8 mm,也不应大于 12 mm。

12.4.1.3 混凝土小型空心砌块砌体工程的质量标准

(1) 主控项目

① 小砌块和芯柱混凝土、砌筑砂浆的强度等级必须符合设计要求。

② 砌体水平灰缝和竖向灰缝砂浆饱满度,按净面积计算不得低于 90%。

③ 墙体转角处和纵横墙交接处应同时砌筑。临时间断处应砌成斜槎,斜槎水平投影长度不应小于斜槎高度。施工洞口可预留直槎,但在洞口砌筑和补砌时,应将直槎上下搭砌的小砌块孔洞用强度等级不低于 C20(或 Cb20)的混凝土灌实。

④ 小砌块砌体的芯柱在楼盖处应贯通,不得缩减芯柱截面尺寸;芯柱混凝土不得漏灌。

(2) 一般项目

砌体的水平灰缝厚度和竖向灰缝宽度宜为 10 mm,但不应小于 8 mm,也不应大于 12 mm。

12.4.1.4 配筋砌体工程的质量标准

(1) 主控项目

① 钢筋的品种、规格、数量和设置部位应符合设计要求。

② 构造柱、芯柱、组合砌体构件、配筋砌体剪力墙构件的混凝土和砂浆的强度等级应符合设计要求。

③ 构造柱与墙体的连接应符合下列规定:

a. 墙体应砌成马牙槎,马牙槎凹凸尺寸不宜小于 60 mm,高度不应超过 300 mm,马牙槎应先退后进,对称砌筑;每一构造柱上,马牙槎尺寸偏差部位不应超过 2 处。

b. 预留拉结钢筋的规格、尺寸、数量及位置应正确,拉结钢筋应沿墙高每隔 500 mm 设 2ϕ6,伸入墙内长度不宜小于 600 mm,钢筋的竖向移位不应超过 100 mm,且每一构造柱上的竖向移位部位不得超过 2 处。

c. 施工中不得任意弯折拉结钢筋。

④ 配筋砌体中受力钢筋的连接方式及锚固长度、搭接长度应符合设计要求。

(2) 一般项目

① 构造柱一般尺寸允许偏差及检验方法应符合规定。

② 设置在砌体灰缝中钢筋的防腐保护应符合设计规定,且钢筋防护层应完好,不应有肉眼可见的裂纹、剥落、擦痕等缺陷。

③ 网状配筋砖砌体中,钢筋网规格及放置间距应符合设计规定。每一构件中钢筋网沿砌体高度超过设计规定的一皮砖厚的部位不得多于一处。

12.4.1.5 填充墙砌体工程的质量标准

(1) 主控项目

① 烧结空心砖、小砌块和砌筑砂浆的强度等级应符合设计要求。

② 填充墙砌体应与主体结构可靠连接,其连接构造应符合设计要求,未经设计方同意,不得随意改变连接构造方法。

③ 对于填充墙与承重墙、柱、梁的连接钢筋，当采用化学植筋的连接方式时，应进行实体检测。锚固钢筋拉拔试验的轴向受拉非破坏承载力检验值应为6.0 kN。抽检钢筋在检验值作用下应做到基材无裂缝、钢筋无滑移和宏观裂损现象；持荷2 min期间荷载值降低率应不大于5%。

（2）一般项目

① 填充墙砌体尺寸、位置的允许偏差及检验方法应符合规定。

② 填充墙砌体的砂浆饱满度及检验方法应符合规定。

③ 填充墙留置的拉结钢筋或网片的位置应与块体皮数相符合。拉结钢筋或网片应置于灰缝中，埋置长度应符合设计要求，竖向位置偏差不应超过一皮块体高度。

④ 砌筑填充墙时应错缝搭砌，蒸压加气混凝土砌块搭砌长度不应小于砌块长度的1/3；轻骨料混凝土小型空心砌块搭砌长度不应小于90 mm；竖向通缝不应长于2皮块体。

⑤ 填充墙的水平灰缝厚度和竖向灰缝宽度应正确，烧结空心砖、轻骨料混凝土小型空心砌块砌体的灰缝厚度和宽度应为8～12 mm；当蒸压加气混凝土砌块砌体采用水泥砂浆、水泥混合砂浆或蒸压加气混凝土砌块砌筑砂浆砌筑时，水平灰缝厚度和竖向灰缝宽度不应超过15 mm；当蒸压加气混凝土砌块砌体采用蒸压加气混凝土砌块黏结砂浆砌筑时，水平灰缝厚度和竖向灰缝宽度宜为3～4 mm。

12.4.2 质量保证措施

12.4.2.1 质量目标

要明确工程项目的质量目标，严格按照合同条款要求及现行规范标准组织施工，兑现对业主的质量承诺。

12.4.2.2 质量保证体系

要严格遵循企业质量方针，建立完善的质量保证体系，切实发挥各级管理人员的作用，使施工过程中每道工序的质量均处于受控状态。

在施工过程中，应以设计文件及现行规范标准为依据，按照企业质量手册、程序文件及工程项目的质量计划，通过对质量要素和质量程序的控制，切实落实质量责任制。项目经理应为质量第一责任人，管生产的施工负责人必须管质量。应实行“质量动态考核制”，由项目部、分公司、公司按照一定周期，对项目部管理人员和作业班组实行严格的质量动态考核，对各道工序从“人、机、料、法、环”诸方面加以控制，确保工程质量。

12.4.2.3 组织保证措施

（1）项目经理、工长、质检员、安全员、试验员、机械员等管理人员，应取得相应的专业技术职称或受过专业技术培训，具有较为丰富的同类型工程的施工及管理经验，并须持证上岗。

（2）工程专业技术人员，均应具备相应的技术职称，并按照有关规定要求接受相关知识培训。

(3) 新工人、变换工种人员和特殊工种作业人员，上岗前必须接受岗前培训，考核合格后方能上岗。

(4) 施工中采用新工艺、新技术、新设备、新材料前必须组织专业技术人员对操作者进行培训。

(5) 严格实行质量责任制，每项工作均由专人负责。

12.4.2.4 质量管理制度

(1) 技术交底制度

分项工程开工前，主管工程师应根据施工组织设计及施工方案编制技术交底文件，对特殊过程应编写作业指导书，对关键工序应编写施工方案。分项工程施工前应向作业人员进行技术交底，讲清该分项工程的质量要求、技术标准、施工方法、注意事项等。

(2) 工序交接检制度

工序交接检包括工种之间的交接检和成品保护交接检。上道工序完成后，在进入下道工序前必须进行检验，并经监理签证，做到上道工序不合格，不准进入下道工序，确保各道工序的工程质量。坚持做到“五不施工”，即未进行技术交底不施工；图纸及技术要求不清楚不施工；施工测量桩未经复核不施工；材料无合格证或试验不合格不施工；上道工序不经检查不施工。做到“三不交接”，即无自检记录不交接；未经专业技术人员验收合格不交接；施工记录不全不交接。

(3) 隐蔽工程签证检查制度

凡隐蔽工程项目，应首先由班组、项目部逐级自检，自检合格后会同监理工程师一起复核，将检查结果填入隐检表，并由双方签字。隐蔽工程不经签证，不能进行隐蔽。

(4) 施工测量复核制度

施工测量必须经技术人员复核后报监理工程师审核，确保测量准确，控制到位。

(5) 施工过程的质量三检制

施工过程的质量检查实行三检制，即班组自检、互检、工序交接检。工长负责组织质量评定，项目部质检员负责质量等级的核定，确保分项工程质量一次验收合格。

(6) 严格执行材料、半成品、成品采购及验收制度

原材料采购须制定合理的采购计划，根据施工合同规定的质量、标准及技术规范的要求，精心选择合格分供方，同时严格执行质量检查和验收制度，按规定进行复试及见证取样，材料确认合格后方可使用。所有采购的原材料、半成品、成品必须由专业人员进行进场验收，核实质量证明文件及资料，不合格半成品或材质证明不齐全的材料不得验收进场，材料进场后应及时标注，确保不误用、混用。

(7) 仪器设备的标定制度

项目经理部设专职计量员，各种仪器、仪表，如经纬仪、水准仪、钢尺、天平、磅秤等均应按照规定程序定期进行标定，并由专人负责管理。

(8) 质量奖惩制度

项目经理部应制定质量奖惩制度,可从总价中提出相应的费用建立项目质量保证基金,实行内部优质优价制度。同时实行质量风险金制度,项目经理部各级人员均按其所负质量责任,在项目开工时,交付质量风险金,作为个人质量担保的费用,以充分发挥经济杠杆的调节作用。

(9) 持证上岗制度

焊工、电工、防水施工人员、试验员、架子工、司机、测量员、核算员、资料员、质检员、安全员、工长等均要经培训和严格考核,必须持证上岗。

(10) 质量否决制度

质检员具有质量否决权、停工权和处罚权。凡进入工地的所有材料、半成品、成品,必须经质检员检验合格后才能用于工程。分项工程质量验收,必须经质检员核查合格后方可上报监理。

12.4.2.5 消除质量通病的措施

(1) 制定消除质量通病的规划,通过分析,列出具有普遍性且危害性较大的质量通病,综合分析其产生的原因,制定相应的措施。

(2) 通过图纸会审,改进设计,优化方案,消除设计原因造成的工程质量通病。

(3) 提高施工人员的素质,改进操作方法和施工工艺,认真按规范、规程及设计要求组织施工,对易产生质量通病的部位及工序设置质量控制点。

(4) 对一些治理难度大及由于采用“四新”技术而出现的新通病,应组织力量进行 QC(Quality Control,质量控制)活动攻关。

(5) 择优选购建筑材料、部件和设备,加强对进货的检验和试验,对一些性能未完全过关的新材料、新部件、新设备应慎重使用。

(6) 在不同材料的交接面(如砌块和混凝土)上,采用加钢丝网或纤维布的处理方法,防止裂缝出现。

13 现场安全生产管理

施工现场安全管理是通过制定安全生产管理计划，建立安全生产保证体系，并使之有效运行来实现其主要任务的。

13.1 安全管理目标

制定安全管理目标。工程项目的安全管理目标，应由项目部负责制定并形成文件，由该项目安全生产的第一责任人——项目经理批准并跟踪执行情况。安全管理目标是项目管理目标的重要组成部分，并与施工企业的总目标相一致，应体现“安全第一、预防为主、综合治理”的方针。安全管理目标通常包括杜绝重大伤亡事故、设备管线事故、火灾事故；安全标准化工地创建目标；文明工地创建目标；遵守有关法律法规以及对业主和社会的承诺；其他需要满足的目标。安全管理目标应自上而下层层分解，明确到各部门、各岗位，确保施工现场每个员工都正确理解并明确目标要求，自觉关心生产安全，做到文明施工，做好本部门、本岗位的工作，以确保工程项目安全管理目标落到实处。

13.2 安全生产组织与责任体系

施工单位是工程建设活动中的重要主体之一，在施工安全中居于核心地位，是绝大部分生产安全事故的直接责任方。《建设工程安全生产管理条例》对施工单位的市场准入、施工单位的安全生产行为规范和安全生产条件以及施工单位主要负责人、项目负责人、安全管理人员和作业人员的安全责任，作出了明确的规定。

13.2.1 安全生产组织体系

施工单位应当设立安全生产管理机构，配备专职安全生产管理人员。所谓安全生产管理机构是指建筑施工企业设置的负责安全生产管理工作的独立职能部门。所谓专职安全生产管理人员是指经建设主管部门或者其他有关部门安全生产考核合格，取得安全生产考核合格证书，并在建筑施工企业及其项目从事安全生产管理工作的专职人员。专职安全生产管理人员的主要职责包括：

（1）负责对安全生产进行现场监督。

(2) 发现安全事故隐患,应当及时向项目负责人和安全生产管理机构报告。

(3) 对于违章指挥、违章操作的,应当立即制止。

建筑施工企业应当在建设工程项目组建安全生产领导小组。建设工程实行施工总承包的,安全生产领导小组由总承包企业、专业承包企业和劳务分包企业项目经理、技术负责人和专职安全生产管理人员组成。

(1) 安全生产领导小组的主要职责:

① 贯彻落实国家有关安全生产法律法规和标准;

② 组织制定项目安全生产管理制度并监督实施;

③ 编制项目生产安全事故应急救援预案并组织演练;

④ 保证项目安全生产费用的有效使用;

⑤ 组织编制危险性较大工程安全专项施工方案;

⑥ 开展项目安全教育培训;

⑦ 组织实施项目安全检查和隐患排查;

⑧ 建立项目安全生产管理档案;

⑨ 及时、如实报告安全生产事故。

(2) 项目专职安全生产管理人员具有以下主要职责:

① 负责施工现场安全生产日常检查并做好检查记录;

② 现场监督危险性较大工程安全专项施工方案实施情况;

③ 对作业人员违规违章行为有权予以纠正或查处;

④ 对施工现场存在的安全隐患有权责令立即整改;

⑤ 对于发现的重大安全隐患,有权向企业安全生产管理机构报告;

⑥ 依法报告生产安全事故情况。

(3)总承包单位配备项目专职安全生产管理人员应当满足下列要求:

① 建筑工程、装修工程按照建筑面积配备:

a. 1 万平方米以下的工程不少于 1 人;

b. 1 万~5 万平方米的工程不少于 2 人;

c. 5 万平方米及以上的工程不少于 3 人,且按专业配备专职安全生产管理人员。

② 土木工程、线路管道工程、设备安装工程按照工程合同价配备:

a. 5000 万元以下的工程不少于 1 人;

b. 5000 万~1 亿元的工程不少于 2 人;

c. 1 亿元及以上的工程不少于 3 人,且按专业配备专职安全生产管理人员。

(4) 分包单位配备项目专职安全生产管理人员应当满足下列要求:

① 专业承包单位应当配置至少 1 人,并根据所承担的分部分项工程的工程量和施工危险程度增加。

② 劳务分包单位施工人员在 50 人以下的,应当配备 1 名专职安全生产管理人员;50~200 人的,应当配备 2 名专职安全生产管理人员;200 人及以上的,应当配备 3 名及以上专职安全生产管理人员,并根据所承担的分部分项工程施工危险实际情况增加,不得少于工程施工人员总人数的 5‰。

(5) 对于采用新技术、新工艺、新材料或致害因素多、施工作业难度大的工程项目，项目专职安全生产管理人员的数量应当根据施工实际情况，在以上规定的配备标准上增加。

13.2.2 安全生产责任体系

由于施工多为露天作业，现场环境复杂，手工操作、高空作业和交叉施工多，劳动条件差，不安全和不卫生的因素多，极易出现安全事故，因此建立安全生产的组织保证体系，是安全管理的重要环节。一般应建立安全生产领导班子，并建立相应的安全生产责任制和安全生产奖惩制度，设立专职安全管理人员，从组织体系上保证生产安全。

施工项目安全生产责任保证体系(图 13.1)分为三个层次：

(1) 项目经理作为本施工项目安全生产第一责任人，负责组织和聘用施工项目安全负责人、技术负责人、生产调度负责人、机械管理负责人、消防管理负责人、劳动管理负责人及其他相关部门负责人组成安全决策机构。

(2) 分包队伍负责人作为本队伍安全生产第一责任人，负责组织本队伍执行总包单位安全管理规定和各项安全决策，组织安全生产。

(3) 作业班组负责人(或作业工人)作为本班组或作业区域安全生产第一责任人，负责贯彻执行上级指令，保证本区域、本岗位安全生产。

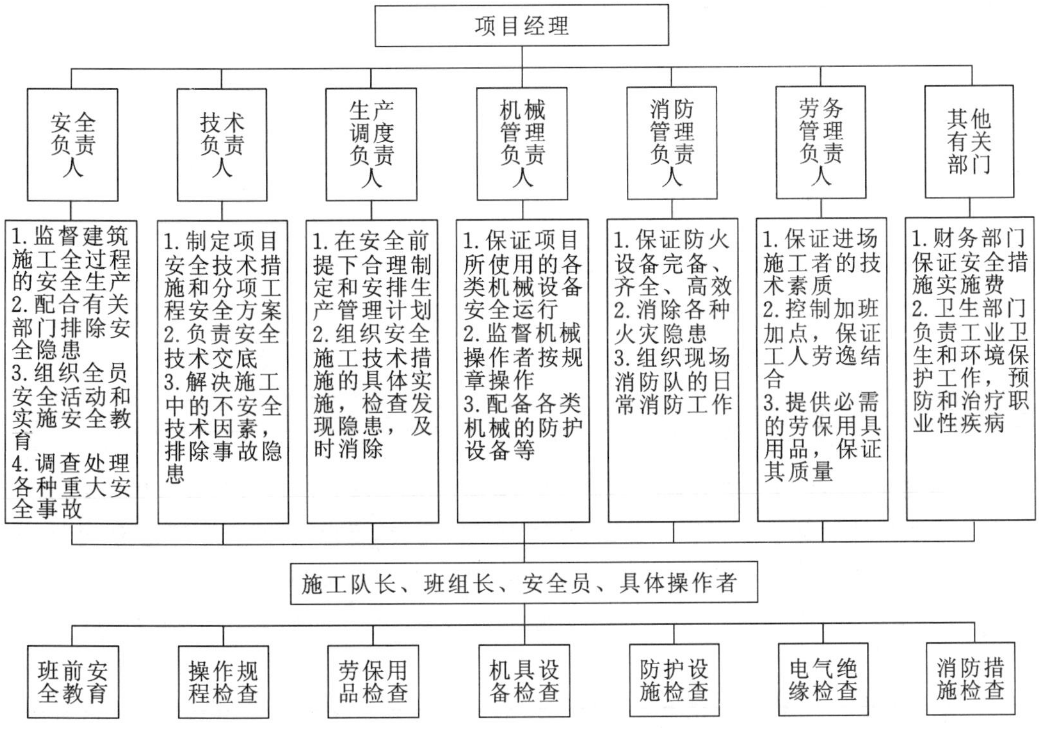

图 13.1 施工项目安全生产责任保证体系

施工单位主要负责人和项目负责人的安全素质直接关系到施工安全,必须对施工安全负责。

(1) 施工单位主要负责人的安全责任

施工单位主要负责人依法对本单位的安全生产工作全面负责。其主要职责包括:

① 建立健全安全生产责任制度。

② 建立健全安全教育培训制度。

③ 制定安全生产规章制度和操作规程。

④ 保证本单位安全生产条件所需资金的投入。

⑤ 对所承担的建设工程进行定期和专项安全检查,并做好安全检查记录。

(2) 项目负责人的安全责任

施工单位的项目负责人即项目经理,在施工活动中占有非常重要的地位,代表施工企业法定代表人对项目组织实施中劳动力的调配、资金的使用、建筑材料的购进等行使决策权。因此,施工单位的项目负责人应当对建设工程项目施工安全负全面责任,是本项目安全生产的第一责任人。为了加强对项目负责人安全资格的管理,明确其安全生产职责,施工单位的项目负责人应当由取得相应执业资格的人员担任,对建设工程项目的施工安全负责,其职责主要包括:

① 落实安全生产责任制度。

② 落实安全生产规章制度和操作规程。

③ 确保安全生产费用的有效使用。

④ 根据工程的特点组织制定安全施工措施,消除安全事故隐患。

⑤ 及时、如实报告生产安全事故。

13.3 安全生产管理制度

施工安全管理体系是施工企业用于建立施工安全生产方针、目标及实现目标过程中相互关联和相互作用的要素的总称。

(1) 施工安全生产方针和目标

施工安全生产方针由企业最高管理者发布,企业及施工项目应以施工安全生产方针为宗旨。施工项目应按照企业总体要求,确定项目安全生产具体目标,目标应尽量量化,并纳入项目责任制和岗位责任制内。施工安全生产目标分为伤亡控制目标和安全管理效果目标。

① 伤亡控制目标:如杜绝伤亡事故,死亡率为零,重伤率为零,月轻伤频率在0.3%以下。

② 安全管理效果目标:包括安全管理工作落实效果和安全管理总体效果。前者如安全教育合格率100%,特殊工种持证上岗率100%,施工现场各项安全设施合格率100%,安全防护设施使用率100%,劳动保护用品及防护用品使用率100%等;后者如建筑施工安全检查得分率90%以上,创建安全文明工地等。

(2) 组织保证体系

组织是实施目标管理的基础，工程项目部应配备项目管理人员，划分工作岗位和职责，按照“管业务必须管安全”的原则明确各层级、各岗位人员的安全生产管理职责，建立健全安全生产责任体系。

工程项目部安全生产责任体系应符合下列要求：

① 项目经理应为工程项目安全生产第一责任人，应负责分解落实安全生产责任，实施考核奖惩，实现项目安全管理目标。

② 工程项目总承包单位、专业承包单位和劳务分包单位的项目经理、技术负责人和专职安全生产管理人员，应组成安全管理组织，并应协调、管理现场安全生产；项目经理应按规定到岗带班指挥生产。

③ 总承包单位、专业承包单位和劳务分包单位应按规定配备项目专职安全生产管理人员，由其负责施工现场各自管理范围内的安全生产日常管理。

④ 工程项目部其他管理人员应承担本岗位管理范围内的安全生产职责。

⑤ 分包单位应服从总承包单位的管理，并应落实总承包项目部的安全生产要求。

⑥ 施工作业班组应在作业过程中落实安全生产要求。

⑦ 作业人员应严格遵守安全操作规程，并应做到不伤害自己、不伤害他人和不被他人伤害。

施工单位应当设立安全生产管理机构，配备专职安全生产管理人员。建设工程施工前，施工单位负责项目管理的技术人员应就有关安全施工的技术要求向施工作业班组、作业人员作出详细说明，并由双方签字确认。

(3) 文化保证体系

安全管理的根本目的是保证人的安全，安全生产管理首先要求充分发挥每个人的主观能动性，而安全文化的最基本内涵就是人的安全意识，是存在于人们头脑中支配人们行为是否安全的思想，因而安全文化是安全生产的灵魂。安全文化能为人提供安全生产的思维框架、价值体系和行为准则，使人在自觉自律中按正确的方式行事，规范和控制自己的不安全行为。

安全文化建设，能使员工时时、处处、事事都把安全记在心上，落实在行动上，做到人人都能“自主管理”“不伤害别人”“不伤害自己”“不被别人伤害”，创造充分体现“安全第一”原则的思想氛围，形成互相监督、互相制约、互相指导的安全文化体系。

安全文化建设的基本要素包括：安全承诺、行为规范与程序、安全行为激励、安全信息传播与沟通、自主学习与改进、安全事务参与、安全文化体系审核与评估。

(4) 制度保证体系

安全文化深入人的思想、使人形成正确的安全理念后，还需要完善的安全管理制度体系支撑才能将理念变为系统的行为要求。要使安全文化在安全管理中真正起到作用，需要将安全理念内化于心、外化于行、固化于制，即要将安全理念的指导思想、目标和行为要求用制度的形式进行规定和固化，以便于将安全理念贯彻于生产过程。通过安全管理制度的建立，在制度层面实现安全工作闭环管理，将安全理念变成一系列可执行的办事规程和行为准则。

企业应当以建立健全全员安全生产责任制为安全生产管理工作的核心，建立包括安全生产规章制度和操作规程、安全投入和物资管理制度、(技术)措施管理制度、日常安全管理制度等在内的制度体系,通过安全生产标准化建设,促进安全生产工作和安全管理的规范化、标准化、程序化。

(5) 工作保证体系

施工安全管理最终通过施工现场的一系列安全管理工作得以落实,施工现场安全工作应当以组织与责任体系为基础、以安全文化和理念为驱动力、以安全管理制度和安全技术措施为支撑、以操作规程与安全技术标准为依据。施工现场安全管理主要工作包括:

① 施工企业应加强工程项目施工过程的日常安全管理,工程项目部应接受企业管理层、职能部门和相关岗位的安全生产管理。

② 工程项目部应接受建设行政主管部门及其他相关部门的监督检查,对发现的问题应按要求落实整改。

③ 工程项目部应根据企业安全生产管理制度,实施施工现场安全生产管理,其应包括下列内容:制定项目安全管理目标,建立安全生产组织与责任体系,明确安全生产管理职责,实施责任考核;配置满足安全生产、文明施工要求的费用、从业人员、设施、设备、劳动防护用品及相关的检测器具;编制安全技术措施、方案、应急预案;落实施工过程的安全生产措施,组织安全检查,整改安全隐患;确保施工现场场容场貌、作业环境和生活设施安全文明达标;确定消防安全责任人,制定用火、用电、使用易燃易爆材料等各项消防安全管理制度和操作规程,设置消防通道、消防水源,配备消防设施和灭火器材,并在施工现场入口处设置明显标志;组织事故应急救援抢险;对施工安全生产管理活动进行必要的记录,保存应有的资料。

④ 工程项目施工前,应组织编制施工组织设计方案、专项施工方案(措施),内容应包括工程概况、编制依据、施工计划、施工工艺、施工安全技术措施、检查验收内容及标准、计算书及附图等,并应按规定进行审批、论证、交底、验收、检查。

⑤ 工程项目部应定期及时上报现场安全生产信息;施工企业应全面掌握企业所属工程项目的安全生产状况,并应将其作为隐患治理、考核奖惩的依据。

⑥ 信息保证体系。安全施工中的信息包括文件信息、标准信息、管理信息、技术信息、安全施工状况信息和事故信息等。信息管理工作是安全管理支持性工作,需要建立信息保证体系。

安全施工信息保证体系由信息纲目的编制,信息网的建立,信息的收集,安全施工状况与事故的报告统计,信息的分析、处置和应用以及信息档案管理等 6 项工作及其制度组成。

13.4 安全生产教育培训

13.4.1 安全生产教育的基本要求

安全教育和培训要体现全面、全员、全过程的要求。施工现场所有人均应接受过安全培训与教育,确保他们先接受安全教育,懂得相应的安全知识后再上岗。建设部《建筑施工企业主要责任人、项目负责人和专职安全生产管理人员安全生产考核管理暂行规定》(建质〔2004〕59号)规定,建筑施工企业主要责任人、项目负责人和专职安全生产管理人员必须经建设行政主管部门或其他有关部门安全生产考核,考试合格并取得安全生产考核合格证书后方可担任相应职务。根据工程项目的不同、工程进展和环境的不同,应对所有人员,尤其是施工现场的一线管理人员和工人实行动态的教育,做到安全教育经常化和制度化。为达到经常性安全教育的目的,教育可采用出板报、上安全课、观看安全教育影视片资料等形式,但更重要的是必须认真组织班前安全教育活动和落实安全技术交底制度,因为通过日常的班前教育活动和安全技术交底,告知工人在施工中应注意的问题和措施,就可以让工人了解和掌握相关的安全知识,起到反复性和经常性教育和学习的作用。

对安全教育提出如下要求:

(1) 企业和项目部必须建立安全教育制度。

(2) 新工人应接受三级安全教育,即凡公司招收的新工人及分配来的实习和代培人员,均应分别由公司进行一级安全教育,项目经理部进行二级安全教育,现场施工员及班组长进行三级安全教育,并要有安全教育的内容、时间及考核结果记录。

(3) 安全教育要有具体的安全教育内容。

(4) 工人变换工种时要接受安全教育。

(5) 工人应掌握和了解本专业的安全规程和技能。

(6) 施工管理人员应按规定参加年度培训。

(7) 专职安全生产管理人员应按规定参加年度考核培训,年度考核培训合格才能上岗。

13.4.2 教育和培训时间

教育和培训时间的相关要求如下:

(1) 企业法人代表、项目经理每年不少于30学时;

(2) 专职管理和技术人员每年不少于40学时;

(3) 其他管理和技术人员每年不少于20学时;

(4) 特殊工种每年不少于20学时;

(5) 其他职工每年不少于15学时;

(6) 员工待岗、转岗、换岗,在重新上岗前,应接受一次不少于20学时的培训;

(7) 新工人的公司、项目、班组三级培训教育时间分别不少于48学时、24学时、24学时。

13.4.3 教育和培训的内容

教育和培训按等级、层次和工作性质分别进行,三级安全教育是每个刚进企业的新工人必须接受的首次安全生产方面的基本教育,三级安全教育是指公司(即企业)、项目(或工程处、施工处、工区)、班组这三级。对新工人或调换工种的工人,必须按规定进行安全教育和技术培训,经考核合格后方准上岗。各级安全培训教育的主要内容:

（1）公司的教育

公司级的安全培训教育的主要内容：

① 国家和地方有关安全生产、劳动保护的方针、政策、法律、法规、规范、标准及规章制度。

② 企业及其上级部门(主管局、集团、总公司、办事处等)印发的安全管理规章制度。

③ 安全生产与劳动保护工作的目的、意义等。

（2）项目(或工程处、施工处、工区)级教育

项目级教育是新工人被分配到项目以后接受的安全教育。项目经理部级安全培训教育的主要内容：

① 建设工程施工生产的特点，施工现场的一般安全管理规定、要求。

② 施工现场的主要事故类别，常见多发性事故的特点、规律及预防措施、事故教训等。

③ 本工程项目施工的基本情况(工程类型、施工阶段、作业特点等)，施工中应当注意的安全事项。

（3）班组级教育

班组级教育又称岗前教育，其主要内容有：

① 本工种作业的安全技术操作要求。

② 本班组施工生产概况，包括工作性质、职责、范围等。

③ 本人及本班组在施工过程中，所使用、所遇到的各种生产设备、生产设施、电气设备、机械、工具的性能、作用、操作要求、安全防护要求。

④ 个人使用和保管的各类劳动防护用品的正确穿戴、使用方法及劳动防护用品的基本原理与主要功能。

⑤ 发生伤亡事故或其他事故时，如火灾、爆炸、设备管理事故等，应采取的措施(救助抢险、保护现场、报告事故等)。

（4）三级教育的要求

① 三级教育一般由企业的安全、教育、劳动、技术等部门配合进行。

② 受教育者必须经考核合格后才准许进入生产岗位。

③ 须给每一名职工建立职工劳动保护教育卡，记录三级教育、变换工种教育等教育考核情况，并由教育者与受教育者双方签字后入册。

13.4.4 特种作业人员培训

（1）建筑企业特种作业人员一般包括建筑电工、焊工、架子工、司炉工、爆破工、机械操作工、起重工、塔吊司机及指挥人员、人货两用电梯司机等。

（2）对建筑企业特种作业人员除进行一般安全教育外，还要执行特种作业人员安全技术考核管理及安全检查的有关规定，按国家、政府、地方和企业规定进行本工种专业培训、资格考核，特种作业人员取得操作证后方可上岗。

（3）特种作业人员取得岗位操作证后每年仍应接受有针对性的安全培训。

13.4.5 三类人员考核任职制度

三类人员考核任职制度是从源头上加强安全生产监管的有效措施，是强化建筑施工安全生产管理的重要手段。

(1) 三类人员考核任职制度的对象

① 建筑施工企业主要负责人，包括企业法定代表人、经理、企业分管安全生产工作的副经理等。

② 建筑施工企业项目负责人，指经企业法人授权的项目管理负责人等。

③ 建筑施工企业专职安全生产管理人员，指在企业专职从事安全生产管理工作的人员，包括企业安全生产管理机构的负责人及其工作人员和施工现场专职安全生产管理人员。

(2) 三类人员考核任职的主要内容

① 考核的依据和目的：根据《中华人民共和国安全生产法》、《建设工程安全生产管理条例》和《安全生产许可证条例》等法律法规，旨在提高建筑施工企业主要负责人、项目责任人和专职安全生产管理人员的安全生产知识水平和管理能力，保证建筑施工安全生产。

② 考核范围：在中华人民共和国境内从事建设工程施工活动的建筑施工企业管理人员以及实施和参与安全生产考核管理的人员，必须经建设行政主管部门或者其他有关部门安全生产考核，考核合格并取得安全生产考核合格证书后，方可担任相应职务。建筑施工企业管理人员安全生产考核内容包括安全生产知识和管理能力。

13.4.6 班前教育制度

对班前活动提出如下要求：

(1) 要建立班前活动制度，班前活动是安全管理的一个重要环节，是提高工人的安全素质，落实安全技术措施，减少事故发生的有效途径。班前安全活动是指班组长或管理人员，在每天上班前，检查了解班组的施工环境、设备和工人的防护用品的佩戴情况，总结前一天的施工情况，根据当天施工任务特点和分工情况，讲解有关的安全技术措施，同时预知操作中可能出现的不安全因素，提醒大家注意和采取相应的防范措施。

(2) 班前安全活动要有记录，每次班前活动均应简要记录活动重点内容，活动记录应收录为安全管理档案资料。

13.4.7 安全生产的经常性教育

企业在做好新工人入场教育、特种作业人员安全生产教育和各级领导干部、安全管理干部的安全生产培训的同时，还必须把经常性安全教育贯穿于管理工作的全过程，并根据接受教育对象的不同特点，多层次、多渠道、采取各种方法进行教育。安全生产教育多种多样，应贯彻及时性、严肃性、真实性要求，做到简明、醒目，具体形式如下：

(1) 施工现场(车间)入口处的安全纪律牌。

(2) 举办安全生产训练班、讲座、报告会、事故分析会。

(3) 建立安全防护教育室,举办安全防护展览。

(4) 进行安全防护广播,印发安全防护简报、通报等,办安全防护黑板报、宣传栏。

(5) 张贴、悬挂安全防护标志和标语口号。

(6) 举办安全防护文艺演出,放映安全防护音像制品。

(7) 组织家属做好职工的安全生产思想工作。

13.4.8 安全教育与培训检查

对安全教育与培训的监督检查主要有以下几个方面的要求:

(1) 检查施工单位的安全教育制度。建筑施工企业要广泛开展安全生产宣传教育,使各级领导和广大职工真正认识到安全生产的重要性、必要性,懂得安全生产、文明施工的科学知识,牢固树立安全第一的思想,自觉地遵守各项安全生产法令和规章制度。因此,企业要建立健全安全教育和培训考核制度。

(2) 检查新入场工人三级安全教育情况。现在临时劳务工多,伤亡事故多发生在临时劳务工之中,因此在三级安全教育上,应把临时劳务工作为新入场工人对待。新工人(包括合同工、临时工、学徒工、实习和代培人员)都必须接受三级安全教育。主要检查施工单位、工区、班组对新入场工人的三级教育考核记录。

(3) 检查安全教育内容。安全教育要有具体内容,要把《建筑安装工人安全技术操作规程》作为安全教育的重要内容,做到人手一册,除此以外,企业、工程处、项目经理部、班组都要有具体的安全教育内容。对电工、焊工、架子工、司炉工、爆破工、机械工、起重工及打桩机和各种机动车辆司机等特殊工种工人要有相应的安全教育内容。特种作业工人经教育合格取得特种作业证后,方准独立操作,每年还要进行复审。对从事有尘毒危害工作的工人,要进行尘毒危害和防治知识教育,也应有相应的安全教育内容。

(4) 检查交换工种时是否进行安全教育。各工种工人及特殊工种工人除懂得一般安全生产知识外,还要懂各自的安全技术操作规程,当采用新技术、新工艺、新设备施工和调换工作岗位时,要对操作人员进行新技术操作和新岗位的安全教育,人员未经安全教育不得上岗操作。主要检查变换工种的工人在调换工种时重新进行安全教育的记录;检查采用新技术、新工艺、新设备施工时,进行新技术操作安全教育的记录。

(5) 检查工人对本工种安全操作规程的熟悉程度。该条考核各工种工人对《建筑安装工人安全技术操作规程》的熟悉程度,也是施工单位对各工种工人安全教育效果的检查。按《建筑安装工人安全技术操作规程》的内容,到施工现场(车间)随机抽查各工种工人,就本工种安全技术操作规程进行问答,各工种工人宜抽 2 人以上进行问答。

(6) 检查施工管理人员的年度培训情况。若各级建设行政主管部门,行文规定施工单位的施工管理人员参加年度有关安全生产方面的培训,施工单位应按各级建设行政主管部门文件规定,安排施工管理人员参加培训。施工单位内部也要规定施工管理人员每年应参加一次有关安全生产工作的培训学习。主要检查施工管理人员参加年度培训的记录。

(7) 检查专职安全员的年度培训考核情况。建设部及各省、自治区、直辖市建设行政主管部门规定专职安全员要接受年度培训考核，具体由县级、地区(市)级建设行政主管部门经办。建设企业应根据上级建设行政主管部门的规定，对本企业的专职安全员进行年度培训考核，提高专职安全员的专业技术水平和安全生产管理水平。应按上级建设行政管理部门和本企业有关安全生产管理的文件，检查专职安全员是否接受年度培训考核及考核是否合格，未接受年度培训考核的或考核不合格的，是否仍在岗工作等。

13.5 安全生产费用管理

企业应按照规定提取和使用安全生产费用，该费用应专门用于改善企业或项目安全生产条件。安全生产费用在成本中据实列支。企业应具备的安全生产条件所必需的资金投入，由企业决策机构、主要负责人或者个人经营的投资人予以保证，并对由安全生产所必需的资金投入不足导致的后果承担责任。

13.5.1 企业安全生产费用管理基本要求

(1) 企业应建立健全安全生产费用管理制度，明确企业安全生产费用提取和使用的程序及权限，落实责任，确保按规定提取和使用企业安全生产费用。

(2) 企业应加强安全生产费用管理，编制年度企业安全生产费用提取和使用计划，将安全生产费用纳入企业财务预算，确保资金投入。

(3) 企业提取的安全生产费用从成本(费用)中列支并专项核算。

13.5.2 企业安全生产费用管理原则

(1) 筹措有章。统筹发展，确保安全，依法落实企业安全生产投入主体责任，足额提取安全生产费用。

(2) 支出有据。企业根据生产经营实际需要，据实开支符合规定的安全生产费用。

(3) 管理有序。企业专项核算和归集安全生产费用，真实反映安全生产条件，改善投入机制，不得挤占、挪用安全生产费用。

(4) 监督有效。建立健全企业安全生产费用提取和使用的内外部监督机制，按规定开展信息披露工作，发布社会责任报告。

13.5.3 企业安全生产费用提取

建设工程施工企业编制的投标报价应包含并单列企业安全生产费用，竞标时不得删减。建设单位应在合同中单独约定并于工程开工日前一个月内向承包单位支付至少50%的企业安全生产费用。总包单位应在合同中单独约定并于分包工程开工日前一个月内将至少50%的企业安全生产费用直接支付给分包单位并监督使用，分包单位不再重复提取。工程竣工决算后结余的企业安全生产费用，应退回建设单位。

建设工程施工企业以建筑安装工程造价为依据，于每月末按工程进度计算提取企业安全生产费用。提取标准：①矿山工程 3.5%；②铁路工程、房屋建筑工程、城市轨道交通工程 3%；③水利水电工程、电力工程 2.5%；④冶炼工程、机电安装工程、化工石油工程、通信工程 2%；⑤市政公用工程、港口与航道工程、公路工程 1.5%。

企业安全生产费用出现赤字（即当年计提的企业安全生产费用加上年初结余小于年度实际支出）时，应当于年末补提企业安全生产费用。企业按规定标准连续两年补提安全生产费用的，可以按照最近一年的补提数提高提取标准。

企业安全生产费用月初结余达到上一年应计提金额的 3 倍及以上时，自当月开始暂停提取企业安全生产费用，直至企业安全生产费用结余低于上一年应计提金额的三倍时恢复提取。

13.5.4 企业安全生产费用使用

建设工程施工企业安全生产费用应用于以下支出：

（1）完善、改造和维护安全防护设施设备支出（不含“三同时”制度要求初期投入的安全设施），包括施工现场临时用电系统、洞口或临边防护、高处作业或交叉作业防护、临时安全防护与支护及边坡滑坡防治设施，工程有害气体监测和通风设备，保障安全的机械设备，以及防火、防爆、防触电、防尘、防毒、防雷、防台风、防地质灾害等设施设备支出。

（2）应急救援技术装备、设施配置及维护保养支出，事故逃生和紧急避难设施设备的配置及应急救援队伍建设、应急预案制订与应急演练支出。

（3）开展施工现场重大危险源检测、评估、监控支出，安全风险分级管控和事故隐患排查整改支出，工程项目安全生产信息化建设、运维和网络安全支出。

（4）安全生产检查、评估评价（不含新建、改建、扩建项目安全评价）、咨询和标准化建设支出。

（5）配备和更新现场作业人员安全防护用品支出。

（6）安全生产宣传、教育、培训和从业人员发现并报告事故隐患的奖励支出。

（7）安全生产适用的新技术、新标准、新工艺、新装备的推广应用支出。

（8）安全设施及特种设备检测检验、检定校准支出。

（9）安全生产责任保险支出。

（10）与安全生产直接相关的其他支出。

企业职工薪酬、福利不得从企业安全生产费用中支出。企业从业人员发现并报告事故隐患的奖励支出，应从企业安全生产费用中列支。

企业安全生产费用年度结余资金结转下年度使用。

14　建筑施工现场基础设施、常用设备安全布置

14.1　施工现场基础配套设施的布置

施工现场平面布置与施工人员的工作、生活息息相关，涉及施工材料，机械设备，施工区、办公区及生活区等多区域的合理分配，且施工现场平面布置是施工组织设计的重要组成部分。

14.1.1　布置原则

(1) 施工平面布置应严格控制在建筑红线之内。

(2) 平面布置要紧凑合理，尽量减少施工用地。

(3) 尽量利用原有建筑物或构筑物。

(4) 合理组织运输，保证现场运输道路畅通，尽量减少二次搬运。

(5) 各项施工设施布置都要满足施工方便、安全防火、环境保护和劳动保护的要求。

(6) 在平面交通上，要尽量避免土建、安装以及其他各专业施工相互干扰。

(7) 符合施工现场卫生及安全技术要求和防火规范。

(8) 现场布置应有利于各子项目施工作业。

(9) 考虑施工场地状况及场地主要出入口交通状况。

(10) 结合拟采用的施工方案及施工顺序考虑。

(11) 满足半成品、原材料、周转材料堆放及钢筋加工需要。

(12) 满足不同阶段、各种专业作业队伍对宿舍、办公场所及材料储存、加工场地的需要。

(13) 各种施工机械既要满足各工作面作业需要，又要便于安装、拆卸。

(14) 实施严格的安全及施工标准，争创安全文明工地。

14.1.2　布置内容

(1) 拟建的建筑物或构筑物，以及周围的重要设施。

(2) 施工用机械设备的固定位置。

(3) 施工运输道路。

(4) 水源、电源、变压器位置,临时给排水管线和供电、动力设施。

(5) 施工用生产性、生活性设施(加工棚、操作棚、仓库、材料堆场、行政管理房、职工生活用房等)。

(6) 机械站、车库位置。

(7) 一切安全、消防设施位置。

14.1.3 布置步骤

14.1.3.1 场外交通的引入

设计全工地性施工总平面图时,首先应从研究大宗材料、成品、半成品、设备等进入工地的运输方式入手。当大宗材料由铁路运来时,首先要解决铁路的引入问题;当大批材料由水路运来时,应首先考虑运用原有码头和是否增设专用码头的问题;当大批材料由公路运入工地时,由于汽车线路可以灵活布置,一般可先布置场内仓库和加工厂,然后再布置场外交通的引入线路。

14.1.3.2 仓库与材料堆场的布置

仓库与材料堆场通常考虑设置在运输方便、位置适中、运距较短并且安全防火的地方,并应根据不同材料、设备和运输方式来设置。

(1) 当采用铁路运输时,仓库通常沿铁路布置,并且要留有足够的装卸前线。如果没有足够的装卸前线,必须在附近设置转运仓库。布置铁路沿线仓库时,应将仓库设置在靠近工地一侧,以免内部运输时跨越铁路。同时仓库不宜设置在弯道处或坡道上。

(2) 当采用水路运输时,一般应在码头附近设置转运仓库,以缩短船只在码头上的停留时间。

(3) 当采用公路运输时,仓库的布置较灵活。一般中心仓库布置在工地中央或靠近需使用材料的地方,也可以布置在外部交通连接处附近。砂石、水泥、石灰、木材等仓库或堆场宜布置在搅拌站、预制场和木材加工厂附近;砖、瓦和预制构件等直接使用的材料的仓库或堆场应该直接布置在施工对象附近,以免二次搬运。工业项目建筑工地还应考虑设置主要设备的仓库(或堆场),一般笨重设备应尽量放在车间附近,其他设备仓库可布置在外围或其他空地上。

14.1.3.3 加工厂布置

各种加工厂的布置,应以方便使用、安全防火、运输费用最少、不影响建筑安装工程施工的正常进行为原则;一般应将加工厂集中布置在同一个地区,且宜布置在工地边缘。各种加工厂应与相应的仓库或材料堆场布置在同一地区。

(1) 混凝土搅拌站。根据工程的具体情况可采用集中、分散或集中与分散相结合三种布置方式。当现浇混凝土量大时,宜在工地设置混凝土搅拌站;当运输条件良好时,以集中搅拌或选用商品混凝土最为有利；当运输条件较差时，以分散搅拌为宜。

(2) 预制加工厂。一般设置在建设单位的空闲地带上，如材料进场专用线转弯的扇形地带或场外临近处。

(3) 钢筋加工厂。根据不同情况，可采用分散或集中布置。对于须进行冷加工、对焊、点焊的钢筋和大片钢筋网，宜设置中心加工厂，其位置应靠近预制构件加工厂；对于小型加工件、利用简单机具成型的钢筋，可在靠近使用地点的分散的钢筋加工棚里进行加工。

(4) 木材加工厂。要视木材加工的工作量、加工性质和种类决定是集中设置加工厂还是分散设置几个临时加工棚。一般原木、锯材堆场布置在铁路专用线、公路或水路沿线附近；木材加工厂亦应设置在这些地段附近；锯木、成材、细木加工厂和成品堆场，应按工艺流程布置。

(5) 砂浆搅拌站。对于工业建筑工地，由于砂浆量小，需求分散，可以将搅拌站分散设置在使用地点附近。

(6) 金属结构、锻工、电焊、机修等车间。由于它们在生产上联系密切，应尽可能将其布置在一起。

14.1.3.4 布置内部运输道路

根据各加工厂、仓库及各施工对象的相对位置，研究货物转运图，区分主要道路和次要道路，进行道路的规划。规划厂区内道路时，应考虑以下几点：

(1) 合理规划临时道路与地下管网的施工程序。在规划临时道路时，应充分利用拟建的永久性道路，可提前修建永久性道路或者先修路基和简易路面，将其作为施工所需的道路，以达到节约投资的目的。当地下管网的图纸尚未出全，又必须采取先施工道路、后施工管网的顺序时，临时道路就不能完全建造在永久性道路的位置，而应尽量布置在无管网地区或扩建工程范围的地段上，以免开挖管道沟时破坏路面。

(2) 保证运输通畅。道路应有两个以上进出口，道路末端应设置回车场地，且应尽量避免临时道路与铁路交叉。厂内道路干线应采用环形布置，主要道路宜采用双车道，宽度不小于 6 m；次要道路宜采用单车道，宽度不小于 3.5 m。

(3) 选择合理的路面结构。临时道路的路面结构，应当根据运输情况和运输工具的不同类型而定。一般场外与省、市公路相连的干线以后会成为永久性道路，因此，可一开始就建成混凝土路面；场区内的干线和施工机械行驶路线，最好采用碎石级配路面，以利修补。场内支线一般为土路或砂石路。

14.1.3.5 行政与生活临时设施布置

行政与生活临时设施，包括办公室、汽车库、职工休息室、开水房、小卖部、食堂、俱乐部、浴室等。根据工地施工人数，可计算这些临时设施的建筑面积。应尽量利用建设单位的生活基地或其他永久性建筑，不足部分另行建造。

一般全工地性行政管理用房宜设在全工地入口处，以便对外联系；也可设在工地中间，便于全工地管理。工人用的福利设施应设置在工人较集中的地方，或工人必经之处。生活基地应设在场外，距工地 500～1000 m 为宜。食堂可布置在工地内部或工地与生活区之间。

14.1.3.6 临时水电管网及其他动力设施的布置

当有可以利用的水源、电源时，可以将水电从场外接入工地，沿主要干道布置干管、主线，然后将其与各用户接通。临时总变电站应设置在高压电引入处，不应设在工地中心；临时水池应设在地势较高处。当无法利用现有水电时，为了获得电源，可在工地中心或工地中心附近设置临时发电设备，沿干道布置主线；为了获得水源，可以利用地上水或地下水，并设置抽水设备和加压设备（简易水塔或加压泵，以便储水和提高水压），然后把水管接出，布置管网。施工现场供水管网有环状、枝状和混合式三种形式。根据工程防火要求，应设立消防站，消防站一般设置在易燃建筑物（木材、仓库等）附近，并需有通畅的出口和消防车道，其宽度不宜小于 6 m，与拟建房屋的距离不得大于 25 m，也不得小于 5 m。沿道路布置消防栓时，其间距不得大于 100 m，消防栓到路边的距离不得大于 2 m。

临时配电线路的布置与水管网相似。工地电力网中，一般 3～10 kV 的高压线沿主干道环状布置；380/220 V 的低压线采用枝状布置。工地上的电路通常采用架空布置，距路面或建筑物不低于 6 m。

14.1.4 施工总平面图的科学管理

(1) 建立统一的施工总平面图管理制度，划分总图的使用管理范围。各区各片均应有人负责，严格控制各种材料、构件、机具的位置、占用时间和占用面积。

(2) 实行施工总平面动态管理，定期对现场平面进行实录、复核，修正其不合理的地方，定期召开总平面执行检查会议，奖优罚劣，协调各单位关系。

(3) 做好现场的清理和维护工作，不准擅自拆迁建筑物和水电线路，不准随意挖断道路。大型临时设施和水电管路不得随意更改和移动位置。

14.1.5 各施工阶段施工现场平面布置

14.1.5.1 土方施工阶段

本阶段为施工的起点，其特点是大型机械数量较多，土方外运工作量大，需根据现场地理位置与施工的实际需要进行平面布置。

14.1.5.2 基础施工阶段

本阶段施工的特点是有大量施工材料进场并在现场内调度。如果说土方阶段是“向外运”，那这个阶段就是“向里搬”。

现场使用泵车输送混凝土。钢筋加工场地、钢筋原材料场、钢筋成品料场、模板料场、脚手架料场、周转材料料场及机电成品料场，应按三个区域分别布置。此外现场应设置库房、厕所、标准养护室和实验室、医务室等。

14.1.5.3 地上结构施工阶段

地上结构施工阶段与上一阶段“基础施工阶段”的施工特点基本相同。不同的是，这一阶段对施工材料的需求量更大。

若工程工期紧张，现场可布置多台塔吊，所有工作面均应在塔吊范围内，塔吊之间应错高布置，并与周边已有的建筑保持必要的安全高度。塔吊待砌筑工程完工后予以拆除。

14.1.5.4 屋架及屋架上下弦吊、屋面板施工阶段

本阶段平面布置与上一阶段平面布置基本相同，区别在于塔吊已经拆除完毕。屋架等材料的吊装可采用汽车吊。

14.1.5.5 装修及机电安装施工阶段

此阶段施工主要在室内进行，较重的单体设备材料已经全部运输到位，对零星材料需求量加大。现场应布置总包装修用的机电料场和成品仓库及各分包单位的料场和库房。

14.1.5.6 竣工验收阶段

拆除所有临时设施，现场设流动保安，负责警戒看护。全部室外工程完成，满足建筑的正常使用。

14.2 施工现场临时建筑以及设施的布置

施工现场临时建筑、环境卫生、消防安全和劳动防护用品的标准规范主要有《施工现场临时建筑物技术规范》(JGJ/T 188—2009)、《建设工程施工现场环境与卫生标准》(JGJ 146—2013)、《建设工程施工现场消防安全技术规范》(GB 50720—2011)、《建筑施工作业劳动防护用品配备及使用标准》(JGJ 184—2009)等。

《施工现场临时建筑物技术规范》(JGJ/T 188—2009)规定，临时建筑应由专业技术人员编制施工组织设计，设计经企业技术负责人批准后方可实施。临时建筑的施工安装、拆卸或拆除应有施工方案，并应由专业人员施工、专业技术人员现场监督。

临时建筑建设场地应具备路通、水通、电通、信通和平整的条件。临时建筑、施工现场、道路及其他设施的布置应符合消防、卫生、环保和节约用地的有关要求。临时建筑层数不宜超过 2 层。临时建筑设计使用年限应为 5 年。

临时建筑结构选型应遵循可循环利用的原则，并应根据地理环境、使用功能、荷载特点、材料供应、施工条件等因素综合确定。临时建筑不宜采用钢筋混凝土楼面、屋面结构；严禁用钢管、毛竹、三合板、石棉瓦等搭设简易的临时建筑物；严禁将夹芯板作为活动房的竖向承重构件。临时建筑所采用的原材料、构配件和设备的品种、规格、性能等应满足设计要求并符合国家现行标准的规定，不得使用已被国家淘汰的产品。

活动房主要承重构件的设计使用年限不应短于 20 年，其上应有生产企业、生产日期等

信息。活动房构件的周转使用次数不宜超过10次，累计使用年限不宜超过20年。当周转使用次数超过10次或累计使用年限超过20年时，应进行质量检测，合格后方可继续使用。

临时建筑应根据当地气候条件，采取抵抗风、雪、雨、雷电等自然灾害的措施。临时建筑不应建造在易发生滑坡、坍塌、泥石流、山洪等的危险地段和低洼积水区域，应避开水源保护区、水库泄洪区、濒险水库下游地段、强风口和危房影响范围，且应避免有害气体、强噪声等对临时建筑使用人员产生健康影响。当临时建筑建造在河沟、高边坡、深基坑边时，应采取结构加强措施。临时建筑不应占压原有的地下管线，不应影响文物和历史文化遗产的保护与修复。

临时建筑的选址与布局应与施工组织设计的总体规划协调一致。办公区、生活区和施工作业区应分区设置，且应采取相应的隔离措施，并应设置导向、警示、定位、宣传等标识。

办公区、生活区宜位于建筑物的坠落半径和塔吊等机械的作业半径之外。临时建筑与架空明设的用电线路之间应保持安全距离。临时建筑不应布置在高压走廊范围内。办公区应设置办公用房、停车场、宣传栏、密闭式垃圾收集容器等设施。生活用房宜集中建设、成组布置，并宜设置室外活动区域。厨房、卫生间宜设置在主导风向的下风侧。

临时建筑地面应采取防水、防潮、防虫等措施，且应至少高出室外地面150 mm。临时建筑周边应排水通畅、无积水。临时建筑屋面应为不上人屋面。

办公用房宜包括办公室、会议室、资料室、档案室等。办公用房室内净高不应低于2.5 m。办公室的人均使用面积不宜小于4 m^2，会议室使用面积不宜小于30 m^2。生活用房宜包括宿舍、食堂、餐厅、厕所、盥洗室、浴室、文体活动室等。

宿舍应符合下列规定：①宿舍内应保证必要的生活空间，人均使用面积不宜小于2.5 m^2，室内净高不应低于2.5 m。每间宿舍居住人数不宜超过16人。②宿舍内应设置单人铺，层铺的搭设层数不应超过2层。③宿舍内宜配置生活用品专柜，宿舍门外宜配置鞋柜或鞋架。

食堂应符合下列规定：①食堂与厕所、垃圾站等污染源的距离不宜小于15 m，且食堂不应设在污染源的下风侧。②食堂宜采用单层结构，顶棚宜设吊顶。③食堂应设置独立的操作间、售菜（饭）间、储藏间和燃气罐存放间。④操作间应设置冲洗池、清洗池、消毒池、隔油池；地面应做硬化和防滑处理。⑤食堂应配备排风机械和消毒设施。操作间油烟经处理后方可对外排放。⑥食堂应设置密闭式水桶。

厕所、盥洗室、浴室应符合下列规定：①施工现场应设置自动冲水式或移动式厕所。②厕所的厕位设置应满足男厕每50人、女厕每25人设1个蹲便器，男厕每50人设1 m长小便槽的要求。蹲便器间距不应小于900 mm，蹲位之间宜设置隔板，隔板高度不宜低于900 mm。③盥洗间应设置盥洗池和水嘴。水嘴数与员工数的比例宜为1∶20，水嘴间距不宜小于700 mm。④淋浴间的淋浴器数与员工数的比例宜为1∶20，淋浴器间距不宜小于100 mm。⑤淋浴间应设置储衣柜或挂衣架。⑥厕所、盥洗室、淋浴间的地面应做硬化和防滑处理。

活动房应按照使用说明书的规定使用。活动房超过设计使用年限时，应对房屋结构和围护系统进行全面检查，并应对结构安全性能进行评估，合格后方可继续使用。周转使用规定年限内的活动房重新组装前，应对主要构件进行检查维护，达到质量要求的方可使用。

临时建筑使用单位应建立健全安全保卫、卫生防疫、消防、生活设施使用和生活管理等各项管理制度。临时建筑使用单位应定期对生活区住宿人员进行安全、治安、消防、卫生防疫、环境保护等宣传教育。临时建筑使用单位应建立临时建筑防风、防汛、防雨雪灾害等应急预案，在风暴、洪水、雨雪来临前，应组织进行全面检查，并应采取可靠的加固措施。临时建筑使用单位应建立健全维护管理制度，组织相关人员对临时建筑进行定期检查、维护，并应建立相应的使用台账记录。对检查过程中发现的问题和安全隐患，应及时采取相应措施。

在临时建筑使用过程中，不应更改其原设计的使用功能。楼面的使用荷载不宜超过设计值；当楼面的使用荷载超过设计值时，应对结构进行安全评估。在临时建筑使用过程中，不得在建筑上随意开洞、打孔或对结构进行改动，不得擅自拆除隔墙和围护构件。

生活区内不得存放易燃、易爆、剧毒、放射源等化学危险物品。活动房内不得存放有腐蚀性的化学材料。在墙体上安装吊挂件时，应满足结构受力的要求。严禁擅自安装、改造和拆除临时建筑内的电线、电器装置和用电设备，严禁使用电炉等大功率用电设备。

临时建筑的拆除应遵循“谁安装、谁拆除”的原则；当出现可能危及临时建筑整体稳定的不安全情况时，应遵循“先加固、后拆除”的原则。拆除施工前，施工单位应编制拆除施工方案、安全操作规程，采取相关的防尘降噪，堆放、清除废弃物等措施，并应按规定程序进行审批，对作业人员进行技术交底。临时建筑拆除前，应做好拆除范围内的断水、断电、断燃气等工作。拆除过程中，现场用电不得使用被拆临时建筑中的配电线。

临时建筑的拆除应符合环保要求，拆下的建筑材料和建筑垃圾应及时清理。楼面、操作平台上不得集中堆放建筑材料和建筑垃圾。建筑垃圾宜按规定清运，不得在施工现场焚烧。拆除区周围应设立围栏、挂警告牌，并应派专人监护，严禁无关人员逗留。当遇到五级以上大风或大雾、大雨、大雪等恶劣天气时，不得进行临时建筑的拆除作业。拆除高度在 2 m 及以上的临时建筑时，作业人员应在专门搭设的脚手架上或稳固的结构部位上操作，严禁作业人员站在被拆墙体、构件上作业。临时建筑拆除后，场地宜及时清理干净。当没有特殊要求时，地面宜恢复原貌。

14.3 土石方施工常用机械安全文明操作

机械进入现场前，应查明行驶路线上的桥梁、涵洞的上部净空和下部承载能力，确保机械安全通过。机械通过桥梁时，应采用低速挡慢行，在桥面上不得转向或制动。作业前，必须查明施工场地内明、暗铺设的各类管线等设施，并应用明显记号标识。严禁在离地下管线、承压管道 1 m 距离以内进行大型机械作业。作业中，应随时监视机械各部位的运转情况及仪表指示值，如发现异常，应立即停机检修。机械运行中，人员不得接触转动部位。在修理工作装置时，应将工作装置降到最低位置，并应将悬空工作装置垫上垫木。在电杆附近取土时，对不能取消的拉线、地垄和杆身，应留出土台，土台大小应根据电杆结构、掩埋深度和土质情况由技术人员确定。机械与架空输电线路的安全距离应符合现行行业标准《建筑与市政工程施工现场临时用电安全技术标准》(JGJ/T 46—2024)的规定。

在施工中遇下列情况之一时应立即停工：①填挖区土体不稳定，土体有可能坍塌；②地面涌水冒浆，机械陷车，或因雨水在坡道打滑；③遇大雨、雷电、浓雾等恶劣天气；④施工标志及防护设施被损坏；⑤工作面安全净空不足。

机械回转作业时，配合人员必须在机械回转半径以外工作。当需在回转半径以内工作时，机械必须停止回转并制动。雨期施工时，机械应停放在地势较高的坚实位置。机械作业时不得破坏基坑支护系统。在行驶或作业中的机械上，除驾驶室外的任何地方不得有乘员。

14.3.1 单斗挖掘机

单斗挖掘机的作业和行走场地应平整坚实，松软地面应用枕木或垫板垫实，对沼泽或淤泥场地应进行路基处理，或更换专用湿地履带。轮胎式挖掘机使用前应支好支腿，并应保持水平，支腿应置于作业面的方向，转向驱动桥应置于作业面的后方。履带式挖掘机的驱动轮应置于作业面的后方。采用液压悬挂装置的挖掘机作业时，应锁住两个悬挂液压缸。

作业前应重点检查下列项目，确保其符合相应要求：①照明、信号及报警装置等应齐全有效；②燃油、润滑油、液压油应符合规定；③各铰接部分应可靠连接；④液压系统不得有泄漏现象；⑤轮胎气压应符合规定。启动前，应将主离合器分离，将各操纵杆放在空挡位置，并应发出信号，确认安全后启动设备。启动后，应先使液压系统从低速到高速空载循环 10～20 min，检查有无吸空等不正常噪声，并检查各仪表指示值，待运转正常后再接合主离合器，进行空载运转，按顺序操纵各工作机构并测试各制动器，确认正常后方可开始作业。

作业时，挖掘机应保持水平，行走机构应制动，履带或轮胎应楔紧。平整场地时，不得用铲斗进行横扫或用铲斗对地面进行夯实。挖掘岩石时，应先进行爆破。挖掘冻土时，应采用破冰锤或爆破法破碎冻土层。不得用铲斗破碎石块、冻土，或用单边斗齿硬啃。挖掘机的最大开挖高度和深度，不应超过机械本身性能规定。在拉铲或反铲作业时，履带式挖掘机的履带与工作面边缘的距离应大于 1.0 m，轮胎式挖掘机的轮胎与工作面边缘的距离应大于 1.5 m。在坑边进行挖掘作业时，若发现有塌方危险，应立即处理险情，或将挖掘机撤至安全地带。坑边不得留有伞状边沿及松动的大块石。挖掘机应停稳后再进行挖土作业。当铲斗未离开工作面时，不得做回转、行走等动作。应使用回转制动器进行回转制动，不得用转向离合器反转制动。作业时，各操纵过程应平稳，不宜紧急制动。铲斗升降不得过猛，铲斗下降时，不得碰撞车架或履带。斗臂在抬高及回转时，不得碰撞坑、沟侧壁或其他物体。挖掘机向运土车辆卸土时，应降低卸落高度，不得卸偏或砸坏车厢。回转时，铲斗不得从运输车辆驾驶室顶上越过。

作业中，当液压缸即将伸缩到极限位置时，应动作平稳，不得冲撞极限块。作业中，当需制动时，应将变速阀置于低速挡位置。作业中，当发现挖掘力突然变化时，应停机检查，不得在查明原因前调整分配阀的压力。作业中，不得打开压力表开关，且不得将工况选择阀的操纵手柄放在高速挡位置。挖掘机应停稳后再进行反铲作业，斗柄伸出长度应符合规定要求，提斗应平稳。作业中，履带式挖掘机短距离行走时，主动轮应在后面，斗臂应在正前方并与履带平行，回转机构应制动。坡道坡度不得超过机械允许的最大坡度，下坡时应慢速行驶，不得在坡道上变速和空挡滑行。轮胎式挖掘机行驶前，应收回支腿并固定牢靠，监控仪表和报警信号灯应处于正常显示状态。轮胎气压应符合规定，工作装置应处于行驶方向，铲斗宜离地面1 m。挖掘机长距离行驶时，应将回转制动板踩下，并应用固定销锁定回转平台。若挖掘机在坡道上行走时熄火，应立即制动，并应揳住履带或轮胎，重新发动后，再继续行走。

作业后，挖掘机不得停放在高边坡附近或填方区，应停放在坚实、平坦、安全的位置，并应将铲斗收回平放在地面，所有操纵杆应置于中位，关闭操作室和机棚。履带式挖掘机转移工地时应采用平板拖车装运；短距离自行转移时，应低速行走。保养或检修挖掘机时，应将内燃机熄火，并将液压系统卸荷，将铲斗落地。利用铲斗将底盘顶起进行检修时，应使用垫木将抬起的履带或轮胎垫稳，用木楔将落地履带或轮胎揳牢，然后再将液压系统卸荷，否则人员不得进入底盘下工作。

14.3.2 挖掘装载机

挖掘作业前应先将装载斗翻转，使斗口朝地，并使前轮稍离开地面，踏下并锁住制动踏板，然后伸出支腿，使后轮离地并保持水平。挖掘装载机在边坡卸料时，应有专人指挥，挖掘装载机轮胎距边坡边缘的距离应大于1.5 m。动臂后端的缓冲块应保持完好，损坏时，应及时修复；作业时，应平稳操纵手柄；支臂下降时不宜中途制动；挖掘时不得使用高速挡。应平稳回转挖掘装载机，并不得用装载斗砸实沟槽的侧面。挖掘装载机移位时，应将挖掘装置置于中间运输状态，收起支腿，提起提升臂。装载作业前，应将挖掘装置的回转机构置于中间位置，并应用拉板固定。在装载过程中，应使用低速挡。铲斗提升臂在举升时，不应使用阀的浮动位置。前四阀用于支腿伸缩和装载的作业与后四阀用于回转和挖掘的作业不得同时进行。

挖掘装载机不应高速行驶和急转弯。下坡时，不得空挡滑行。行驶时，支腿应完全收回，挖掘装置应固定牢靠，装载装置宜放低，铲斗和斗柄液压活塞杆应处于完全伸张位置。挖掘装载机停放时间超过1 h时，应支起支腿，使后轮离地；停放时间超过1 d时，应使后轮离地，并应在后悬架下面用垫块支撑。

14.3.3 推土机

推土机在坚硬土壤或多石土壤地带作业时，应先进行爆破或用松土器翻松土层。在沼泽地带作业时，应更换专用湿地履带板。不得用推土机推石灰、烟灰等粉尘物料，不得用推土机进行碾碎石块的作业。用推土机牵引其他机构设备时，应有专人负责指挥。钢丝绳的连接应牢固可靠。在坡道或长距离牵引时，应采用牵引杆连接。作业前应重点检查下列项目，确保其符合相应要求：①各部件不得松动，应连接良好；②燃油、润滑油、液压油等应符合规定；③各系统管路不得有裂纹或泄漏现象；④各操纵杆和制动踏板的行程、履带的松紧度和轮胎气压应符合要求。启动前，应将主离合器分离，各操纵杆放在空挡位置，并应按照有关规定启动内燃机，不得用拖、顶方式启动。启动后应检查各仪表指示值、液压系统，确认运转正常，且水温达到55 ℃、机油温度达到45 ℃后，方可全载荷作业。

推土机四周不得有障碍物，推土机应在确认安全后开动，工作时不得有人站在履带或刀片的支架上。对采用主离合器传动的推土机，接合应平稳，起步不得过猛，不得使离合器处于半接合状态;对液力传动的推土机,应先解除变速杆的锁紧状态,踏下减速器踏板,将变速杆置于低挡位,然后缓慢释放减速踏板。在块石路面行驶时,应将履带张紧。当需要原地旋转或急转弯时,应采用低速挡。当行走机构夹入块石时,应采用正、反向往复行驶的方法排除块石。在浅水地带行驶或作业时应查明水深,冷却风扇叶不得接触水面。下水前和出水后,应对行走装置加注润滑脂。推土机上、下坡或越过障碍物时应采用低速挡。

推土机上坡坡度不得超过25°,下坡坡度不得大于35°,横向坡度不得大于10°。在25°以上的陡坡上不得横向行驶,并不得急转弯。上坡时不得换挡,下坡时不得空挡滑行。当需要在陡坡上推土时,应先对坡面进行填挖,使机身保持平衡。在上坡途中,若内燃机突然熄灭,应立即放下铲刀,并锁住制动踏板。在推土机停稳后,将主离合器脱开,把变速杆放到空挡位置,并应用木块将履带或轮胎楔死,然后重新启动内燃机。下坡时,当推土机下行速度大于内燃机传动速度时,转向操纵的方向应与平地行走时操纵的方向相反,并不得使用制动器。填沟作业时若驶近边坡,铲刀不得越出边缘。后退时,应先换挡,后提升铲刀,再进行倒车。在深沟、基坑或陡坡地区作业时,应有专人指挥,垂直边坡高度应小于2 m。当大于2 m时,应放出安全边坡,同时禁止用推土刀在侧面推土。推土或松土作业时,不得超载,各项操作应缓慢平稳,不得损坏铲刀、推土架、松土器等装置;当无液力变矩器的推土机在作业中有超载趋势时,应稍微提升刀片或变换低速挡。不得顶推与地基基础连接的钢筋混凝土桩等建筑物。顶推树木等物体时不得使其倒向推土机及高空架设物。两台以上推土机在同一地区作业时,前后距离应大于8.0 m,左右距离应大于1.5 m。在狭窄道路上行驶时,未经前机同意,后机不得超越。

作业完毕后,宜将推土机开到平坦安全的地方,并应将铲刀、松土器落到地面。在坡道上停机时,应将变速杆置于低速挡,接合主离合器,锁住制动踏板,并将履带或轮胎楔住。停机时,应先降低内燃机转速,将变速杆放在空挡,锁紧液力传动的变速杆,分开主离合器,踏下制动踏板并锁紧,在水温降到75 ℃以下、油温降到90 ℃以下后熄火。推土机长途转移工地时,应采用平板拖车装运。短途行走转移距离不宜超过10 km,铲刀距地面宜为400 mm,不得用高速挡行驶和进行急转弯,不得长距离倒退行驶。在推土机底盘下面检修时,内燃机应熄火,铲刀应落到地面或垫稳。

14.3.4 拖式铲运机

铲运机作业时,应先用松土器翻松土层。铲运作业区内不得有树根、大石块、大量杂草等。铲运机行驶道路应平整坚实,路面宽度应比铲运机宽度大2 m。启动前,应检查钢丝绳、轮胎气压、铲土斗及卸土板回缩弹簧、拖把万向接头、撑架以及各部滑轮等,并确认其处于正常工作状态;液压式铲运机铲斗和拖拉机连接叉座与牵引连接块应锁定,各液压管路应连接牢靠。开动前,应使铲斗离开地面,机械周围不得有障碍物。

作业中,严禁人员上下机械,传递物件,以及在铲斗内、拖把或机架上坐立。多台铲运机联合作业时,各机之间前后距离应大于10 m(铲土时应大于5 m),左右距离应大于2 m,并应遵守下坡让上坡、空载让重载、支线让干线的原则。在狭窄地段运行时,未经前机同意,后机不得超越。两机交会或超车时应减速,两机左右间距应大于0.5 m。铲运机上、下坡时,应低速行驶，不得中途换挡，下坡时不得空挡滑行，行驶的横向坡度不得超过6°，坡宽应大于铲运机宽度2 m。在新填筑的土堤上作业时，离堤坡边缘的距离应大于1 m。当须在斜坡横向作业时，应先将斜坡挖填平整，使机身保持平衡。在坡道上不得进行检修作业，在陡坡上不得转弯、倒车或停车。在坡上熄火时，应将铲斗落地，在制动牢靠后再启动。下陡坡时，应将铲斗触地，以辅助制动。铲土时，铲斗与机身应保持直线前进。助铲时应有助铲装置，并应正确开启斗门，不得切土过深。两机应协调配合，平稳接触，等速助铲。在下陡坡铲土时，铲斗装满后，在铲斗后轮未驶入缓坡地段前，不得将铲斗提离地面，应防止铲斗快速下滑冲击主机。在不平地段行驶时，应放低铲斗，不得将铲斗提升到高位。拖拉陷车时，应有专人指挥，前后操作人员应协调配合，铲运机应在确认安全后起步。作业后，应将铲运机停放在平坦地面，并应将铲斗落到地面上。液压操纵的铲运机应将液压缸缩回，将操纵杆放在中间位置，进行清洁、润滑后，锁好门窗。

非作业行驶时，铲斗应用锁紧链条挂牢在运输行驶位置上；拖式铲运机不得载人或装载易燃、易爆物品。修理斗门或在铲斗下进行检修作业时，应将铲斗提起后用销子或锁紧链条固定，再用垫木将斗身顶住，并应用木楔揳住轮胎。

14.3.5 自行式铲运机

自行式铲运机的行驶道路应平整坚实，单行道宽度不宜小于5.5 m。多台铲运机联合作业时，前后距离不得小于20 m，左右距离不得小于2 m。作业前，应检查铲运机的转向和制动系统，并确认其灵敏可靠。

铲土或利用推土机助铲时，应随时微调转向盘，使铲运机始终保持直线前进。不得在转弯情况下铲土。下坡时，不得空挡滑行，应踩下制动踏板，并辅以内燃机制动，必要时可放下铲斗，以降低下滑速度。转弯时，应采用较大回转半径并低速转向，操纵转向盘不得过猛；当重载行驶或在弯道上、下坡时，应缓慢转向。不得在大于15°的横坡上行驶，也不得在横坡上铲土。沿沟边或填方边坡作业时，轮胎离路肩的距离不得小于0.7 m，并应放低铲斗，降速缓行。在坡道上不得进行检修作业。在坡道上熄火时，应立即制动，下降铲斗，把变速杆放在空挡位置，然后重新启动内燃机。穿越泥泞或松软地面时，铲运机应直线行驶，当一侧轮胎打滑时，可踏下差速器锁止踏板。在离开不良地面后，应停止使用差速器锁止踏板，不得在差速器锁止时转弯。夜间作业时，前后照明装置应齐全完好，前大灯应能照至30 m远；非作业行驶时，照明应符合有关规定。

14.3.6 静作用压路机

压路机碾压的工作面，应先经过适当平整，对新填的松软土，应先用羊足碾或打夯机逐层碾压或夯实后，再用压路机碾压。工作地段的纵坡坡度不应超过压路机最大爬坡能力，横坡坡度不应大于20°。应根据碾压要求选择机种。

当光轮压路机需要增加机重时，可在滚轮内加砂或水。当气温降至0 ℃及以下时，不得用水增重。轮胎压路机不宜在大块石基层上作业。作业前，应检查并确认滚轮的刮泥板平整良好，各紧固件不得松动；对轮胎压路机应检查轮胎气压，确认正常后再启动。启动后，应检查制动性能及转向功能并确认其灵敏可靠。开动前，压路机周围不得有障碍物或人员。不得用压路机拖拉任何机械或物件。碾压时应低速行驶，速度宜控制在 3～4 km/h，在一个碾压行程中不得变速。碾压过程中应保持正确的行驶方向，碾压第二行时应与第一行重叠半个滚轮压痕。变换压路机前进、后退方向应在滚轮停止运动后进行。不得将换向离合器当作制动器使用。在新建场地上进行碾压时，应从中间向两侧碾压。碾压时，与场地边缘的距离不应小于 0.5 m。在坑边碾压施工时，应由里侧向外侧碾压，与坑边的距离不应小于 1 m。上下坡时，应事先选好挡位，不得在坡上换挡，下坡时不得空挡滑行。两台以上压路机同时作业时，前后间距不得小于 3 m，在坡道上不得纵队行驶。在行驶中，不得进行修理作业或加油。需要在机械底部进行修理作业时，应将内燃机熄火，刹车制动，并楔住滚轮。对有差速器锁定装置的三轮压路机，当只有一只轮子打滑时，可使用差速器锁定装置，但使用时不得转弯。

作业后，压路机应停放在平坦坚实的场地，不得停放在软土路边缘及斜坡上，不得妨碍交通，并应锁定制动装置。严寒季节停机时，宜用木板将滚轮垫离地面，应防止滚轮与地面冻结。压路机转移距离较远时，应采用汽车或平板拖车装运。

14.3.7 振动压路机

作业时，压路机应先起步后起振，内燃机应先置于中速，然后再调至高速。压路机换向时应先停机；压路机变速时应降低内燃机转速。压路机不得在坚实的地面上进行振动。压路机碾压松软路基时，应先碾压 1～2 遍后再进行振动碾压。压路机碾压时，压路机振动频率应保持一致。换向离合器、起振离合器和制动器的调整，应在主离合器脱开后进行。上下坡或急转弯时不得使用快速挡。铰接式振动压路机以较小转弯半径绕圈碾压时不得使用快速挡。压路机在高速行驶时不得接合振动。停机时应先停振，然后将换向机构置于中间位置，变速器置于空挡，最后拉起手制动操纵杆。振动压路机的使用除应符合本节要求外，还应符合其他有关规定。

14.3.8 平地机

起伏较大的地面宜先用推土机推平，再用平地机平整。平地机作业区内不得有树根、大石块等障碍物。不得用平地机拖拉其他机械。启动内燃机后，应检查各仪表指示值，确保其符合要求。开动平地机时，应鸣笛示意，并确认机械周围无障碍物及行人，用低速挡起步后，应测试并确认制动器灵敏有效。

作业时，应先将刮刀下降到接近地面位置，起步后再下降刮刀铲土。铲土时，应根据铲土阻力大小，随时调整刮刀的切土深度。刮刀的回转、铲土角的调整及向机外侧斜，均应在停机时进行；刮刀左右端的升降动作，可在机械行驶中调整。刮刀角铲土和齿耙松土时应用一挡速度行驶；刮土和平整作业时应用二、三挡速度行驶。土质坚实的地面应先用齿耙翻松，翻松时应缓慢下齿。使用平地机清除积雪时，应在轮胎上安装防滑链，并应探明工作面的深坑、沟槽位置。平地机在转弯或调头时，应使用低速挡；在正常行驶时，应使用前轮转向；当场地特别狭小时，可使用前后轮同时转向。平地机行驶时，应将刮刀和齿耙升到最高位置，并将刮刀斜放，刮刀两端不得超出后轮外侧。行驶速度不得超过使用说明书的规定。下坡时，不得空挡滑行。平地机作业时变矩器的油温不得超过 120 ℃。作业后，平地机应停放在平坦、安全的场地，刮刀应落在地面上，手制动操纵杆应拉紧。

14.3.9 轮胎式装载机

装载机与汽车配合进行装运作业时，自卸汽车的车厢容积应与装载机铲斗容量相匹配。装载机作业场地坡度应符合使用说明书的规定。作业区内不得有障碍物及无关人员。轮胎式装载机的作业场地和行驶道路应平坦坚实。在石块场地作业时，应在轮胎上加装保护链条。装载机行驶前，应先鸣笛示意，铲斗宜提升离地 0.5 m。装载机行驶过程中应测试制动器的可靠性。装载机搭乘人员应符合规定。装载机铲斗不得载人。装载机高速行驶时应采用前轮驱动；低速铲装时，应采用四轮驱动。铲斗装载后升起时，行驶中不得急转弯或紧急制动。装载机下坡时不得空挡滑行。

装载机的装载量应符合使用说明书的规定。装载机铲斗应从正面铲料，铲斗不得单边受力。装载机应低速缓慢举臂，翻转铲斗卸料。装载机操纵手柄换向应平稳。装载机满载时，铲臂应缓慢下降。在松散不平的场地作业时，应把铲臂放在浮动位置，使铲斗平稳地推进；当推进阻力增大时，可稍微提升铲臂。当铲臂运行到上下最大限度位置时，应立即将操纵杆放回空挡位置。装载机运载物料时，铲臂下铰点宜与地面保持 0.5 m 距离，装载机在行驶中应保持平稳。铲斗提升到最高位置时，不得运输物料。铲装或挖掘时，铲斗不应偏载。铲斗装满后，应先举臂，再行走、转向、卸料。装载机在行走过程中不得收斗或举臂。当铲装阻力较大，出现轮胎打滑时，应立即停止铲装，排除过载后再铲装。在向汽车装料时，铲斗不得从汽车驾驶室上方越过。如汽车驾驶室顶无防护，驾驶室内不得有人。向汽车装料时，宜降低铲斗高度，减小卸落冲击。汽车装料时不得偏载、超载。装载机在坡、沟边卸料时，轮胎与边缘之间应保留安全距离，安全距离宜大于 1.5 m；铲斗不宜伸出坡、沟边缘。在大于 3°的坡面上，装载机不得朝下坡方向俯身卸料。作业时，装载机变矩器油温不得超过 110 ℃，超过时，应停机降温。

作业后，装载机应停放在安全场地，铲斗应平放在地面上，操纵杆应置于中位，制动装置应锁定。装载机转向架未锁闭时，严禁站在前后车架之间进行检修保养作业。装载机铲臂升起后，在进行润滑或检修等作业时，应先装好安全销，或采取其他措施支住铲臂。停车时，应使内燃机转速逐步降低，不得突然熄火，防止液压油在惯性作用下溢出油箱。

14.3.10 蛙式夯实机

蛙式夯实机适用于夯实灰土和素土。蛙式夯实机不得冒雨作业。作业前应重点检查下列项目，并确保其符合相应要求：①漏电保护器应灵敏有效，接零或接地及电缆线接头应绝缘良好；②传动皮带应松紧合适，皮带轮与偏心块应安装牢固；③转动部分应安装防护装置，并应进行试运转，确认其正常；④负荷线应采用耐气候型四芯橡皮护套软电缆，电缆线长度不应大于 50 m。夯实机启动后，应检查电动机旋转方向，错误时应倒换相线。

作业时，夯实机扶手上的按钮开关和电动机的接线应绝缘良好。当发现有漏电现象时，应立即切断电源，进行检修。夯实机作业时，应一人扶夯，一人传递电缆线，作业人员应戴绝缘手套，穿绝缘鞋。递线人员应在夯机后方或两侧调顺电缆线。电缆线不得扭结或缠绕，并应保持 3～4 m 的余量。作业时，不得夯击电缆线。作业时，应保持夯实机平衡，不得用力压扶手。转弯时应用力平稳，不得急转弯。夯实填高松软土方时，应先将边缘以内 100～150 mm 部位夯实 2～3 遍后，再夯实边缘。不得在斜坡上夯实，以防夯头后折。夯实房心土时，夯板应避开钢筋混凝土基础及地下管道等地下物。在建筑物内部作业时，夯板或偏心块不得撞击墙壁。多机作业时，其平行间距不得小于 5 m，前后间距不得小于 10 m。

夯实机作业时，夯实机四周 2 m 范围内，不得有非夯实机操作人员。夯实机电动机温升超过规定时，应停机降温。作业时，若夯实机有异常响声，应立即停机检查。作业后，应切断电源，卷好电缆线，清理夯实机。夯实机保管应注意防水防潮。

14.3.11 振动冲击夯

振动冲击夯适用于压实黏性土、砂及砾石等散状物料，不得在水泥路面或其他坚硬地面上作业。内燃机冲击夯作业前，应检查并确认有足够的润滑油，油门控制器应转动灵活。

内燃机冲击夯启动后，应逐渐加大油门，夯机跳动稳定后开始作业。振动冲击夯作业时，应正确握持夯机，不得使其倾斜，手把不宜握得过紧，能控制夯机前进速度即可。正常作业时，不得用力往下压手把，以免影响夯机跳起高度。夯实松软土或上坡时，可将手把稍向下压，并应增加夯机前进速度。根据作业要求，内燃机冲击夯应通过调整油门的大小，在一定范围内改变夯机振动频率。内燃机冲击夯不宜在高速下连续作业。当短距离转移冲击夯时，应先将冲击夯手把稍向上抬起，将运转轮装入冲击夯的挂钩内，再压下手把，使夯机重心后倾，再推动手把转移冲击夯。

14.3.12 强夯机械

作为强夯作业的主机，应按照强夯等级的要求经过计算选用。强夯机械的门架、横梁、脱钩器等主要结构和部件的材料及制作质量，应经过严格检查，不符合设计要求的不得使用。夯机驾驶室挡风玻璃前应增设防护网。夯机的作业场地应平整，门架底座与夯机着地部位的场地不平度不得超过 100 mm。夯机在工作状态时，起重臂仰角应符合使用说明书的要求。梯形门架支腿不得前后错位，在门架支腿未支稳垫实前，不得提锤。变换夯位后，应重新检查门架支腿，确认其稳固可靠，然后再将锤提升 100～300 mm，检查整机的稳定性，确认可靠后方可开始作业。

夯锤下落后，在吊钩尚未降至夯锤吊环附近前，严禁操作人员提前下坑挂钩。从坑中提锤时，严禁挂钩人员站在锤上随锤提升。夯锤起吊后，地面操作人员应迅速撤至安全距离以外，非强夯施工人员不得进入夯点周围 30 m 范围内。夯锤升起后如超过脱钩高度仍不能自动脱钩，起重指挥应立即发出停车信号，将夯锤落下，查明原因并正确处理后方可继续施工。当夯锤留有的通气孔在作业中出现堵塞现象时，应及时清理，并不得在锤下作业。当夯坑内有积水或由黏土产生的锤底吸附力增大时，应采取措施排除积水和黏土，不得强行提锤。转移夯点时，夯锤应由辅机协助转移，门架随夯机移动前，支腿离地面高度不得超过 500 mm。作业后，应将夯锤降下，放在坚实稳固的地面上。在非作业时，不得将夯锤悬挂在空中。

14.4 起重机及垂直运输机械安全文明操作

进入施工现场的建筑起重机械应具备特种设备制造许可证、产品合格证、特种设备制造监督检验证明、备案证明、安装使用说明书和自检合格证明。建筑起重机械有下列情形之一时，不得出租和使用：①属国家明令淘汰或禁止使用的品种、型号；②超过安全技术标准或制造厂规定的使用年限；③经检验达不到安全技术标准规定；④没有完整的安全技术档案；⑤没有齐全有效的安全保护装置。

建筑起重机械的安全技术档案应包括下列内容：①购销合同、特种设备制造许可证、产品合格证、特种设备制造监督检验证明、安装使用说明书、备案证明等原始资料；②定期检验报告、定期自行检查记录、定期维护保养记录、维修和技术改造记录、运行故障和生产安全事故记录、累积运转记录等运行资料；③历次安装验收资料。

建筑起重机械装拆方案的编制、审批和建筑起重机械首次使用、升节、附墙等验收应按现行有关规定执行。建筑起重机械的装拆应由具有起重设备安装工程承包资质的单位施工，操作和维修人员应持证上岗。选用建筑起重机械时，其主要性能参数、利用等级、载荷状态、工作级别等应与建筑工程相匹配。

施工现场应提供符合起重机械作业要求的通道、电源等工作场地和作业环境。基础与地基承载能力应满足起重机械的安全使用要求。操作人员在作业前应对行驶道路、架空电线、建(构)筑物等现场环境以及起吊重物进行全面了解。建筑起重机械应装有音响清晰的信号装置。在起重臂、吊钩、平衡重等转动物体上应有鲜明的色彩标志。建筑起重机械的变幅限位器、力矩限制器、起重量限制器、防坠安全器、钢丝绳防脱装置、防脱钩装置以及各种行程限位开关等安全保护装置，必须齐全有效，严禁随意调整或拆除。严禁用限制器和限位装置代替操纵机构。

建筑起重机械安装工、司机、信号司索工在作业时应密切配合，按规定的指挥信号作业。当信号不清或错误时，操作人员应拒绝执行。施工现场应采用旗语、口哨、对讲机等有效的联络措施，确保通信畅通。在风速达到 9.0 m/s 及以上或遇大雨、大雪、大雾等恶劣天气时，严禁进行建筑起重机械的安装拆卸作业。在风速达到 12.0 m/s 及以上或遇大雨、大雪、大雾等恶劣天气时，应停止露天的起重吊装作业。重新作业前，应先试吊，并应在确认各种安全装置灵敏可靠后进行作业。操作人员进行起重机械回转、变幅、行走、吊钩升降等动作前，应发出音响信号示意。

建筑起重机械作业时，应在臂长的水平投影覆盖范围外设置警戒区域，并应有监护措施；起重臂和重物下方不得有人停留、工作或通过。不得用吊车、物料提升机载运人员。

不得使用建筑起重机械斜拉、斜吊和起吊埋设在地下或凝固在地面上的重物以及其他重量不明的物体。起吊重物应绑扎平稳、牢固，不得在重物上堆放或悬挂零星物件。易散落物件应用吊笼吊运。标有绑扎位置的物件，应按标记绑扎后吊运。吊索的水平夹角宜为45°～60°，不得小于30°，吊索与物件棱角之间应加设保护垫料。起吊载荷达到起重机械额定起重量的90%及以上时，应先将重物吊离地面不高于200 mm，检查起重机械的稳定性和制动可靠性，并应在确认重物绑扎牢固平稳后再继续起吊。对大体积或易晃动的重物应拴拉绳。重物的吊运速度应平稳、均匀，不得突然制动。回转未停稳前，不得反向操作。建筑起重机械作业时，如遇突发故障或突然停电，应立即把所有控制器拨到零位，并及时关闭发动机或断开电源总开关，然后进行检修。起吊物不得长时间悬挂在空中，应采取措施将重物降落到安全位置。起重机械的任何部位与架空输电导线的安全距离应符合现行行业标准《建筑与市政工程施工现场临时用电安全技术标准》(JGJ 46—2024)的规定。

建筑起重机械使用的钢丝绳，应有钢丝绳制造厂提供的质量合格证明文件。建筑起重机械使用的钢丝绳的结构形式、强度、规格等应符合起重机使用说明书的要求。钢丝绳与卷筒应连接牢固，放出钢丝绳时，卷筒上应至少保留3圈，收放钢丝绳时应防止钢丝绳损坏、扭结、弯折和乱绳。钢丝绳采用编结固接时，编结部分的长度不得小于钢丝绳直径的20倍，并不应小于300 mm，其编结部分应用细钢丝捆扎。绳卡滑鞍（夹板）应在钢丝绳承载时受力的一侧，U形螺栓应在钢丝绳的尾端，不得正反交错。绳卡初次固定后，应待钢丝绳受力后再次紧固，并宜拧紧直至尾端钢丝绳受压处直径高度被压扁1/3。作业中应经常检查紧固情况。

每班作业前，应检查钢丝绳及钢丝绳的连接部位。钢丝绳的报废按现行国家标准《起重机 钢丝绳 保养、维护、检验和报废》(GB/T 5972—2023)的规定执行。在转动的卷筒上缠绕钢丝绳时，不得用手拉或脚踩的方式引导钢丝绳，不得给正在运转的钢丝绳涂抹润滑脂。

建筑起重机械报废及超龄使用应符合国家现行有关规定。建筑起重机械的吊钩和吊环严禁补焊，当出现下列情况之一时应更换：①表面有裂纹、破口；②有危险断面及钩颈永久变形；③挂绳处断面磨损超过高度的10%；④吊钩衬套磨损超过原厚度的50%；⑤销轴磨损超过其直径的5%。

使用建筑起重机械时，每班都应对制动器进行检查。当制动器的零件出现下列情况之一时，应作报废处理：①裂纹；②制动器摩擦片厚度磨损达原厚度的50%；③弹簧出现塑性变形；④小轴或轴孔直径磨损达原直径的5%。建筑起重机械制动轮的制动摩擦面不应有妨碍制动性能的缺陷或沾染油污。制动轮出现下列情况之一时，应作报废处理：①裂纹；②对起升、变幅机构的制动轮，轮缘厚度磨损大于原厚度的40%；③对其他机构的制动轮，轮缘厚度磨损大于原厚度的50%；④轮面凹凸不平度达1.5～2.0 mm(小直径取小值，大直径取大值)。

14.4.1 履带式起重机

起重机械应在平坦坚实的地面上作业、行走和停放。作业时，坡度不得大于3°，起重机械应与沟渠、基坑保持安全距离。起重机械启动前应重点检查下列项目，确保其符合相应要求：①各安全防护装置及各指示仪表应齐全完好；②钢丝绳及连接部位应符合规定；③燃油、润滑油、液压油、冷却水等应添加充足；④各连接件不得松动；⑤在回转空间内不得有障碍物。

起重机械启动前应将主离合器分离，各操纵杆放在空挡位置。应按有关规定启动内燃机。内燃机启动后，应检查各仪表指示值，应在运转正常后接合主离合器，空载运转时，应按顺序检查各工作机构及制动器，在确认正常后方可开始作业。作业时，起重臂的最大仰角不得超过使用说明书的规定；当无资料可查时，不得超过 78°。起重机械变幅应缓慢平稳，在起重臂未停稳前不得变换挡位。

起重机械工作时，在行走、起升、回转及变幅四种动作中，应只允许不超过两种动作的复合操作。当负荷超过该工况额定负荷的 90%时，应慢速升降重物，严禁进行超过两种动作的复合操作和下降起重臂。在重物起升过程中，操作人员应把脚放在制动踏板上，控制起升高度，防止吊钩冒顶；当重物悬停空中时，即使制动踏板被固定，仍应脚踩在制动踏板上。进行双机抬吊作业时，应选用起重性能相似的起重机。抬吊时应有统一指挥，动作应配合协调，载荷应分配合理，起吊重量不得超过两台起重机在该工况下允许起重量总和的 75%，单机的起吊载荷不得超过允许载荷的 80%。在吊装过程中，两台起重机的吊钩滑轮组应保持垂直状态。

起重机械行走时，转弯不应过急；当转弯半径过小时，应分次转弯。起重机械不宜长距离负载行驶。起重机械负载时应缓慢行驶，起重量不得超过相应工况额定起重量的 70%，起重臂应位于行驶方向正前方，重物离地面高度不得大于 500 mm，并应拴好拉绳。

起重机械上、下坡道时应无载行走，上坡时应将起重臂仰角适当放小，下坡时应将起重臂仰角适当放大。下坡时严禁空挡滑行。在坡道上严禁负载回转。作业结束后，起重臂应转至顺风方向，仰角应降至 40°～60°，吊钩应提升到接近顶端的位置，应关停内燃机，并应将各操纵杆放在空挡位置，各制动器应加保险装置固定，操作室和机棚应关门加锁。

起重机械转移工地时，应采用火车或平板拖车运输，所用跳板的坡度不得大于 15°；起重机械上车后，应将回转、行走、变幅等机构制动，应用木楔楔紧履带两端，并绑扎牢固；吊钩不得悬空摆动。起重机械自行转移时，应卸去配重，拆短起重臂，主动轮应在后方，机身、起重臂、吊钩等必须处于制动位置，并应加保险装置固定。起重机械通过桥梁、水坝、排水沟等构筑物时，应先查明允许载荷后再通过，必要时应采取加固措施。经过铁路、地下水管、电缆等设施时，应铺设保护垫板，机械在上面行走时不得转弯。

14.4.2　汽车、轮胎式起重机

起重机械工作的场地应保持平坦坚实，符合起重时的受力要求；起重机械应与沟渠、基坑保持安全距离。起重机械启动前应重点检查下列项目，确保其符合相应要求：①各安全保护装置和指示仪表应齐全完好；②钢丝绳及连接部位应符合规定；③燃油、润滑油、液压油及冷却水应添加充足；④各连接件不得松动；⑤轮胎气压应符合规定；⑥起重臂应可靠搁置在支架上。

起重机械启动前，应将各操纵杆放在空挡位置，手制动器应锁死，应按有关规定启动内燃机。应在怠速运转 3～5 min 后进行中高速运转，并应检查各仪表指示值，确认运转正常

后接合液压泵，液压达到规定值，油温超过 30 ℃后，方可作业。作业前，应伸出全部支腿，调整机体使回转支撑面的倾斜度在无载荷时不大于 1/1000（水准居中）。支腿的定位销必须插上。对于底盘为弹性悬挂的起重机，插支腿前应先收紧稳定器。作业中不得扳动支腿操纵阀。调整支腿应在无载荷时进行，应先将起重臂转至正前方或正后方，再调整支腿。起重作业前，应根据所吊重物的重量和起升高度，并按起重性能曲线，调整起重臂长度和仰角；应估计吊索长度和重物本身的高度，留出适当起吊空间。起重臂顺序伸缩应按使用说明书进行，在伸臂的同时应下降吊钩。当制动器发出警报时，应立即停止伸臂。

汽车式起重机变幅角度不得小于臂架各长度所规定的仰角。汽车式起重机起吊作业时，汽车驾驶室内不得有人，重物不得越过汽车驾驶室上方，且不得在车的前方起吊。起重量达到额定起重量的 50％及以上时，应使用低速挡。作业中发现起重机倾斜、支腿不稳等异常现象时，应在保证作业人员安全的情况下，将重物降至安全的位置。当重物在空中需停留较长时间时，应将起升卷筒制动装置锁住，操作人员不得离开操作室。起重量达到额定起重量的 90％及以上时，严禁向下变幅，同时严禁进行两种及以上的操作动作。起重机械带载回转时，操作应平稳，应避免急剧回转或急停，换向应在停稳后进行。起重机械带载行走时，道路应平坦坚实，载荷应符合使用说明书的规定，重物离地面不得超过 500 mm，并应拴好拉绳，缓慢行驶。作业后，应先将起重臂全部缩回放在支架上，再收回支腿；吊钩应用钢丝绳挂牢；车架尾部两撑杆应分别撑在尾部下方的支座内，并采用螺母固定；阻止机身旋转的销式制动器应插入销孔，并应将取力器操纵手柄放在脱开位置，最后应锁住起重操作室门。起重机械行驶前，应检查确认各支腿收存牢固，轮胎气压应符合规定。

行驶时，发动机水温应为 80～90 ℃，当水温未达到 80 ℃时，不得高速行驶。起重机械应保持中速行驶，不得紧急制动，经过铁道口或起伏路面时应减速，下坡时严禁空挡滑行，倒车时应有人监护指挥。行驶时，底盘走台上不得有人员站立或蹲坐，不得堆放物件。

14.4.3 塔式起重机

行走式塔式起重机的轨道基础应符合下列要求：①路基承载能力应满足塔式起重机使用说明书要求。②每间隔 6 m 应设轨距拉杆一个，轨距允许偏差应为公称值的 1/1000，且不得超过±3 mm。③在纵横方向上，钢轨顶面的倾斜度不得大于 1/1000；塔机安装后，轨道顶面纵、横方向上的倾斜度，对上回转塔机不应大于 3/1000，对下回转塔机不应大于5/1000，在轨道全程中，轨道顶面任意两点的高差应小于 100 mm。④钢轨接头间隙不得大于4 mm，与另一侧轨道接头的错开距离不得小于 1.5 m，接头处应架在轨枕上，接头两端高度差不得大于 2 mm。⑤距轨道终端 1 m 处应设置缓冲止挡器，其高度不应小于行走轮的半径；在轨道上应安装限位开关碰块，安装位置应保证塔机在与缓冲止挡器或与同一轨道上的其他塔机相距大于 1 m 处能完全停住，此时电缆线应有足够的富余长度。⑥鱼尾板连接螺栓应紧固，垫板应固定牢靠。

塔式起重机的混凝土基础应符合使用说明书和现行行业标准《塔式起重机混凝土基础工程技术标准》（JGJ/T 187—2019）的规定。塔式起重机的基础应排水通畅，并应按专项方案与基坑保持安全距离。塔式起重机应在其基础验收合格后进行安装。塔式起重机的金属结构、轨道应有可靠的接地装置，接地电阻不得大于4 Ω。高位塔式起重机应设置防雷装置。装拆作业前应进行检查，确保符合下列规定：①混凝土基础、路基和轨道铺设应符合技术要求；②应对所装拆塔式起重机的各机构、结构焊缝、重要部位螺栓、销轴和钢丝绳、吊钩、吊具、电气设备、线路等进行检查，消除隐患；③应对自升塔式起重机顶升液压系统的液压缸和油管、顶升套架结构、导向轮、顶升支撑（爬爪）等进行检查，确保其处于完好工况；④装拆人员应使用合格的工具，系好安全带，戴好安全帽；⑤装拆作业中配备的起重机械等辅助机械应状况良好，技术性能应满足装拆作业的安全要求；⑥装拆现场的电源电压、运输道路、作业场地等应具备装拆作业条件；⑦安全监督岗的设置及安全技术措施的贯彻落实应符合要求。

指挥人员应熟悉装拆作业方案，遵守装拆工艺和操作规程，使用明确的指挥信号。参与装拆作业的人员，应听从指挥，发现指挥信号不清或有错误时，应停止作业。装拆人员应熟悉装拆工艺，遵守操作规程，当发现异常情况或疑难问题时，应及时向技术负责人汇报，不得自行处理。装拆顺序、技术要求、安全注意事项应按批准的专项施工方案执行。塔式起重机高强度螺栓应由专业厂家制造，并应有合格证明。高强度螺栓严禁焊接。

安装高强度螺栓时，应采用扭矩扳手或专用扳手，并应按装配技术要求进行预紧。在装拆作业过程中，当遇天气剧变、突然停电、机械故障等意外情况时，应将已装拆的部件固定牢靠，并经检查确认无隐患后停止作业。塔式起重机各部位的栏杆、平台、扶杆、护圈等安全防护装置应配置齐全。行走式塔式起重机的大车行走缓冲止挡器和限位开关碰块应安装牢固。因损坏或其他原因而不能用正常方法拆卸塔式起重机时，应按照技术部门重新批准的拆卸方案拆卸。塔式起重机安装过程中，应分阶段检查验收。各机构动作应正确、平稳，制动应可靠，各安全装置应灵敏有效。在无载荷情况下，塔身的垂直度允许偏差应为4/1000。

塔式起重机升降作业时，应符合下列规定：①升降作业应有专人指挥，专人操作液压系统，专人拆装螺栓。非作业人员不得登上顶升套架的操作平台。操作室内应只准一人操作。②升降作业应在白天进行。③顶升前应预先放松电缆，电缆长度应大于顶升总高度，并应紧固好电缆。下降时应适时收紧电缆。④升降作业前，应对液压系统进行检查和试机，应在空载状态下将液压缸活塞杆伸缩3～4次。检查无误后，再将液压缸活塞杆穿过顶升梁，借助顶升套架的支撑，顶起载荷100～150 mm，停10 min，观察液压缸载荷是否有下降现象。⑤升降作业时，应调整好顶升套架滚轮与塔身标准节的间隙，并应按规定要求使起重臂和平衡臂处于平衡状态，将回转机构制动。当回转台与塔身标准节之间的最后一处连接螺栓（销轴）拆卸困难时，应将最后一处连接螺栓（销轴）对角方向的螺栓重新插入，再采取其他方法进行拆卸。不得用旋转起重臂的方法松动螺栓（销轴）。⑥顶升撑脚（爬爪）就位后，应及时插上安全销，才能继续进行升降作业。⑦升降作业完成后，应以规定扭力紧固各连接螺栓，应将液压操纵杆扳到中间位置，并应切断液压升降机构电源。

塔式起重机的附着装置应符合下列规定：①附着建筑物的锚固点的承载能力应满足塔式起重机技术要求。附着装置的布置应按使用说明书的规定执行。当有变动时，应另行设计。②附着杆件与附着支座（锚固点）应采用销轴铰接。③安装附着框架和附着杆件时，应用经纬仪测量塔身垂直度，并应利用附着杆件进行调整，在最高锚固点以下的垂直度允许偏差为2/1000。④安装附着框架和附着支座时，各道附着装置所在平面与水平面的夹角不得超过10°。⑤附着框架宜设置在塔身标准节连接处，并应箍紧塔身。⑥塔身顶升到规定附着间距时，应及时增设附着装置。塔身高出附着装置的自由端高度，应符合使用说明书的规定。⑦塔式起重机作业过程中，应经常检查附着装置，发现松动或异常情况时，应立即停止作业，故障未排除，不得继续作业。⑧拆卸塔式起重机时，应随着降落塔身的进程拆卸相应的附着装置。严禁在落塔之前先拆卸附着装置。⑨附着装置的安装、拆卸、检查和调整应由专人负责。⑩行走式塔式起重机作固定式塔式起重机使用时，应提高轨道基础的承载能力，切断行走机构的电源，并应设置阻挡行走轮移动的支座。

塔式起重机内爬升时应符合下列规定：①内爬升作业时，信号联络应通畅；②内爬升过程中，严禁进行塔式起重机的起升、回转、变幅等各项动作；③塔式起重机爬升到指定楼层后，应立即拔出塔身底座的支承梁或支腿，通过内爬升框架将塔身及时固定在结构上，并应顶紧导向装置或用楔块塞紧；④内爬升塔式起重机的塔身固定间距应符合使用说明书要求；⑤应对设置内爬升框架的建筑结构进行承载力复核，并应根据计算结果采取相应的加固措施。

雨天后，对行走式塔式起重机，应检查轨距偏差、钢轨顶面的倾斜度、钢轨的平直度、轨道基础的沉降情况及轨道的通过性能等；对固定式塔式起重机，应检查混凝土基础不均匀沉降情况。根据使用说明书的要求，应定期对塔式起重机各工作机构、所有安全装置、制动器的性能及磨损情况、钢丝绳的磨损及绳端固定情况、液压系统、润滑系统、螺栓销轴连接处等进行检查。配电箱应设置在距塔式起重机 3 m 范围内或轨道中部，且应明显可见；电箱中应设置熔断式断路器及塔式起重机电源总开关；电缆卷筒应灵活有效，不得拖缆。塔式起重机在无线电台、电视台或其他电磁波发射天线附近施工时，与吊钩接触的作业人员应戴绝缘手套和穿绝缘鞋，并应在吊钩上挂接临时放电装置。

当同一施工地点有两台以上塔式起重机且它们可能互相干涉时，应制定群塔作业方案；两台塔式起重机之间的最小架设距离应保证处于低位的塔式起重机的起重臂端部与另一台塔式起重机的塔身之间至少有 2 m 的距离；处于高位的塔式起重机的最低位置的部件（吊钩升至最高点或平衡重的最低部位）与低位塔式起重机中处于最高位置的部件之间的垂直距离不应小于2 m。轨道式塔式起重机作业前，应检查轨道基础是否平直无沉陷，鱼尾板、连接螺栓及道钉不得松动，并应清除轨道上的障碍物，将夹轨器固定。

塔式起重机启动时应符合下列要求：①金属结构和工作机构的外观应正常；②安全保护装置和指示仪表应齐全完好；③齿轮箱、液压油箱的油位应符合规定；④各部位连接螺栓不得松动；⑤钢丝绳磨损应在规定范围内，滑轮穿绕应正确；⑥供电电缆不得破损。

送电前，各控制器手柄应在零位。接通电源后，应检查并确认无漏电现象。作业前，应进行空载运转，试验各工作机构并确认运转正常，不得有噪声及异响，各机构的制动器及安全保护装置应灵敏有效，确认正常后方可开始作业。

起吊重物时，重物和吊具的总重不得超过塔式起重机相应幅度下规定的起重量。应根据起吊重物和现场情况，选择适当的工作速度，操纵各控制器时应从停止点（零点）开始，依次逐级加快速度，不得越挡操作。在变换运转方向时，应将控制器手柄扳到零位，待电动机停止运转后再转向另一方向，不得直接变换运转方向，不得突然变速或制动。在提升吊钩、起重小车或行走大车运行到限位装置前，应减速缓行到停止位置，并应与限位装置保持一定距离。不得将限位装置作为停止运行的控制开关。臂式塔式起重机的变幅动作应单独进行；对允许带载变幅的动臂式塔式起重机，当荷载达到额定起重量的90%及以上时，不得增大幅度。重物就位时，应采用慢就位工作机构。重物水平移动时，重物底部应高出障碍物0.5 m以上。对回转部分不设集电器的塔式起重机，应安装回转限位器，在作业时，不得顺一个方向连续回转1.5圈。当停电或电压下降时，应立即将控制器扳到零位，并切断电源。如吊钩上挂有重物，应重复放松制动器，使重物缓慢地下降到安全位置。对采用涡流制动调速系统的塔式起重机，不得长时间使用低速挡或慢就位速度作业。

遇大风时应停止作业，锁紧夹轨器，将回转机构的制动器完全松开，起重臂应能随风转动。对轻型俯仰变幅塔式起重机，应将起重臂落下并与塔身结构锁紧在一起。作业中操作人员临时离开操作室时，应切断电源。塔式起重机载人专用电梯不得超员，专用电梯断绳保护装置应灵敏有效。塔式起重机作业时，不得开动电梯。电梯停用时，应降至塔身底部位置，不得长时间悬在空中。在非工作状态时，应松开回转制动器，回转部分应能自由旋转；行走式塔式起重机应停放在轨道中间位置，小车及平衡重应置于非工作状态，吊钩组顶部宜上升到距起重臂底面2～3 m处。停机时，应将每个控制器拨回零位，依次断开各开关，关闭操作室门窗；下机后，应锁紧夹轨器，断开电源总开关，打开高空障碍灯。检修人员对高空部位的塔身、起重臂、平衡臂等进行检修时，应系好安全带。停用的塔式起重机的电动机、电气柜、变阻器箱及制动器等应遮盖严密。动臂式、未附着塔式起重机及附着式塔式起重机的桁架上不得悬挂标语牌。

14.4.4　桅杆式起重机

桅杆式起重机应按现行国家标准《起重机设计规范》(GB/T 3811—2008)的规定进行设计，确定其使用范围及工作环境。桅杆式起重机专项方案必须按规定程序审批，并应经专家论证后实施。施工单位必须指定安全技术人员对桅杆式起重机的安装、使用和拆卸进行现场监督和监测。专项方案应包含下列主要内容：①工程概况、施工平面布置；②编制依据；③施工计划；④施工技术参数、工艺流程；⑤施工安全技术措施；⑥劳动力计划；⑦计算书及相关图纸。桅杆式起重机的卷扬机应符合有关规定。

桅杆式起重机安装和拆卸作业前应设置警戒区，清除周围的障碍物，派专人统一指挥，并按使用说明书和装拆方案进行操作。桅杆式起重机的基础应符合专项方案的要求。缆风绳的规格、数量及地锚的拉力、埋设深度等应按照起重机性能经计算确定，缆风绳与地面的夹角不得大于60°，缆风绳与桅杆和地锚的连接应牢固。地锚不得使用膨胀螺栓、定滑轮。

缆风绳在架设时应避开架空电线。在电线附近，应设置用绝缘材料搭设的护线架。桅杆式起重机安装后应进行试运转，使用前应组织验收。提升重物时，吊钩钢丝绳应垂直，操作应平稳；当重物吊起离开支承面时，应检查并确认各机构工作正常，然后再继续起吊。

在起重量达额定起重量的90%及以上的重物前，应安排专人检查地锚的牢固程度。起吊时，缆风绳应受力均匀，主杆应保持直立状态。作业时，桅杆式起重机的回转钢丝绳应处于拉紧状态。回转装置应有安全制动控制器。桅杆式起重机移动时，应将满足承重要求的枕木排和滚杠垫在底座下，并将起重臂收紧置于移动方向的前方。移动时，桅杆不得倾斜，缆风绳的松紧应配合一致。缆风钢丝绳安全系数不应小于3.5，起升、锚固、吊索钢丝绳安全系数不应小于8。

14.4.5 门式、桥式起重机与电动葫芦

起重机路基和轨道的铺设应符合使用说明书的规定，轨道接地电阻不得大于4 Ω。门式起重机应设有电缆卷筒，配电箱应设置在轨道中部。用滑线供电的起重机应在滑线的两端标有鲜明的颜色，滑线应设置防护装置，以防止人员及吊具、钢丝绳与滑线意外接触。轨道应平直，鱼尾板连接螺栓不得松动，轨道和起重机运行范围内不得有障碍物。门式、桥式起重机作业前应重点检查下列项目，确保其符合相应要求：①机械结构外观应正常，各连接件不得松动；②钢丝绳外表情况应良好，绳卡应牢固；③各安全限位装置应齐全完好。操作室内应垫木板或绝缘板，接通电源后应用试电笔测试金属结构部分，确认无漏电现象；上、下操作室应使用专用扶梯。作业前，应进行空载试运转，检查并确认各机构运转正常，制动可靠，各限位开关灵敏有效。

在提升大件时不得用快速挡，并应拴拉绳以防止摆动。吊运易燃、易爆、有害等危险品时，应经安全主管部门批准，并应有相应的安全措施。吊运路线不得从人员、设备上面经过；空车行走时，吊钩应离地面2 m以上。吊运重物应平稳、慢速，行驶中不得突然变速或倒退。两台起重机同时作业时，应保持5 m以上距离。不得用一台起重机顶推另一台起重机。起重机行走时，两侧驱动轮应保持同步，发现偏移时应及时停止作业，调整修理后再继续使用。作业中，人员不得从一台桥式起重机跨越到另一台桥式起重机。操作人员进入桥架前应切断电源。门式、桥式起重机的主梁挠度超过规定值时，应修复后再使用。作业后，门式起重机应停放在停机线上，并用夹轨器锁紧；桥式起重机应将小车停放在两条轨道中间，吊钩提升到上部位置。吊钩上不得悬挂重物。作业后，应将控制器拨到零位，切断电源，关闭并锁好操作室门窗。

电动葫芦使用前应检查机械部分和电气部分，钢丝绳、链条、吊钩、限位器等应完好，电气部分应不漏电，接地装置应良好。电动葫芦应设缓冲器，轨道两端应设挡板。第一次吊重物时，应在吊离地面100 mm时停止上升，检查电动葫芦制动情况，确认完好后再正式开始作业。露天作业时，电动葫芦应设有防雨棚。电动葫芦起吊时，手不得握在绳索与物体之间，吊物上升时应防止冲顶。电动葫芦吊重物行走时，重物离地不宜超过1.5 m高。工作间歇时不得将重物悬挂在空中。电动葫芦作业中发生异味、高温等异常情况时，应立即停机检查，排除故障后再继续使用。使用悬挂电缆电气控制开关时，绝缘应良好，滑动应自如，人站立位置的后方应有2 m的空地，并应正确操作电钮。在起吊中，若出现故障造成重物失控下滑，应采取紧急措施，向无人处下放重物。在起吊中不得急速升降。电动葫芦在额定载荷制动时，下滑位移量不应大于80 mm。作业完毕后，电动葫芦应停放在指定位置，升起吊钩，并切断电源，锁好开关箱。

14.4.6 卷扬机

卷扬机地基与基础应平整、坚实，场地应排水畅通，地锚应设置可靠。卷扬机应搭设防

护棚。操作人员的位置应在安全区域，视线应良好。卷扬机卷筒中心线与导向滑轮的轴线应垂直，且导向滑轮的轴线应在卷筒中心位置，钢丝绳的出绳偏角应符合有关规定。作业前，应检查并确定卷扬机与地面固定牢固，弹性联轴器连接牢固，并应检查安全装置、防护设施、电气线路、接零或接地装置、制动装置和钢丝绳等，在确认全部合格后再使用。

卷扬机至少应装有一个常闭式制动器。卷扬机的传动部分及外露的运动件应设防护罩。卷扬机应在方便司机操作的地方安装能迅速切断总控制电源的紧急断电开关，并不得使用倒顺开关。钢丝绳卷绕在卷筒上的安全圈数不得少于 3 圈。钢丝绳末端应固定牢靠。不得用手拉钢丝绳的方法卷绕钢丝绳。钢丝绳不得与机架、地面摩擦，通过道路时，应设过路保护装置。建筑施工现场不得使用摩擦式卷扬机。卷筒上的钢丝绳应排列整齐，当重叠或斜绕时，应停机重新排列，不得在转动中用手拉、用脚踩钢丝绳。

作业中，操作人员不得离开卷扬机，物件或吊笼下面不得有人员停留或通过。休息时，应将物件或吊笼降至地面。作业中如发现异响、制动失灵、制动带或轴承等温度剧烈上升等异常情况，应立即停机检查，排除故障后再使用。作业中停电时，应将控制手柄或按钮置于零位，并应切断电源，将物件或吊笼降至地面。作业完毕后，应将物件或吊笼降至地面，并应切断电源，锁好开关箱。

14.4.7 井架、龙门架物料提升机

进入施工现场的井架、龙门架必须具有下列安全装置：①上料口防护棚；②楼层安全门、吊篮安全门、首层防护门；③断绳保护装置或防坠装置；④安全停靠装置；⑤起重量限制器；⑥上、下限位器；⑦紧急断电开关及短路保护、过电流保护、漏电保护装置；⑧信号装置；⑨缓冲器。

卷扬机应符合有关规定。基础应符合使用说明书要求。缆风绳不得使用钢筋、钢管。提升机的制动器应灵敏可靠。运行中吊篮的四角与井架不得互相擦碰，吊篮各构件连接应牢固、可靠。井架、龙门架物料提升机不得和脚手架连接。不得使用吊篮载人，吊篮下方不得有人员停留或通过。作业后，应检查钢丝绳、滑轮、滑轮轴、导轨等，若发现异常磨损，应及时修理或更换。下班前，应将吊篮降到最低位置，将各控制开关置于零位，切断电源，锁好开关箱。

14.4.8 施工升降机

施工升降机基础应符合使用说明书要求，当使用说明书无要求时，应经专项设计确定，地基上表面平整度允许偏差为 10 mm，场地应排水通畅。施工升降机导轨架的纵向中心线至建筑物外墙面的距离宜选用使用说明书中提供的较小的安装尺寸。安装导轨架时，应用经纬仪在两个方向进行测量校准，其垂直度允许偏差应符合有关规定。导轨架自由高度、导轨架的附墙距离、导轨架的两附墙连接点间距和最低附墙点高度不得超过使用说明书的规定。

施工升降机应设置专用开关箱，馈电容量应满足升降机直接启动的要求，生产厂家配置

的电气箱内应装设短路、过载、错相、断相及零位保护装置。施工升降机周围应设置稳固的防护围栏。楼层平台通道应平整牢固，出入口应设防护门。全行程不得有危害安全运行的障碍物。施工升降机安装在建筑物内部井道中时，各楼层门应封闭并应有电气连锁装置。对装设在阴暗处或夜班作业的施工升降机，在全行程上应有足够的照明，并应装设明亮的楼层编号标志灯。施工升降机的防坠安全器应在标定期限内使用，标定期限不应超过一年。使用中不得任意拆检、调整防坠安全器。

施工升降机使用前，应进行坠落试验。施工升降机在使用中，每隔 3 个月应进行一次额定载重量的坠落试验，试验应按使用说明书的规定进行，吊笼坠落试验制动距离应符合现行行业标准的规定。防坠安全器在试验后及正常操作中，每发生一次防坠动作，应由专业人员进行复位。作业前应重点检查下列项目，确保其符合相应要求：①结构不得变形，连接螺栓不得松动；②齿条与齿轮、导向轮与导轨应接合正常；③钢丝绳应固定良好，不得有异常磨损；④运行范围内不得有障碍物；⑤安全保护装置应灵敏可靠。启动前，应检查并确认供电系统、接地装置安全有效，控制开关应在零位。电源接通后，应检查并确认电压正常。应试验并确认各限位装置及吊笼、围护门等处的电气连锁装置良好可靠，电气仪表应灵敏有效。作业前应进行试运行，测定各机构制动器的效能。施工升降机应按使用说明书要求进行维护保养，并应定期检验制动器的可靠性，制动力矩应达到使用说明书要求。

吊笼内乘人或载物时，载荷应均匀分布，不得偏重，不得超载运行。操作人员应按指挥信号操作。作业前应鸣笛示警。在施工升降机未切断总电源开关前，操作人员不得离开操作岗位。施工升降机运行中发现有异常情况时，应立即停机并采取有效措施将吊笼就近停靠至楼层上，排除故障后再继续运行。在运行中发现电气失控时，应立即按下急停按钮，在未排除故障前，不得松开急停按钮。在风速达到 20 m/s 及以上或遇大雨、大雾天气以及导轨架、电缆等结冰时，应停止施工升降机运行，并将吊笼降到底层，切断电源。暴风雨等恶劣天气后，应对施工升降机各有关安全装置等进行一次检查，确认正常后再运行。施工升降机运行到最上层或最下层时，不得将行程限位开关作为停止运行的控制开关。当施工升降机在运行中由于断电或其他原因而中途停止时，可进行手动下降，将电动机尾端制动电磁铁手动释放拉手缓缓向外拉出，使吊笼缓慢地向下滑行。吊笼下滑速度不得超过额定运行速度，手动下降应由专业维修人员进行操作。当需在吊笼的外面进行检修时，另外一个吊笼应停机配合，检修时应切断电源，并应有专人监护。作业后，应将吊笼降到底层，将各控制开关拨到零位，切断电源，锁好开关箱，闭锁吊笼门和围护门。

14.5 焊接施工常用机械安全文明操作

焊接（切割）前，应先进行动火审查，确认焊接（切割）现场防火措施符合要求，并应配备相应的消防器材和安全防护用品，落实监护人员后，开具动火证。焊接设备应有完整的防护外壳，一、二次接线柱处应有保护罩。现场使用的电焊机应有防雨、防潮、防晒、防砸的措施。焊割现场及高空焊割作业下方，严禁堆放油类、木材、氧气瓶、乙炔瓶、保温材料等易燃、易爆物品。电焊机绝缘电阻不得小于 0.5 MΩ，电焊机导线绝缘电阻不得小于 1 MΩ，电焊机接地电阻不得大于 4 Ω。电焊机导线和接地线不得搭在易燃、易爆、带有热源或有油的物品上；不得将建(构)筑物的金属结构、管道、轨道或其他金属物体搭接起来,形成焊接回路,并不得将电焊机和工件双重接地;严禁将氧气、天然气等易燃易爆气体管道作为接地装置。电焊机的一次侧电源线长度不应大于 5 m,二次线应采用防水橡胶护套的铜芯软电缆,电缆长度不应大于 30 m,接头不得超过 3 个,并应双线到位。当需要加长导线时,应相应增加导线的截面积。当通过道路时,导线应架高,或穿入防护管内埋设在地下;当通过轨道时,应从轨道下面通过。当导线绝缘受损或断股时,应立即更换。

电焊钳应有良好的绝缘和隔热能力。电焊钳握柄应绝缘良好,握柄与导线应连接牢靠,连接处应用绝缘布包好。操作人员不得用胳膊夹持电焊钳,并不得在水中冷却电焊钳。对承压状态的压力容器和装有剧毒、易燃、易爆物品的容器,严禁进行焊接或切割作业。当需焊割受压容器、密闭容器、粘有可燃气体和溶液的工件时,应先消除容器及管道内压力,清除可燃气体和溶液,并冲洗有毒、有害、易燃物质;对存有残余油脂的容器,宜用蒸汽、碱水冲洗,打开盖口,确认容器已清洗干净,将容器灌满清水后进行焊割。在容器内和管道内焊割时,应采取防止触电、中毒和窒息的措施。焊割密闭容器时,应留出气孔,必要时应在进、出气口处装设通风设备;容器内照明电压不得超过 12 V,容器外应有专人监护。焊割铜、铝、锌、锡等有色金属时,通风应良好,焊割人员应戴防毒面罩或采取其他防毒措施。当预热焊件温度达 150~700 ℃时,应设挡板隔离焊件发出的辐射热,焊接人员应穿戴隔热的石棉服装和鞋、帽等。

雨雪天不得在露天电焊。在潮湿地带作业时,应铺设绝缘物品,操作人员应穿绝缘鞋。电焊机应按额定焊接电流和暂载率操作,并应控制电焊机的温升。当清除焊渣时,应戴防护眼镜,头部应避开焊渣飞溅的方向。交流电焊机应安装防二次侧触电保护装置。

14.5.1 交(直)流焊机

使用前,应检查并确认初、次级线接线正确,输入电压应符合电焊机的铭牌规定,接线螺母、螺栓及其他部件应完好齐全,不得松动或损坏。直流焊机换向器与电刷应接触良好。

当多台焊机在同一场地作业时,相互间距不应小于 600 mm,应逐台启动,并应使三相负载保持平衡。多台焊机的接地装置不得串联。移动电焊机或停电时,应切断电源,不得用拖拉电缆的方法移动焊机。调节焊接电流和极性开关应在卸除负荷后进行。硅整流直流电焊机主变压器的次级线圈和控制变压器的次级线圈不得用摇表测试。长期停用的焊机启用时,应空载通电一定时间,并进行干燥处理。

14.5.2 氩弧焊机

作业前,应检查并确认接地装置安全可靠,气管、水管应通畅,不得有外漏。工作场所应有良好的通风措施。应先根据焊件的材质、尺寸、形状确定极性,再选择焊机的电压、电流和氩气的流量。安装氩气表、氩气减压阀、管接头等配件时,不得粘有油脂,并应拧紧丝扣(至少 5 扣)。开气时,严禁身体对准氩气表和气瓶节门,防止氩气表和气瓶节门打开伤人。水冷型焊机应保持冷却水清洁。在焊接过程中,冷却水的流量应正常,不得断水施焊。焊机的高频防护装置应良好;振荡器电源线路中的连锁开关不得分接。

使用氩弧焊时，操作人员应戴防毒面罩。应根据焊接厚度确定钨极粗细，更换钨极时，必须切断电源。磨削钨极端头时，应设有通风装置，操作人员应佩戴手套和口罩，磨削下来的粉尘，应及时清除。钍、铈、钨极不得随身携带，应贮存在铅盒内。焊机附近不宜有振动。焊机上及周围不得放置易燃、易爆或导电物品。氮气瓶、氩气瓶应与焊接地点相距 3 m 以上，并应直立固定放置。作业后，应切断电源，关闭水源和气源。焊接人员应及时脱去工作服，清洗外露的皮肤。

14.5.3 点焊机

作业前，应清除上下两电极的油污。作业前，应先接通控制线路的转向开关和焊接电流的开关，调整好极数，再接通水源、气源，最后接通电源。焊机通电后，应检查并确认电气设备、操作机构、冷却系统、气路系统工作正常，不得有漏电现象。

作业时，气路、水冷系统应畅通。气体应保持干燥。排水温度不得超过 40 ℃，排水量可根据水温调节。当负载过小，引燃管内电弧不能发生时，不得闭合控制箱的引燃电路。正常工作的控制箱的预热时间不得少于 5 min。当控制箱长期停用时，每月应通电加热 30 min。更换闸流管前，应预热 30 min。

14.5.4 二氧化碳气体保护焊机

作业前，二氧化碳气体应按规定进行预热。开气时，操作人员必须站在瓶嘴的侧面。作业前，应检查并确认焊丝的进给机构、电线的连接部分、二氧化碳气体的供应系统及冷却水循环系统符合要求，焊枪冷却水系统不得漏水。

二氧化碳气瓶宜存放在阴凉处，不得靠近热源，并应放置牢靠。二氧化碳气体预热器端的电压，不得大于 36 V。

14.5.5 埋弧焊机

作业前，应检查并确认各导线连接良好；控制箱的外壳和接线板上的罩壳应完好；送丝滚轮的沟槽及齿纹应完好；滚轮、导电嘴(块)不得有过度磨损，接触应良好；减速箱润滑油应正常。软管式送丝机构的软管槽孔应保持清洁，并定期吹洗。

在焊接中，应保持焊剂连续覆盖，以免焊剂中断面露出电弧。在焊机工作时，手不得触及送丝机构的滚轮。作业时，应及时排走焊接中产生的有害气体，在通风不良的室内或容器内作业时，应安装通风设备。

14.5.6 对焊机

对焊机应安置在室内或防雨的工棚内，并应有可靠的接地或接零装置。当多台对焊机并列安装时，相互间距不得小于 3 m，并应分别将其接在不同相位的电网上，分别设置各自的断路器。焊接前，应检查并确认对焊机的压力机构灵活，夹具牢固，气压、液压系统没有泄漏。焊接前，应根据所焊接钢筋的截面，调整二次电压，不得焊接直径超过对焊机规定的钢筋。断路器的接触点、电极应定期光磨，二次电路连接螺栓应定期紧固。冷却水温度不得超过 40 ℃；排水量应根据温度调节。

焊接较长钢筋时，应设置托架。闪光区应设挡板，与焊接无关的人员不得入内。冬期施焊时，温度不应低于 8 ℃。作业后，应放尽机内冷却水。

14.5.7 竖向钢筋电渣压力焊机

应根据施焊钢筋直径选择具有足够输出电流的电焊机。电源电缆和控制电缆应连接正确、牢固。焊机及控制箱的外壳应接地或接零。作业前，应检查供电电压并确认正常，当一次电压降大于 8%时，不宜进行焊接。焊接导线长度不得大于 30 m。

作业前，应检查并确认控制电路正常，定时应准确，误差不得大于 5%，机具的传动系统、夹装系统及焊钳的转动部分应灵活自如，焊剂应已干燥，所需附件应齐全。作业前，应按所焊钢筋的直径，根据参数表，标定好所需的电流和时间。

起弧前，上下钢筋应对齐，钢筋端头应接触良好。对锈蚀或粘有水泥等杂物的钢筋，应在焊接前用钢丝刷清除锈迹和杂物，并保证导电良好。每个接头焊完后，应停留 5～6 min 保温，寒冷季节应适当延长保温时间。焊渣应在完全冷却后清除。

14.5.8 气焊(割)设备

气瓶每三年应检验一次，使用期不应超过 20 年。气瓶压力表应灵敏正常。操作者不得正对气瓶阀门出气口，不得用明火检验是否漏气。现场使用的不同种类气瓶应装有不同的减压器，未安装减压器的氧气瓶不得使用。氧气瓶、压力表及焊割机具不得粘染油脂。氧气瓶安装减压器时，应先检查阀门接头，并打开氧气瓶阀门吹除污垢，然后安装减压器。开启氧气瓶阀门时，应使用专用工具，动作应缓慢。氧气瓶中的氧气不得全部用尽，应留49 kPa 以上的剩余压力。关闭氧气瓶阀门时，应先松开减压器的活门螺栓。

乙炔钢瓶使用时，应设有防止回火的安全装置；同时使用两种气体作业时，不同气瓶都应安装单向阀，防止气体相互倒灌。作业时，乙炔瓶与氧气瓶之间的距离不得少于 5 m，气瓶与明火之间的距离不得少于 10 m。乙炔软管、氧气软管不得错装。乙炔气胶管、防止回火装置及气瓶冻结时，应用 40 ℃以下热水加热解冻，不得用火烤。点火时，焊枪口不得对人。正在燃烧的焊枪不得放在工件或地面上。焊枪带有乙炔和氧气时，不得放在金属容器内，以防止气体逸出而发生爆燃事故。点燃焊(割)炬时，应先开乙炔阀点火，再开氧气阀调整火的大小。关闭时，应先关闭乙炔阀，再关闭氧气阀。氢氧并用时，应先开乙炔气，再开氢气，最后开氧气，再点燃。灭火时，应先关氧气，再关氢气，最后关乙炔气。

操作时，氧气瓶、乙炔瓶应直立放置，且应安放稳固。作业中，发现氧气瓶阀门失灵、损坏或不能关闭时，应让瓶内的氧气自动放尽，再进行拆卸修理。作业中，当氧气软管着火时，不得弯折软管断气，应迅速关闭氧气阀门，停止供氧。当乙炔软管着火时，应先关熄炬火，可弯折前面一段软管将火熄灭。工作完毕后，应将氧气瓶、乙炔瓶气阀关好，拧上安全罩，检查操作场地，确认无着火危险后，方准离开。氧气瓶与其他气瓶、油脂等易燃、易爆物品应分开存放，且不得同车运输。氧气瓶不得散装吊运。运输时，氧气瓶应装有防振圈和安全帽。

14.5.9 等离子切割机

作业前，应检查并确认无漏电、漏气、漏水现象，接地或接零应安全可靠。应将工作台与地面绝缘，或在电气控制系统安装空载断路继电器。小车、工件位置应适当，工件应接通切割电路正极，切割工作面下应设有熔渣坑。应根据工件材质、种类和厚度选定喷嘴孔径，调整切割电流、气体流量和电极的内缩量。自动切割小车应事先经空车运转，并应选定合适的切割速度。

操作人员应戴好防护面罩、电焊手套、滤膜防尘口罩和隔声耳罩等防护装备。切割时，操作人员应站在上风处操作。可从工作台下部抽风，并宜缩小操作台的敞开面积。切割时，当空载电压过高时，应检查电器接地或接零情况、割炬把手绝缘情况。高频发生器应设有屏蔽护罩，用高频引弧后，应立即切断高频电路。作业后，应切断电源，关闭气源和水源。

14.5.10 仿形切割机

应按出厂使用说明书要求接通切割机的电源，并应做好保护接地或接零。作业前，应先空运转，检查并确认氧、乙炔和加装的仿形样板配合无误后，开始切割作业。作业后，应清理、保养设备，整理并保管好氧气带、乙炔气带及电缆线。

14.6 钢筋加工施工常用机械安全文明操作

机械的安装应坚实稳固。固定式机械应有可靠的基础；移动式机械作业时应揳紧行走轮。采用手持式钢筋加工机械作业时，应佩戴绝缘手套等防护用品。加工较长的钢筋时，应有专人帮扶。帮扶人员应听从机械操作人员指挥，不得任意推拉。

14.6.1 钢筋调直切断机

料架、料槽应安装平直，并应与导向筒、调直筒和下切刀孔的中心线一致。切断机安装后，应用手转动飞轮，检查传动机构和工作装置，并及时调整间隙，紧固螺栓。在检查并确认电气系统正常后，进行空运转。切断机空运转时，齿轮应啮合良好，并不得有异响，确认正常后开始作业。

作业时，应按钢筋的直径选用合适的调直块、曳引轮槽及传动速度。调直块的孔径应比钢筋直径大 2～5 mm。曳引轮槽宽应与所需调直钢筋的直径相符合。大直径钢筋宜选用较慢的传动速度。在调直块未固定或防护罩未盖好前，不得送料。作业中，不得打开防护罩。送料前，应将弯曲的钢筋端头切除。导向筒前应安装一根长度宜为 1 m 的钢管。钢筋送入后，手应与曳轮保持安全距离。当调直后的钢筋仍有慢弯时，可逐渐加大调直块的偏移量，直到将钢筋调直为止。切断 3- 4 根钢筋后，应停机检查钢筋长度，当超过允许偏差时，应及时调整限位开关或定尺板。

14.6.2 钢筋切断机

接送料的工作台面应和切刀下部保持水平，工作台的长度应根据加工材料长度确定。启动前，应检查并确认切刀不得有裂纹，刀架螺栓应紧固，防护罩应牢靠。应用手转动皮带轮，检查齿轮啮合间隙，并及时调整。启动后，应先空运转，检查并确认各传动部分及轴承运转正常后，开始作业。

机械未达到正常转速前，不得切料。操作人员应使用切刀的中、下部位切料，应紧握钢筋对准刃口迅速投入，并应站在固定刀片一侧用力压住钢筋，防止钢筋末端弹出伤人。不得用双手在刀片两边握住钢筋切料。操作人员不得剪切超过机械性能规定强度及直径的钢筋或烧红的钢筋。一次切断多根钢筋时，其总截面积应在规定范围内。剪切低合金钢筋时，应更换高硬度切刀，剪切直径应符合机械性能的规定。切断短料时，手和切刀之间的距离应大于 150 mm，并应采用套管或夹具将切断的短料压住或夹牢。机械运转中，不得用手直接清除切刀附近的断头和杂物。在钢筋摆动范围和机械周围，非操作人员不得停留。当发现机械有异常响声或切刀歪斜等不正常现象时，应立即停机检修。

液压式切断机启动前，应检查并确认液压油位符合规定。切断机启动后，应空载运转，检查并确认电动机旋转方向符合规定，并应打开放油阀，在排净液压缸体内的空气后开始作业。手动液压式切断机使用前，应将放油阀按顺时针方向旋紧，作业完毕后，应立即按逆时针方向旋松。

14.6.3 钢筋弯曲机

工作台和弯曲机台面应保持水平。作业前应准备好各种芯轴及工具，并应按加工钢筋的直径和弯曲半径的要求，装好相应规格的芯轴和成型轴、挡铁轴。芯轴直径应为钢筋直径的 2.5 倍。挡铁轴应有轴套，挡铁轴的直径和强度不得小于被弯钢筋的直径和强度。启动前，应检查并确认芯轴、挡铁轴、转盘等没有裂纹和损伤，防护罩有效。在空载运转并确认正常后，开始作业。

作业时，应将需弯曲的一端钢筋插入转盘固定销的间隙内，将另一端紧靠机身固定销，并用手压紧，在检查并确认机身固定销安放在挡住钢筋的一侧后，启动机械。弯曲作业时，不得更换轴芯、销子，不得变换角度以及调速，不得进行清扫和加油。对超过机械铭牌规定直径的钢筋不得进行弯曲。在弯曲未经冷拉或带有锈皮的钢筋时，应戴防护镜。在弯曲高强度钢筋时，应进行钢筋直径换算，钢筋直径不得超过机械允许的最大弯曲能力，并应及时调换相应的芯轴。操作人员应站在机身设有固定销的一侧。成品钢筋应堆放整齐，弯钩不得朝上。转盘换向应在弯曲机停稳后进行。

14.6.4 钢筋冷拉机

应根据冷拉钢筋的直径，合理选用冷拉卷扬机。卷扬钢丝绳应经过封闭式导向滑轮，并应和被拉钢筋成直角。操作人员应能见到全部冷拉场地。卷扬机与冷拉中心线的距离不得小于 5 m。冷拉场地应设置警戒区,并应安装防护栏及警告标志。非操作人员不得进入警戒区。作业时,操作人员与受拉钢筋的距离应大于 2 m。采用配重控制的冷拉机应有指示起落的记号或由专人指挥。冷拉机的滑轮、钢丝绳应相匹配。配重提起时,配重离地高度应小于 300 mm。配重架四周应设置防护栏杆及警告标志。

作业前,应检查冷拉机,夹齿应完好;滑轮、拖拉小车应润滑灵活;拉钩、地锚及防护装置应齐全牢固。采用延伸率控制的冷拉机,应设置明显的限位标志,并应由专人负责指挥。照明设施宜设置在张拉警戒区外;当须设置在警戒区内时,照明设施安装高度应大于 5 m,并应有防护罩。作业后,应放松卷扬钢丝绳,落下配重,切断电源,并锁好开关箱。

14.6.5 钢筋冷拔机

启动机械前,应检查并确认机械各部连接牢固,模具没有裂纹,轧头与模具的规格应配套。钢筋冷拔量应符合机械出厂说明书的规定。机械出厂说明书未作规定时,可按每次冷拔缩减 0.5～1.0 mm 模具孔径进行。轧头时,应先将钢筋的一端穿过模具,钢筋穿过的长度宜为 100～150 mm,再用夹具夹牢。

作业时,操作人员的手与轧辊应保持 300～500 mm 的距离。不得用手直接接触钢筋和滚筒。冷拔模架中应随时加足润滑剂,润滑剂可采用石灰和肥皂水调和晒干后的粉末。当钢筋的末端通过冷拔模后,应立即脱开离合器,同时用手闸挡住钢筋末端。冷拔过程中,当出现断丝或钢筋打结乱盘时,应立即停机处理。

14.6.6 钢筋螺纹成型机

在机械使用前,应检查并确认刀具安装正确、连接牢固,运转部位应润滑良好,不得有漏电现象,空车试运转并确认正常后开始作业。钢筋应先调直再下料。钢筋切口端面应与轴线垂直,不得用气割下料。

加工锥螺纹时,应采用水溶性切削润滑液;当气温低于 0 ℃时,可掺入 15%～20%的亚硝酸钠。套丝作业时,不得用机油作润滑液或不加润滑液。加工时,钢筋应夹持牢固。在机械运转过程中,不得清扫刀片上面的积屑杂物,不得进行检修,不得加工直径超过机械铭牌规定的钢筋。

14.6.7 钢筋除锈机

作业前应检查并确认钢丝刷固定牢靠,传动部分应润滑充分,封闭式防护罩及排尘装置等应完好。操作人员应束紧袖口,并佩戴防尘口罩、手套和防护眼镜。带弯钩的钢筋不得上机除锈,弯度较大的钢筋宜在调直后除锈,操作时,应将钢筋放平,并侧身送料,不得在除锈机正面站人。较长钢筋除锈时,应有 2 人配合操作。

15 脚手架搭设安全文明施工

脚手架是建筑施工中必不可少的辅助设施，也是建筑施工中安全事故多发的部位之一，是施工安全控制的重中之重。

15.1 落地式脚手架搭设安全文明施工

扣件式脚手架的设计计算与搭设应满足《建筑施工扣件式钢管脚手架安全技术规范》(JGJ 130—2011)及有关规范标准的要求；《建筑施工安全检查标准》(JGJ 59—2011)对扣件式脚手架的安全检查提出了具体要求。

15.1.1 施工方案

(1) 脚手架搭设之前，应根据工程特点和施工工艺确定脚手架搭设方案，脚手架搭设方案必须经过企业技术负责人审批。脚手架搭设方案的内容应包括基础处理、搭设要求、杆件间距、连墙杆设置位置和连接方法，以及施工详图和大样图，同时还应包括脚手架搭设的时间、拆除时间及顺序等。

(2) 落地扣件式钢管脚手架的搭设尺寸应符合《建筑施工扣件式钢管脚手架安全技术规范》(JGJ 130—2011)的有关设计计算的规定。

(3) 落地扣件式钢管脚手架的搭设高度在 25 m 以下时应有搭设方案，并应绘制架体与建筑物拉接详图。

(4) 搭设高度超过 25 m 时，应有采用双立杆及缩小间距等加强措施，并应绘制搭设详图及说明基础做法要求。

(5) 搭设高度超过 50 m 时，应有设计计算书及卸荷方法详图，设计计算书应连同方案一起经企业技术负责人审批。

(6) 施工现场的脚手架必须按施工方案进行搭设，因故需要改变脚手架的类型时，必须重新修改脚手架的施工方案，方案经审批后，方可施工。

15.1.2 脚手架的搭设要求

(1) 落地式脚手架的基础应坚实、平整，并应定期检查。立杆不埋设时，每根立杆底部应设置垫板或底座，并应设置纵、横向扫地杆。

(2) 架体稳定：

① 架体高度在 7 m 以下时，可设抛撑来保证架体的稳定。

② 架体高度在 7 m 以上，无法设抛撑来保证架体的稳定时，架体必须设连墙件。

③ 连墙件的间距应符合下列要求：

a. 扣件式钢管脚手架双排架高在 50 m 以下或单排架高在 24 m 以下时，按每根连墙件覆盖面积不大于 40 m^2设置；双排架高在 50 m 以上时，按每根连墙件覆盖面积不大于 27 m^2 设置。连墙件布置最大间距见表 15.1。

表 15.1　连墙件布置最大间距

脚手架高度/m		竖向间距 h	水平间距 l_a	每根连墙件覆盖面积/m^2
双排	≤50	$3h$	$3l_a$	≤40
	>50	$2h$	$3l_a$	≤27
单排	≤24	$3h$	$3l_a$	≤40

注：h—步距；l_a—纵距。

b. 门式钢管脚手架架高在 45 m 以下，基本风压小于或等于 0.55 kN/m^2 时，按每根连墙件覆盖面积不大于48 m^2 设置；架高在 45 m 以下，基本风压大于 0.55 kN/m^2 时，或架高在 45 m 以上时，按每根连墙件覆盖面积不大于 24 m^2设置。

c. 一字形、开口形脚手架的两端，必须设置连墙件。连墙件必须采用可承受拉力和压力的构造，并与建筑结构连接。

④ 连墙件的设置方法、设置位置应在施工方案中确定，方案中应有连接详图。连墙件应与脚手架同步搭设。

⑤ 严禁在脚手架使用期间拆除连墙件。

(3) 杆件间距与剪刀撑：

① 立杆、大横杆、小横杆等杆件间距应符合《建筑施工扣件式钢管脚手架安全技术规范》(JGJ 130—2011)的有关规定，并应在施工方案中予以确定，当洞口等处需要加大间距时，应按规范进行加固。

② 立杆是脚手架的主要受力杆件，其间距应按施工规范均匀设置，不得随意加大。

③ 剪刀撑及横向斜撑、斜杆：

a. 扣件式钢管脚手架应沿全高设置剪刀撑。架高在 24 m 以下时，可沿脚手架长度设置间隔不大于 15 m 的剪刀撑；架高在 24 m 以上时应沿脚手架全长连续设置剪刀撑，并应设置横向斜撑，横向斜撑由架底至架顶呈之字形连续布置，沿脚手架长度每隔 6 跨设置一道。

b. 碗扣式钢管脚手架的架高在 24 m 以下时，按外侧框格总数的 1/5 设置斜杆；架高在 24 m 以上时，按框格总数的 1/3 设置斜杆。

c. 门式钢管脚手架除应在内外两个侧面满设交叉支撑杆外，当架高超过 20 m 时，还应在脚手架外侧沿长度和高度连续设置剪刀撑，剪刀撑钢管规格应与门架钢管规格一致。当剪刀撑钢管直径与门架钢管直径不一致时，应采用异型扣件连接。

满堂扣件式钢管脚手架除在脚手架外侧四周和中间设置竖向剪刀撑外，当脚手架高于 4 m 时，还应沿脚手架高度每两步设置一道水平剪刀撑。

d. 每道剪刀撑跨越立杆的根数宜按表 15.2 的规定确定。每道剪刀撑的宽度不应小于 4 跨，且不应小于 6 m，斜杆与地面的倾角宜为 45°～60°。

表 15.2 剪刀撑跨越立杆的最多根数

剪刀撑斜杆与地面的倾角 α	45°	50°	60°
剪刀撑跨越立杆的最多根数 n	7	6	5

(4) 扣件式钢管脚手架的主节点处必须设置横向水平杆，横向水平杆在脚手架使用期间严禁拆除。单排脚手架横向水平杆插入墙内的长度不应小于 180 mm。

(5) 扣件式钢管脚手架中，除顶层外立杆杆件接长时，相邻杆件的对接接头不应设在同步内。相邻纵向水平杆对接接头不宜设置在同步或同跨内。扣件式钢管脚手架立杆接长除顶层外应采用对接。木脚手架立杆接头搭接部分应跨两根纵向水平杆，且不得短于 1.5 m。竹脚手架立杆接头的搭接长度应超过一个步距，并不得小于 1.5 m。

(6) 小横杆设置：

① 小横杆的设置位置，应在立杆与大横杆的交接点处。

② 施工层应根据铺设脚手板的需要增设小横杆。增设的位置视脚手板的长度与设置要求和小横杆的间距而定。转入其他层施工时，增设的小横杆可同脚手板一起拆除。

③ 双排脚手架的小横杆必须两端固定，使里外两片脚手架连成整体。

④ 单排脚手架，不适用于半砖墙或 180 mm 墙。

⑤ 小横杆在墙上的支撑长度不应小于 240 mm。

(7) 脚手架材质：应满足有关规范、标准及脚手架搭设的材料要求。

(8) 脚手板与护栏：

① 脚手板必须按照脚手架的宽度铺满，板与板之间要靠紧，不得留有空隙，板离墙面的距离不得大于 200 mm。

② 脚手板可采用竹、木或钢脚手板，材质应符合规范要求，每块板的质量不宜大于 30 kg。

③ 钢制脚手板应采用 2～3 mm 厚的 Q235 钢，长度为 1.5～3.6 m，宽度为 230～250 mm，肋高以 50 mm 为宜，两端应有连接装置，板面应钻有防滑孔。凡有裂纹、扭曲的不得使用。

④ 脚手木板应用厚度不小于 50 mm 的杉木或松木板，不得使用脆性木材。脚手木板宽度以 200～300 mm 为宜，凡是腐朽、扭曲、破裂和有斜纹、大横透节的不得使用。板的两端 80 mm 处应用镀锌钢丝箍 2～3 圈或用铁皮钉牢。

⑤ 竹脚手板应采用由毛竹或楠竹制作的竹串片板、竹笆板。竹脚手板必须穿钉牢固，无残缺竹片。

⑥ 脚手板搭接长度不得小于 200 mm；对头接时应架设双排小横杆，间距不大于 200 mm。

⑦ 脚手板伸出小横杆以外的长度大于 200 mm 的称为探头板，因其易造成坠落事故，故

脚手架上不得有探头板出现。

⑧ 在架子拐弯处，脚手板应交叉搭接。垫平脚手板应用木块，并且木块要钉牢，不得用砖垫。

⑨ 脚手架外侧随着脚手架的升高，应按规定设置密目式安全网，安全网必须扎牢、密实，形成全封闭的护立网，主要防止砖块等物坠落伤人。

⑩ 作业层脚手架外侧以及斜道和平台均要设置1.2 m高的防护栏杆和180 mm高的挡脚板，防止作业人员坠落和脚手板上的物料滚落。

(9) 杆件搭接：

① 钢管脚手架的立杆需要接长时，应采用对接扣件连接，严禁采用绑扎搭接。

② 钢管脚手架的大横杆需要接长时，可采用对接扣件连接，也可采用搭接，但搭接长度不应小于1 m，并应等间距设置3个旋转扣件固定。

③ 剪刀撑需要接长时，应采用搭接方法，搭接长度应不小于500 mm，搭接扣件应不少于2个。

④ 脚手架的各杆件接头处传力性能差，故接头应错开，不得设置在一个平面内。

(10) 架体内封闭：

① 施工层之下层应铺满脚手板，对施工层的人或物坠落可起到一定的防护作用。

② 当施工层之下层无法铺设脚手板时，应在施工层下挂设安全平网，用于接住坠落的人或物。平网应与水平面平行或外高里低，倾斜度一般以15°为宜，网与网之间要拼接严密。

③ 除施工层下要挂设安全平网外，施工层以下每四层楼或每隔10 m应设一道固定安全平网。

(11) 通道：

① 架体应设置上下通道，供操作工人和有关人员上下，禁止人员攀爬脚手架。此通道也可用作少量轻便材料、构件的运输通道。

② 专供施工人员上下的通道的坡度以1∶3为宜，宽度不得小于1 m；运输用通道的坡度以1∶6为宜，宽度不得小于1.5 m。

③ 休息平台应设在通道两端转弯处。

④ 架体上的通道和平台必须设置防护栏杆、挡脚板及防滑条。

(12) 卸料平台：

① 卸料平台是高处作业安全设施，应按有关规范、标准进行单独设计，并应有搭设施工详图。卸料平台的架设材料必须满足有关规范、标准的要求。

② 卸料平台必须按照设计施工图搭设，并应制作成定型化、工具化的结构。平台上脚手板要铺满，临边要设置防护栏杆和挡脚板，平台应用密目式安全网封严。

③ 卸料平台的支撑系统须经过承载力、刚度和稳定性验算，并应自成结构体系，禁止与脚手架连接。

④ 卸料平台上应用标牌显著地标识平台允许荷载值，平台上允许的施工人员和物料的总重，严禁超过设计的允许荷载。

15.2 非落地式脚手架搭设安全文明施工

15.2.1 悬挑扣件式钢管脚手架搭设安全要求与技术

悬挑扣件式钢管脚手架设计计算和搭设，除应满足落地扣件式脚手架的一般要求外，尚应满足下列要求：

(1) 斜挑立杆应按施工方案的要求与建筑结构连接牢固，禁止与模板系统的立柱连接。

(2) 悬挑式脚手架应按施工图搭设：

① 悬挑梁是悬挑式脚手架的关键构件，对悬挑式脚手架的稳定与安全使用起到至关重要的作用，悬挑梁应按立杆的间距布置，设计图纸对此应明确规定。

② 当采用悬挑架结构时，支撑悬挑架的结构构件，应足以承受悬挑架传给它的水平力和垂直力的作用。若根据施工需要悬挑架只能设置在建筑结构的薄弱部位，应加固结构，并设拉杆或压杆，将荷载传递给建筑结构的坚固部位。悬挑架与建筑结构的固定方法必须经计算确定。

(3) 立杆的底部必须支撑在牢固的地方，并应采取措施防止立杆底部发生位移。

(4) 为确保架体的稳定，应按落地式外脚手架的搭设要求，将架体与建筑结构拉结牢固。

(5) 脚手架施工荷载：结构架为 3 kN/m^2，装饰架为 2 kN/m^2，工具式脚手架为 1 kN/m^2。悬挑式脚手架施工荷载一般可按装饰架计算，施工时严禁超载使用。

(6) 悬挑式脚手架操作层上，施工荷载要分布均匀，不应集中，并不得存放大宗材料或过重的设备。

(7) 悬挑式脚手架立杆间距、倾斜角度应符合施工方案的要求，不得随意更改，脚手架搭设完毕后须经有关人员验收合格，方可投入使用。

(8) 悬挑式脚手架应分段搭设、分段验收，验收合格并履行有关手续后该分段可投入使用。

(9) 悬挑式脚手架的操作层外侧，应按临边防护的规定设置防护栏杆和挡脚板。防护栏杆由栏杆柱和上下两道横杆组成，上杆距脚手板高度为 1.0～1.2 m，下杆距脚手板高度为 0.5～0.6 m。在栏杆下边应设置严密固定的高度不低于 180 mm 的挡脚板。

(10) 作业层下应按规定设置一道防护层，防止施工人员或物料坠落。

(11) 多层悬挑式脚手架应按落地式脚手架的要求，在作业层下的原作业层上满铺脚手板，铺设方法应符合有关要求，不得有空当和探头板。

(12) 单层悬挑式脚手架须在作业层脚手板下面挂一道安全平网作为防护层。

(13) 作业层下搭设安全平网时应每隔 3 m 设一根支杆，支杆应与地面保持 45°。网应外高内低，网与网之间必须拼接严密，网内杂物要随时清除。

(14) 搭设悬挑式脚手架所用的各种杆件、扣件、脚手板等材料的材质、规格必须符合有关规范和施工方案的规定。

(15) 悬挑梁、悬挑架的用材应符合钢结构设计规范的有关规定,并应有试验报告。

15.2.2 门式脚手架工程安全技术

门式脚手架的设计计算与搭设应满足《建筑施工门式钢管脚手架安全技术标准》(JGJ/T 128—2019)及有关规范标准的要求;《建筑施工安全检查标准》(JGJ 59—2011)对门式钢管脚手架的安全检查提出了具体检查要求。

15.2.2.1 施工方案的编制要求

(1) 门式脚手架搭设之前,应根据工程特点和施工条件等编制脚手架施工方案,绘制搭设详图。

(2) 门式脚手架搭设高度一般不超过 45 m,若降低施工荷载并缩小连墙杆的间距,则门式脚手架的搭设高度可增至 60 m。

(3) 门式脚手架施工方案必须符合《建筑施工门式钢管脚手架安全技术标准》(JGJ/T 128—2019)的有关规定。

(4) 门式脚手架的搭设高度超过 60 m 时,应绘制脚手架分段搭设结构图,并对脚手架的承载力、刚度和稳定性进行设计计算,编写设计计算书。设计计算书应报上级技术负责人审核批准。

15.2.2.2 架体基础

(1) 对于搭设高度在 25 m 以下的门式脚手架,回填土必须分层夯实,铺上厚度不小于 50 mm 的垫木,再于垫木上加设钢管底座,并将立杆立于底座上。

(2) 架体搭设高度为 25～45 m 时,应在施工方案中说明脚手架基础的施工方法,若地基为回填土,则应分层夯实,并在地基土上加铺 200 mm 厚的道砟,再铺木垫板或 12～16 号槽钢。

(3) 架体搭设高度超过 45 m 时,应根据地基承载力对脚手架基础进行设计计算。

(4) 门式脚手架底部应设置纵横向扫地杆,以减少脚手架的不均匀沉降。

15.2.2.3 架体稳定

(1) 门式脚手架应按规定间距与墙体拉结,防止架体变形。搭设高度在 45 m 以下时,连墙杆竖向间距应小于或等于 6 m,水平方向间距应小于或等于 8 m;搭设高度在 45 m 以上时,连墙杆竖向间距应小于或等于 4 m, 水平方向间距应小于或等于 6 m。

(2) 连墙杆的一端应固定在门式框架横杆上,另一端应伸过墙体,固定在建筑结构上,连墙杆不得有滑动或松动现象。

(3) 门式脚手架应设置剪刀撑,以加强整片脚手架的稳定性。当架体高度超过 20 m 时,应在脚手架外侧每隔 4 步设置一道剪刀撑,剪刀撑应沿高度方向与架体同步搭设。

(4) 剪刀撑与地面夹角应为 45°～60°。需要接长时,应采用搭接方法,搭接长度应不小于 500 mm，搭接扣件应不少于 2 个。

(5) 门式脚手架应沿高度方向每隔一步加设一对水平拉杆；凡高 10～15 m 的要设一组缆风绳(4～6 根)，每增高 10 m 应加设一组。缆风绳与地面的夹角应为 45°～60°，缆风绳要单独牢固地挂在地锚上，并用花篮螺栓调节松紧。缆风绳严禁挂在树木、电杆上。

(6) 门式脚手架搭设自由高度不超过 4 m。

(7) 应严格控制门式脚手架的垂直度和水平度。首层门架立杆在两个方向的垂直偏差均应在 2 mm 以内，顶部水平偏差应控制在 5 mm 以内，上下门架立杆对中偏差不应大于 3 mm。

15.2.2.4 杆件、锁件

(1) 应按说明书的规定组装脚手架，不得遗漏杆件和锁件。

(2) 上、下门架必须设置连接棒及锁臂。

(3) 门式脚手架组装时，应按说明书的要求拧紧各螺栓，螺栓不得松动。各部件的锁臂、搭钩必须处于锁住状态。

(4) 门架的内外两侧均应设置交叉支撑，交叉支撑应与门架立杆上的锁销锁牢。

(5) 门架应自一端向另一端安装，搭完一步架后，应及时检查、调整门架的水平度和垂直度。

15.2.2.5 脚手板

(1) 作业层应连续满铺脚手板，脚手板应与门架横梁扣紧或绑牢。

(2) 脚手板材质必须符合规范和施工方案的要求。

(3) 脚手板必须按要求绑牢，不得出现探头板。

15.2.2.6 架体防护

(1) 作业层脚手架外侧以及斜道和平台均要设置 1.2 m 高的防护栏杆和 180 mm 高的挡脚板，防止作业人员坠落和脚手板上的物料滚落。

(2) 脚手架外侧随着脚手架的升高，应按规定设置密目式安全网，安全网必须扎牢、密实，形成全封闭的防护立网。

15.2.2.7 材质

(1) 门架及其配件的规格、性能和质量应符合相关的规定，并应有出厂合格证明书及产品标志。

(2) 门式脚手架是以定型的门式框架为基本构件的脚手架，其杆件若严重变形将难以组装，其承载力、刚度和稳定性都将被削弱，隐患严重，因此，严重变形的杆件不得使用。

(3) 杆件焊接后不得出现局部开焊现象。

(4) 门架可根据质量检查的不同情况分为甲、乙、丙三类：

甲类有轻微变形、损伤、锈蚀，经简单处理，重新油漆保养后可继续使用。

乙类有轻度变形、损伤、锈蚀，但经矫直、平整、更换部件、修复、涂刷除锈油漆等处理后，可继续使用。

丙类主要受力杆件变形较严重，锈蚀面积达50%以上，有片状剥落，不能修复和经性能试验已不能满足要求，应作报废处理。

15.2.2.8 荷载

(1) 门式脚手架施工荷载：结构架为 3 kN/m^2，装饰架为 2 kN/m^2。施工时严禁超载使用。

(2) 脚手架操作层上，施工荷载要分布均匀，不应集中，并不得存放大宗材料或过重的设备。

15.2.2.9 通道

(1) 门式脚手架必须设置供施工人员上下的专用通道，禁止人员在脚手架外侧随意攀登，以免发生伤亡事故，同时防止支撑杆件变形而影响脚手架的正常使用。

(2) 通道斜梯应采用挂扣式钢梯，宜采用“之”字形式，一个梯段宜跨越两步或三步。

(3) 钢梯应设栏杆扶手。

15.2.2.10 交底与验收

(1) 脚手架搭设前，项目部应按照脚手架搭设方案及有关规范、标准对作业班组进行安全技术交底。

(2) 门式脚手架应分层、分段搭设，分层、分段验收，验收合格并履行完有关手续后，方可投入使用。

(3) 交底和验收必须有相关记录。

15.2.3 挂脚手架工程安全技术

15.2.3.1 交底与验收

(1) 挂脚手架必须按设计图纸进行制作或组装，制作、组装完成后应按规定进行验收，验收合格后相关人员应在验收单上签字，完备验收手续。

(2) 挂脚手架在使用前，要在近地面处按要求进行载荷试验(加载试验至少在 4 h 以上)，载荷试验应有记录，试验合格并履行相关手续后，方可使用。

(3) 挂脚手架每次移挂完成后和使用前，应进行检查验收，验收人员要在验收单上签署验收结论，验收合格后方可使用。

(4) 挂脚手架安装或使用前，施工员应对操作人员进行书面交底，交底要有记录，交底双方应在交底记录上签字，手续应齐全。

15.2.3.2 安装人员

(1) 挂脚手架组装、安装人员应经专业技术培训，考试合格并取得操作证后，持证上岗。

(2) 挂脚手架的安装和脚手板的铺设属高处作业,安装人员应戴好安全帽,系好安全带。

15.2.4 吊篮脚手架工程安全技术

吊篮脚手架,必须按《高处作业吊篮》(GB/T 19155—2017)及有关规范标准进行设计、制作、安装、验收与使用,并按《建筑施工安全检查标准》(JGJ 59—2011)对吊篮脚手架的安全检查要求进行检查。

15.2.4.1 施工方案的编制

(1) 吊篮脚手架工程应编制施工方案,施工方案中必须有吊篮和挑梁的设计。挑梁是确保施工安全的重要构件,对其材质、固定点、连接点、几何尺寸及悬挑长度均应进行计算,对挑梁的固定方式应有详细说明,并应绘制详图。施工方案和设计计算书均应经上级技术部门审批。

(2) 吊篮脚手架若为工厂生产,则应有产品合格证,并应附有安装和使用说明书。

(3) 施工方案应详细具体,对建筑物阳台、阴阳角等特殊部位的挑梁和吊篮的设置应有详图和相应的说明。

15.2.4.2 制作与组装

(1) 挑梁一般用工字钢或槽钢制成,用 U 形锚环或预埋螺栓固定在屋顶上。

(2) 挑梁必须按设计要求与主体结构固定牢靠。承受挑梁拉力的预埋吊环,应用直径不小于 16 mm 的圆钢,埋入混凝土的长度不小于 360 mm,吊环应与主筋焊接牢固。挑梁的挑出端应高于固定端,挑梁应沿纵向用钢管或其他材料连接成一个整体。

(3) 挑梁挑出长度应使吊篮钢丝绳垂直于地面。

(4) 必须保证挑梁抵抗力矩大于倾覆力矩的三倍。

(5) 当挑梁采用压重时,配重的位置和重量应符合设计要求,并采取固定措施。

(6) 吊篮平台可采用焊接或螺栓连接进行组装,禁止使用钢管扣件连接。

(7) 倒链必须有产品合格证和说明书,非合格产品不得使用。

(8) 吊篮组装后应经加载试验,确认合格后方可使用,参加试验的有关人员应在试验报告上签字。脚手架上应标明允许载重量。

15.2.4.3 安全装置

(1) 使用手扳葫芦时应设置保险卡,保险卡要能有效地限制手扳葫芦的升降,防止吊篮平台下滑。

(2) 吊篮组装完毕,经检查合格后,接上钢丝绳,同时将提升钢丝绳和保险绳分别插入提升机构及安全锁中,使用中必须有两根直径为 12.5 mm 以上的钢丝绳作保险绳,接头卡扣应不少于三个,不准使用有接头的钢丝绳。

(3) 当使用吊钩时,应有防止钢丝绳滑脱的保险装置(卡子),卡子应将吊钩和吊索卡死。

(4) 吊篮内作业人员,必须系安全带,安全带挂钩应挂在作业人员上方的固定物体上,不准挂在吊篮工作钢丝绳上,以防工作钢丝绳断开。

15.2.4.4 脚手板

(1) 脚手板必须满铺,应按要求将脚手板与脚手架绑扎牢固。

(2) 吊篮脚手板可使用木脚手板或钢脚手板。木脚手板应为 50 mm 厚的杉木或松木板,不得使用脆性木材,凡是腐朽、扭曲、破裂和有斜纹、大横透节的不得使用;钢脚手板应有防滑措施。

(3) 脚手板搭接时搭接长度不得小于 200 mm,不得出现探头板。

15.2.4.5 防护

(1) 吊篮脚手架外侧应设高度 1.2 m 以上的两道防护栏杆及 18 cm 高的挡脚板,内侧应设置高度不小于 80 cm 的防护栏杆。防护栏杆及挡脚板材质要符合要求,安装要牢固。

(2) 吊篮脚手架外侧应用密目式安全网整齐封闭。

(3) 单片吊篮升降时,两端应加设防护栏杆,并用密目式安全网封闭严密。

15.2.4.6 防护顶板

(1) 当有多层吊篮进行上下立体交叉作业时,不得在同一垂直方向上操作。上下作业的位置,必须处于由上层高度确定的可能坠落半径范围之外。不符合以上条件时,应设置安全防护层,即防护顶板。

(2) 防护顶板可用 5 mm 厚木板,也可采用其他具有足够强度的材料。防护顶板应绑扎牢固、满铺,能承受坠落物的冲击,不会被砸破贯通,起到防护作用。

15.2.4.7 架体稳定

(1) 为了保证吊篮的安全使用,当吊篮脚手架升降到位后,必须将吊篮与建筑物固定牢固;吊篮内侧两端应装有可伸缩的附墙装置,使吊篮在工作时与结构面靠紧,以减少架体的晃动。确认脚手架已固定、不晃动后方可上人作业。

(2) 吊篮钢丝绳应随时与地面保持垂直,不得斜拉。吊篮内侧与建筑物的间距(缝隙)不得过大,一般为 100～200 mm。

15.2.4.8 荷载

(1) 吊篮脚手架的设计施工荷载为 1 kN/m^2,不得超载使用。

(2) 脚手架上堆放的物料不得过于集中。

15.2.4.9 升降操作

(1) 升降操作属于特种作业,作业人员应经培训,合格并取得操作证后,持证上岗,且应固定岗位。

(2) 升降时不得两人以上同时作业,其他非升降操作人员不得在吊篮内停留。

(3) 单片吊篮升降时,可使用手扳葫芦;两片或多片吊篮连在一起同步升降时,必须采用电动葫芦,并应有控制同步升降的装置。

15.3 脚手架安全文明施工操作技术要求

15.3.1 脚手架工程安全生产的一般要求

(1) 脚手架搭设前必须根据工程的特点,按照规范、规定,制定施工方案和搭设的安全技术措施。

(2) 脚手架搭设或拆除人员必须按照《特种作业人员安全技术培训考核管理规定》,经考核合格并取得特种作业人员操作证的专业架子工担任。

(3) 操作人员应持证上岗。操作时必须戴安全帽,系安全带,穿防滑鞋。

(4) 脚手架搭设的交底与验收要求:

① 脚手架搭设前,现场施工员或安全员应根据施工方案要求以及外脚手架检查评分表检查项目及其扣分标准,并结合《建筑安装工人安全技术操作规程》的相关要求,编制书面交底资料,向持证上岗的架子工进行交底。

② 脚手架通常在主体工程基本完工时才搭设完毕,即分段搭设、分段使用。脚手架分段搭设完毕后,必须由施工负责人组织有关人员,按照施工方案及规范的要求进行检查验收。

③ 经验收合格后,办理验收手续,填写脚手架底层搭设验收表、脚手架中段验收表、脚手架顶层验收表,并经有关人员签字后方准使用。

④ 经验收不合格的应立即进行整改。对检查结果及整改情况,应按实测数据进行记录,并由检测人员签字。

⑤ 脚手架与高压线路的水平距离和垂直距离必须按照施工现场对外电线路的安全距离及防护的有关要求设置。

⑥ 大雾及雨、雪天气或 6 级以上大风时,不得进行脚手架上的高处作业。雨、雪天作业时,必须采取安全防滑措施。

⑦ 脚手架搭设作业时,应按形成基本构架单元的要求逐排、逐跨、逐步地进行搭设,矩形周边脚手架宜从其中的一个角部开始向两个方向延伸搭设,确保已搭部分稳定。

⑧ 门式脚手架以及其他纵向竖立面刚度较差的脚手架,在连墙点设置层宜加设纵向水平长横杆,并将其与连接件连接。

⑨ 搭设作业时,应按以下要求做好自我保护和保护好现场作业人员的安全:

a. 在架上作业的人员应穿防滑鞋,佩挂好安全带。为保证作业的安全,脚下应铺设必要数量的脚手板,并应铺设平稳,且不得有探头板。当暂时无法铺设落脚板时,用于落脚或抓握、把(夹)持的杆件均应为稳定的构架部分,着力点与构架节点的水平距离应不大于 0.8 m,垂直距离应不大于 1.5 m。位于立杆接头之上的自由立杆(尚未与水平杆连接者)不得用作把持杆。

b. 作业人员应佩戴工具袋，工具用后应装于袋中，不要放在架子上，以免掉落伤人。

c. 架设材料要随上随用，以免放置不当时掉落。

d. 每次收工以前，所有上架材料应全部搭设上，不要存留在架子上，而且一定要形成稳定的构架，不能形成稳定构架的部分应采取临时撑拉措施予以加固。

e. 在搭设作业过程中，地面上的配合人员应避开可能落物的区域。

⑩ 钢管脚手架的高度超过周围建筑物或在雷暴较多的地区施工时，应安设防雷装置，其接地电阻应不大于 4 Ω。

⑪ 脚手架应按规范或设计规定的荷载使用，严禁超载。

较重的施工设备（如电焊机等）不得放置在脚手架上。严禁将模板支撑、缆风绳、泵送混凝土及砂浆的输送管等固定在脚手架上，严禁在脚手架上任意悬挂起重设备。

⑫ 架上作业时，不要随意拆除基本结构杆件和连墙件，因作业的需要必须拆除某些杆件和连墙点时，必须取得施工主管和技术人员的同意，并采取可靠的加固措施。

⑬ 架上作业时，不要随意拆除安全防护设施，没有设置或设置不符合要求时，必须在补设或改善后，才能上架进行作业。

15.3.2 脚手架的拆除要求

(1) 脚手架拆除作业前，应制订详细的拆除施工方案和安全技术措施，并对参加作业的全体人员进行技术安全交底，在统一指挥下按照确定的方案进行拆除作业。

(2) 脚手架拆除时，应划分作业区，周围设围护装置或设立警戒标识，地面设专人指挥，禁止非作业人员入内。

(3) 一定要按照先上后下、先外后里、先架面材料后构架材料、先辅件后结构件和先结构件后附墙件的顺序，一件一件地松开连接，取出并随即吊下（或集中到毗邻的未拆的架面上，捆扎后吊下）。

(4) 拆卸脚手板、杆件、门架及其他较长、较重、两端有连接的部件时，必须两人或多人一组进行。禁止单人进行拆卸作业，防止把持杆件不稳、失衡而发生事故。拆除水平杆件时，在松开结后，水平托取卸下。拆除立杆时，在把稳上端后，松开下端连接取下。

(5) 架子工作业时，必须戴安全帽，系安全带，穿胶鞋或软底鞋，所用材料要堆放平稳，工具应随手放入工具袋内，上下传递物件时不能抛扔。

(6) 多人或多组进行拆卸作业时，应加强指挥，并相互询问和协调作业步骤，严禁不按程序任意进行拆卸。

(7) 拆除上部或一侧的附墙拉接件而使架子不稳时，应采取临时撑拉措施，以防架子晃动影响作业安全。

(8) 严禁将拆卸下的杆件和材料向地面抛掷。已吊至地面的架设材料应随时运出拆卸区域，保持现场文明。

(9) 连墙杆应随拆除进度逐层拆除，拆抛撑件前，应设立临时支柱。

(10) 拆除吋严禁碰撞附近电源线，以防事故发生。

(11) 拆下的材料应用绳索拴住,利用滑轮放下,严禁抛扔。

(12) 在拆架过程中,不能中途换人,如需要中途换人,应将拆除情况交接清楚后方可离开。

(13) 脚手架具的外侧边缘与外电架空线路的边线之间的最小安全操作距离见表 15.3。

表 15.3 最小安全操作距离

外电线路电压	1 kV 以下	1～10 kV	35～110 kV	150～220 kV	330～500 kV
最小安全操作距离/m	4	6	8	10	15

(14) 拆除的脚手架或配件,应分类堆放保存并进行保养。

16 钢筋混凝土工程安全文明施工

16.1 钢筋工程施工安全文明操作

16.1.1 钢筋绑扎作业安全技术

钢筋绑扎作业安全技术见表16.1和表16.2。

表16.1 钢筋绑扎作业安全技术(自然地面以下钢筋绑扎)

序号	要求
1	进入施工现场时,必须戴好安全帽,扣好帽带,佩戴并正确使用个人劳动防护用具
2	作业人员必须身体健康,在取得有效钢筋操作证后,方可独立操作。学徒人员必须在师傅的指导与要求下进行作业
3	密切关注基坑土方及围护情况,关注基坑排水状况,发现问题应立刻上报
4	雷雨时必须停止露天操作,预防雷击钢筋伤人。钢筋断料、配料、弯料等工作应在钢筋加工棚内进行,不宜在绑扎现场进行断料、弯料或配料
5	搬运钢筋时要注意附近有无障碍物、架空电线和其他临时电气设备,防止钢筋在回转时碰撞电线或发生触电事故
6	起重臂和吊起的重物下面有人停留或行走时不准起吊
7	超重指挥应由技术培训合格的专职人员担任,无指挥或信号不清时不准起吊
8	钢筋、型钢、管材等细长和多根物件必须捆扎牢靠,多点起吊。单头"千斤"或捆扎不牢靠时不准起吊
9	起吊钢筋骨架时,下方禁止站人,必须待骨架降到距模板1 m以下才准人员靠近,就位支撑好后方可摘吊钩
10	绑扎立柱和墙体钢筋时,不得站在钢筋骨架上或攀登骨架上下

表 16.2　钢筋绑扎作业安全技术(自然地面以上的钢筋绑扎)

序号	要　　求
1	进入现场时,必须戴好安全帽,扣好帽带,并正确使用个人劳动防护用具
2	作业人员必须身体健康,在经过专业培训考试并合格,且取得有关部门颁发的操作证和特殊工种操作证后,方可独立操作。学员必须在师傅的指导下进行操作
3	钢筋断料、配料、弯料等工作应在地面进行,不准在高空操作
4	搬运钢筋时要注意附近有无障碍物、架空电线和其他临时电气设备,防止钢筋在回转时碰撞电线或发生触电事故
5	现场绑扎悬空大梁钢筋时,不得站在模板上操作,必须在脚手板上操作;绑扎独立柱头钢筋时,不准站在钢箍上绑扎,也不准将木料、管子、钢模板穿在钢箍内作为立人板
6	起吊钢筋骨架时下方禁止站人,必须待骨架降到距模板 1 m 以下才准人员靠近,就位支撑好后方可摘吊钩
7	起吊时,钢筋规格必须统一,不准长短参差不一,不准一点起吊
8	切割机使用前,须检查机械运转是否正常,是否漏电;电源线须通过漏电开关,切割机后方不准堆放易燃物品
9	钢筋头应及时清理,成品要堆放整齐,工作台要稳,钢筋工作棚照明灯必须加网罩
10	高空作业时,不得将钢筋集中堆放在模板和脚手板上,也不要把工具、钢箍、短钢筋随意放在脚手板上,以免滑落伤人
11	雷雨时必须停止露天操作,预防雷击钢筋伤人

16.1.2　钢筋绑扎高处作业安全技术

钢筋绑扎高处作业安全技术见表 16.3 和表 16.4。

表 16.3　钢筋绑扎高处作业安全技术

序号	要　　求
1	进入现场时,必须戴好安全帽,扣好帽带,并正确使用个人劳动防护用具
2	操作人员必须身体健康,在经过专业培训考试并合格,且取得有关部门颁发的操作证和特殊工种操作证后,方可独立操作。学员必须在师傅的指导下进行操作
3	悬空作业处应有牢靠的立足处,并应视具体情况,配置防护网、栏杆或其他安全设施。悬空作业所用的索具、脚手板、吊篮、吊笼、平台等设备,均须经过技术鉴定或验证后方可使用
4	钢筋断料、配料、弯料等工作应在地面进行,不准在高空操作
5	搬运钢筋时要注意附近有无障碍物、架空电线和其他临时电气设备,防止钢筋在回转时碰撞电线或发生触电事故
6	起重臂和吊起的重物下面有人停留或行走时不准起吊
7	起重指挥应由技术培训合格的专职人员担任,无指挥或信号不清时不准起吊

续表16.3

序号	要　求
8	钢筋、型钢、管材等细长和多根物件必须捆扎牢靠，多点起吊。单头“千斤”或捆扎不牢靠时不准起吊
9	风速 10.8 m/s 以上的强风区不准起吊
10	起吊钢筋骨架下方禁止站人，必须待骨架降到距模板 1 m 以下时才准人员靠近，就位支撑好后方可摘吊钩
11	不得将钢筋集中堆放在模板和脚手板上，也不要把工具、钢箍、短钢筋随意放在脚手板上，以免滑落伤人
12	绑扎钢筋和安装钢筋骨架时，必须搭设脚手架和马道
13	绑扎圈梁、挑梁、挑檐、外墙和边柱等钢筋时，应搭设操作台架并张挂安全网
14	绑扎悬空大梁钢筋时，必须在满铺脚手板的支架或操作平台上操作
15	绑扎立柱和墙体钢筋时，不得站在钢筋骨架上或攀登骨架上下

表 16.4　钢筋绑扎高处作业安全技术(斜屋面)

序号	要　求
1	作业人员进入施工现场时，必须戴好安全帽，扣好帽带，系好安全带，并正确使用个人劳动防护用具，作业人员不得穿硬底鞋
2	作业人员必须身体健康，无心脏病，无恐高症，经过专业培训、考试并合格，取得有效钢筋工上岗证后，方可独立操作。学徒必须在师傅的指导下进行操作
3	斜屋面作业处应有牢靠的立足处。在临边洞口，应配置防护网、防护栏杆或其他安全设施
4	作业用索具、脚手板、吊篮、吊笼、平台等设备，均须经过技术鉴定或检验并合格后方可使用
5	随身所带的作业工具必须放在工具袋内，以防滑落伤人
6	钢筋断料、配料、弯料等工作应在地面进行，不准在高空操作
7	斜屋面上应建平台，用以堆放钢筋、材料，传递钢筋等物件时应用绳牵牢，防止滑落，绑扎完一根后再传递一根
8	起重指挥应由技术培训合格的专职人员担任，无指挥或信号不清时不准起吊
9	钢筋、型钢、管材等细长和多根物件必须捆扎牢靠，多点起吊。单头“千斤”或捆扎不牢靠时不准起吊
10	起吊钢筋骨架时，下方禁止站人，必须待骨架降到距模板 1 m 以下才准人员靠近，就位支撑好后方可摘吊钩
11	绑扎圈梁、挑梁、挑檐、外墙和边柱等钢筋时，应搭设操作台架并张挂安全网
12	绑扎斜屋面板钢筋时，应支设满堂脚手架，不得站立在钢筋骨架上，或上下攀登
13	风速 10.8 m/s 及以上的强风区不准起吊
14	雷雨时必须停止露天操作，预防雷击钢筋伤人

16.1.3 钢筋冷拉安全技术

钢筋冷拉安全技术见表16.5。

表16.5 钢筋冷拉安全技术

序号	要求
1	操作人员在工作中应按规定穿戴防护用品，要扎紧袖口，不得围围巾及戴手套，女工应戴工作帽，长发不得外露
2	操作人员必须身体健康，在经过专业培训考试并合格，且取得有关部门颁发的操作证或特殊工种操作证后，方可独立操作。学员必须在师傅的指导下进行操作
3	根据冷拉钢筋的直径，合理选用卷扬机，卷扬机钢丝绳应通过封闭式导向滑轮，并和钢筋被拉方向成直角
4	卷扬机的位置必须保证操作人员能见到全部冷拉场地，距离冷拉中线不少于5 m
5	作业前，应检查冷拉夹具，夹齿必须完好，滑轮、拖拉小车应润滑灵活，拉钩、地锚及防护装置均应齐全牢固，确认良好后方可作业
6	卷扬机操作人员必须看到指挥人员发出信号，并待所有人员离开危险区后方可作业。冷拉应缓慢、均匀地进行，收到停车信号或见到有人进入危险区时，应立即停拉，并稍稍放松卷扬机钢丝绳
7	作业后，应放松卷扬机钢丝绳，应堆放好成品，清理场地，切断电源，锁好电闸箱

16.2 模板工程施工安全文明操作

16.2.1 模板安装施工安全技术

模板安装施工安全技术见表16.6。

表16.6 模板安装施工安全技术

序号	要求
1	进入施工现场的操作人员必须戴好安全帽，扣好帽带。操作人员严禁穿硬底鞋或有跟鞋作业
2	高处和临边洞口作业处应设护栏，张挂安全网，如无可靠防护措施，必须佩戴安全带，扣好带扣。对于高空、复杂结构模板的安装与拆除，事先应有切实的安全措施
3	工作前应先检查使用的工具是否牢固，扳手等工具必须用绳链系挂在身上，钉子必须放在工具袋内，以免掉落伤人。工作时要注意力集中，防止钉子扎脚和空中滑落

续表16.6

序号	要　求
4	安装模板时操作人员应有可靠的落脚点，并应站在安全地点进行操作，避免在同一垂直面的上下方同时工作。操作人员要主动避让吊物，增强自我保护和相互保护的安全意识
5	支模应按规定的作业程序进行，模板未固定前不得进行下一道工序。严禁在连接件和支撑件上攀登上下
6	支模时，操作人员不得站在支撑上，应设立人板，以便操作人员站立。立人板以木质中板为宜，并应适当绑扎固定；不得用钢模板或 5 cm×10 cm 的木板
7	支模过程中，如需中途停歇，应将支撑、搭头、柱头板等钉牢。拆模间歇时，应将已活动的模板、牵杠、支撑等运走或妥善堆放，防止人员因踏空、扶空而坠落。模板上的预留洞应在模板安装后盖好，混凝土板上的预留洞应在模板拆除后即盖好
8	当竖向模板和支架的支承部分安装在基土上时，应加设垫板，且基土必须坚实并有排水措施。对湿陷性黄土，尚须有防水措施；对冻胀性土，必须有防冻融措施
9	在模板及其支架安装过程中，必须设置防倾覆的临时固定设施
10	对于现浇多层房屋和构筑物，应采取分段支模的方法
11	当层间高度大于 5 m 时，宜选用桁架支模或多层支架支模。当采用多层支架支模时，支架的横垫板应平整，支柱应垂直，上下层支柱应在同一竖向中心线上
12	支设高度在 3 m 以上的柱模板四周应设斜撑，并应设立操作平台，低于 3 m 的可用马凳操作
13	施工支撑、牵杠等不得搭在门窗框和脚手架上。通路中间的斜撑、拉杆等的设置高度应在 1.8 m 以上
14	两人抬运模板时要互相配合，协同工作。传递模板、工具时应用索具系牢。应采用垂直升降机械运输，不得乱抛。组合钢模板装拆时，上下应有人接应。钢模板及配件应随装拆随运送，严禁从高处掷下。高空拆模时，应有专人指挥。地面应标出警戒区，用绳子和红白旗加围栏警示，暂停人员通行
15	模板上施工时，堆物（钢模板等）不宜过多，且不宜集中于一处
16	大模板施工时，存放大模板必须要有防倾覆措施。封柱子模板时，不准从顶部往下套
17	地下室顶模板支撑还另须考虑机械行走、材料运输、堆物等额外载荷的要求，顶撑及模板的排列必须考虑施工荷载的要求
18	高空作业时要搭设脚手架或操作台，上、下要使用梯子，不得站立在墙上工作，不准在大梁底模上行走
19	遇 10.8 m/s 以上的大风时，应暂停室外的高空作业，雷雨后应先清扫施工现场，待地面略干不滑时再恢复工作

16.2.2　滑模施工安全技术

滑模施工安全技术见表 16.7。

表 16.7 滑模施工安全技术

序号	要　　求
1	滑模施工设计时，必须注意施工过程中结构的稳定和安全
2	为方便滑模施工操作人员上下，应设置可靠楼梯或在建筑物内及时安装楼梯
3	采用降模法施工现浇楼板时，各吊点应加设保险钢丝绳
4	滑模施工中，应严格按施工组织设计要求分散堆载，平台不得超载且不应出现不均匀堆载的情况
5	施工人员必须服从统一指挥，不得擅自操作液压设备和机械设备
6	滑模施工场地应有足够的照明，操作平台上的照明采用 36 V 低压电灯
7	凡患有高血压、心脏病及医生认为不适于高空作业者，不得参加滑模施工
8	操作人员应遵守施工安全操作的有关规定
9	在滑模平台提升前应对全部设备装置进行检查，调试妥善后方可使用，重点检查平台的装配、节点、电气及液压系统
10	平台内、外吊脚手架使用前，应一律安装好轻质牢固的安全网，并使安全网贴紧筒壁，经验收后方可使用
11	为了防止高空物体坠落伤人，一般在筒身内底部 2.5 m 高处搭设保护棚，保护棚应十分坚固可靠，并在上部铺一层 6～8 mm 厚的钢板
12	避雷设备应有接地线装置，平台上振动器、电机等应接地
13	通风管道内除电铃和信号灯外，还应配备 3～4 台步话机
14	在提升滑模时，应有统一指挥，并有专人负责量测千斤顶，升高时若出现不正常情况，应立即停止滑升，再找出原因，并制定相应措施后方准继续滑升

16.2.3 模板拆除施工安全技术

模板拆除施工安全技术见表 16.8、表 16.9。

表 16.8 模板拆除施工安全技术

序号	要　　求
1	非承重模板（如侧模），在混凝土强度能保证其表面及棱角不因拆除模板而受损坏后，方可拆除
2	拆除高度在 5 m 以上的模板时，应搭脚手架，并设防护栏杆，防止在同一垂直面的上下方同时操作
3	模板支撑拆除前，混凝土强度必须达到设计要求，拆除作业须经申报批准后，才能进行。拆除模板一般用长撬棒，人不允许站在正在拆除的模板上。在拆除楼板模板时，要注意防止整块模板掉下，尤其是拆除用定型模板做的平台模板时更要注意，防止模板突然全部掉落伤人

续表16.8

序号	要求
4	拆模时必须设置警戒区域，并派人监护。模板必须拆除干净，不得留有悬空模板。拆下的模板要及时清理，堆放整齐。高处拆下的模板及支撑应用垂直升降设备运至地面，不得乱抛乱扔
5	拆模时，临时脚手架必须牢固，不得用拆下的模板作脚手板
6	脚手板搁置时必须牢固平整，不得有空头板，以防人员踏空坠落
7	拆除的钢模为平台底模时，不得一次性将顶撑全部拆除，应分批拆下顶撑，然后按顺序拆下搁栅、底模，以免钢模在自重荷载下一次性大面积脱落
8	预应力混凝土结构构件模板的拆除，应符合《混凝土结构工程施工质量验收规范》(GB 50204—2015)中的相关规定，且侧模应在预应力张拉前拆除，底模应在结构构件建立预应力后拆除
9	已拆除模板及其支架的结构，在混凝土强度符合设计混凝土强度等级的要求后，方可承受全部使用荷载；当施工荷载所产生的效应比使用荷载的效应更为不利时，必须经过计算，加设临时支撑
10	预制构件模板拆除时的混凝土强度应符合设计要求；当设计无具体要求时，应符合以下规定： (1) 非承重模板(如侧模)，在混凝土强度能保证构件不变形、棱角完整后，方可拆除。 (2) 芯模或预留孔洞的内模，在混凝土强度能保证构件和孔洞表面不产生塌陷和裂缝后，方可拆除。 (3) 底模，当构件跨度不大于 4 m 时，在混凝土强度达到设计的混凝土强度标准值的 50%后，方可拆除
11	底模，应在同一部位、同条件养护的混凝土试块强度达到要求后拆除

表 16.9　现浇结构拆模时所需混凝土强度

结构类型	结构跨度/m	按设计的混凝土强度标准值的百分率计(%)
板	≤2	50
	>2,≤8	75
	>8	100
梁、拱、壳	≤8	75
	>8	100
悬臂构件	≤2	75
	>2	100

注：表中“设计的混凝土强度标准值”系指与设计混凝土强度等级相应的混凝土立方体抗压强度标准值。

16.2.4　模板堆放

16.2.4.1　模板的编序

模板的编序见表16.10。

表16.10　模板的编序

序号	要　求
1	模板及支撑系统应按使用的不同层次部位和先后顺序进行编序堆放，在周转使用中均应做到配套编序使用
2	模板的配制、编号、施工顺序安排，应由专人负责组织设计和管理指导，以确保用料合理，安装、拆卸、运输方便，综合利用率高，防止在实际操作中产生乱拖乱用和浪费材料的现象
3	应加强模板和支撑体系的通用性，推动设计模数化，以使编序简单、使用方便
4	模板的编号应用醒目的标记标注在模板的背面，并注明规格尺寸、使用部位等。支撑体系的各部件也应分类放置，标注明确，以便按不同需要使用
5	对大模板、台模等特殊形式的模板体系，应专门分类编号，并按操作工艺要求顺序放置

16.2.4.2　模板的堆放

模板的堆放要求见表16.11。

表16.11　模板的堆放要求

序号	要　求
1	所有模板和支撑系统应按不同材质、品种、规格、型号、大小、形状分类堆放，应注意在堆放时留出空地或交通道路，以便取用。在多层和高层施工中还应考虑模板和支撑的竖向转运顺序是否合理
2	木质材料可按品种和规格堆放，钢质模板应按规格堆放，钢管应按不同长度堆放整齐。小型零配件应装袋或集中装箱转运
3	模板的堆放一般以平卧为主，对桁架或大模板等部件，可采用立放形式，但必须采取抗倾覆措施，每堆材料不宜过多，以免影响部件本身的质量和转运
4	堆放场地要求整平垫高，应注意通风排水，保持干燥；室内堆放时应注意取用方便、堆放安全，露天堆放时应注意遮盖；钢质材料应注意防水防锈，木质材料应防腐、防火、防雨、防暴晒

16.2.5　大模板的堆放、安装和拆除施工安全技术

大模板的堆放、安装和拆除施工安全技术见表16.12。

表 16.12　大模板的堆放、安装和拆除施工安全技术

序号	要　求
1	平模存放时应满足地区条件要求的自稳角，两块大模板存放时应采取板面对板面的存放方法，若长期存放，应将模板换成整体。大模板存放在施工楼层上时，必须有可靠的防倾倒措施。不得沿外墙围边放置，应垂直于外墙存放。没有支撑或自稳角不足的大模板，要存放在专用的堆放架上，或者平堆放，不得靠在其他模板或物件上，严防下脚滑移倾倒
2	模板起吊前，应检查吊装用绳索、卡具及每块模板上的吊环是否完整有效，并应先拆除一切临时支撑，经检查无误后方可起吊。模板起吊前，应将吊车的位置调整适当，做到稳起稳落，就位准确，禁止用人力搬动模板，严防模板大幅度摆动或碰倒其他模板
3	筒模可用拖车整体运输，也可拆成平模后用拖车水平叠放运输。平模叠放时，垫木必须上下对齐，绑扎牢固。用拖车运输时，车上严禁坐人
4	在大模板拆装区域周围，应设置围栏，并挂明显的标志牌，禁止非作业人员入内。组装平模时，应及时用卡具或花篮螺钉将相邻模板连接好，防止倾倒
5	全现浇结构安装外模板时，必须将悬挑板固定，位置调整准确后方可摘钩；外模安装后，要立即穿好销杆，紧固螺栓。安装外模板的操作人员必须系好安全带
6	在模板组装或拆除时，指挥、拆除和挂钩人员，必须站在安全可靠的地方操作，严禁人员随大模板起吊
7	大模板必须有操作平台、上下梯道、走桥和防护栏杆等附属设施，如有损坏，应及时修理
8	拆模起吊前，应复查穿墙销杆是否拆净，在确无遗漏且模板与墙体完全脱离后方可起吊。拆除外墙模板时，应先挂好吊钩，紧好绳索，再行拆除销杆和板。在起吊时，吊钩应垂直于模板，不得斜吊，以防模板碰撞相邻模板和墙体，摘钩时手不离钩，待吊钩吊起超过头部后方可松手，超过障碍物以上的允许高度后，才能行车或转臂。模板就位或拆除时，必须设置缆风绳，以利模板吊装过程中保持稳定。在大风情况下，根据安全规定，不得进行高空运输，以免在拆除过程中发生模板间或模板与其他障碍物之间的碰撞
9	模板安装就位后，要采取防触电的保护措施，要派专人将大模板串连起来，并同避雷网接通，防止漏电伤人
10	大模板拆除后，应及时清除模板上的残余混凝土，并涂刷脱模剂。在清扫和涂刷脱模剂时，模板要临时固定好，板面相对停放的模板间，应留出 50～60 cm 宽的人行道，模板上方要用拉杆固定

16.3　混凝土工程施工安全文明操作

16.3.1　自拌混凝土安全技术

自拌混凝土安全技术见表 16.13。

表 16.13 自拌混凝土安全技术

序号	要 求
1	进入现场时,必须戴好安全帽,扣好帽带,并正确使用个人劳动防护用具,操作人员必须身体健康
2	脚手架、工作平台和斜道应绑扎牢固。若有探头板应及时绑扎搭好,脚手架上的钉子等障碍物应清除干净。在高处或较深的地下作业时,必须设有供操作人员上下的走道
3	浇筑地下工程的混凝土前,应检查土边坡有无裂缝、坍塌等现象
4	夜间施工时应有足够的照明,临时电线必须架空在 2.5 m 高以上。在深坑和潮湿地点施工时必须使用低压安全照明
5	所有电气设备的修理拆换工作应由电工进行,严禁混凝土操作工自行拆换
6	材料及混凝土的运输机具应坚实牢固,轴承应经常加油
7	混凝土搅拌站后台的装置及龙门吊等,应安设牢固,搅拌前应试运转,确认机械各部位工作正常后,方可正式搅拌
8	临时跳板和走道应搭设牢固。运输道的宽度要求是,单行道应比手推车及机动翻斗车的宽度大400 mm 以上,双行道应比两辆车的宽度大 700 mm 以上
9	用手推车运料时应依次行走,不得拥挤、抢先。向搅拌机或料斗内倒料时,不得用力过猛而使车辆脱把
10	用手推车运输混凝土时,在下坡道、天桥或跨越坑槽的走道上必须行走缓慢,防止碰撞伤人和翻车。空车返回时,不得将车拖在身后奔跑,以防滑倒和翻车。用翻斗车运输时,应由专业驾驶人员驾驶
11	自卸车卸混凝土或砂、石时,应在现场有关人员指定的地点卸料,倒车时应有专人指挥。起落自卸车斗时,应有专人指挥
12	在上料平台上的卸料人员不得将头、手、脚伸入井架内;严禁在拔杆下站人。运行中途若发生故障,必须停车修理
13	浇筑离地 2 m 以上的框架、过梁、雨篷和小平台时,应设操作平台,不得直接站在模板或支撑件上操作
14	浇筑拱形结构时,应自两边拱脚对称地相向进行;浇筑储仓时,下口应先行封闭,并搭设脚手架以防人员坠落
15	特殊情况下如无可靠的安全设施,必须系好安全带并扣好保险钩,或架设安全网
16	地下工程深度超过 3 m 时,应设混凝土溜槽。滑放混凝土时,应上下配合
17	浇筑无板框架的梁、柱混凝土时,应搭设脚手架,并应附设防护栏杆,不得站在模板上操作
18	浇捣圈梁、挑檐、阳台、雨篷混凝土时,外脚手架上应加设护身栏杆
19	使用振动机前应检查电源电压,输电线必须安装漏电开关;检查保护电源线路是否良好,电源线不得有接头;检查机械运转是否正常。振动机移动时,不能硬拉电线,更不能在钢筋和其他锐利物体上拖拉,防止割破、拉断电线而造成触电伤亡事故
20	用草帘或草袋覆盖混凝土时,构件表面的孔洞部位应有封堵措施并设明显标志,以防操作人员跌落或受伤。草帘和草袋等用完后应随时清理,堆放到指定地点,并应在堆放地点设置消防设施

16.3.2 商品混凝土安全技术

商品混凝土安全技术见表16.14。

表16.14 商品混凝土安全技术

序号	要求
1	作业人员进入现场时必须戴好安全帽,扣好帽带,并正确使用个人劳动防护用品
2	操作人员必须身体健康;持有效操作证,方可独立操作
3	脚手架、工作平台和斜道应绑扎牢固。若有探头板应及时绑扎搭好,脚手架上的钉子等障碍物应清除干净。在高处或较深的地下作业时,必须设有供操作人员上下的走道
4	浇筑地下工程的混凝土前,应检查土边坡有无裂缝、坍塌等现象
5	夜间施工时应有足够的照明,临时电线必须架空在2.5 m以上。在深坑和潮湿地点施工时必须使用低压安全照明
6	所有电气设备的修理拆换工作应由电工进行,严禁混凝土操作工自行拆换
7	泵送设备放置应与基坑边缘保持一定距离。在布料杆动作范围内应无障碍物,无高压线
8	水平泵送的管道敷设线路应接近直线,少弯曲,管道与管道支撑必须紧固可靠,管道接头处应密封可靠。Y形管道应装接锥形管
9	严禁将垂直管道直接装接在泵的输出口上,应在垂直管的前端装接长度不小于10 m的水平管,水平管近泵处应装逆止阀。敷设向下倾斜的管道时,下端应装接一段水平管,其长度至少为倾斜管高低差的5倍,否则应采用弯管等办法增大阻力。如倾斜度较大,必要时,应在坡道上端装置排气活阀,以利排气
10	支腿应全部伸出并支固,未支固前不得启动布料杆,布料杆升离支架后方可回转,布料杆伸出时应按顺序进行。严禁用布料杆起吊或拖拉物件
11	当布料杆处于全伸状态时,严禁移动车身。作业中需要移动时,应将上段布料杆折叠固定,移动速度不得超过10 km/h。布料杆不得使用超过规定直径的配管,装接的软管应系防脱安全绳带
12	应随时监视各种仪表和指示灯,发现不正常情况应及时调整或处理。如输送管道堵塞,应进行逆向运转,使混凝土返回料斗,必要时应拆管排除堵塞
13	泵送工作应连续作业,必须暂停时应每隔5~10 min(冬季3~5 min)泵送一次。若停止较长时间后泵送,应逆向运输1~2个行程,然后顺向泵送。泵送时料斗内应保持一定量的混凝土,不得吸空
14	应确保水箱内储满清水,发现水质浑浊并有较多砂粒时应及时检查处理
15	泵送系统受压力时,不得开启任何输送管道和液压管道。液压系统的安全阀不得任意调整,蓄能器只能充入氮气
16	浇筑离地2 m以上的框架、过梁、雨篷和小平台时,应设操作平台,不得直接站在模板或支撑件上操作

续表16.14

序号	要　求
17	浇筑拱形结构时，应自两边拱脚对称地相向进行。浇筑储仓时，下口应先行封闭，并搭设脚手架，以防人员坠落
18	特殊情况下如无可靠的安全设施，必须系好安全带并扣好保险钩，或架设安全网
19	地下工程深度超过 3 m 时，应设混凝土溜槽。滑放混凝土时，应上下配合
20	浇筑无板框架的梁、柱混凝土时，应搭设脚手架，并应附设防护栏杆，不得站在模板上操作
21	浇捣圈梁、挑檐、阳台、雨篷混凝土时，外脚手架上应加设护身栏杆
22	使用振动机前应检查电源电压，输电线必须安装漏电开关；检查保护电源线路是否良好，电源线不得有接头；检查机械动转是否正常。振动机移动时，不能硬拉电线，更不能在钢筋和其他锐利物体上拖拉，防止割破、拉断电线而造成触电伤亡事故
23	用草帘或草袋覆盖混凝土时，构件表面的孔洞部位应有封堵措施并设明显标志，以防操作人员跌落或受伤。草帘或草袋等用完后应随时清理，堆放到指定地点，并应在堆放地点设置消防设施
24	在 10.8 m/s 以上大风或暴雪、雷雨的情况下，不得在露天进行高空作业；气温较低（−15 ℃左右），且需在高空或迎风方向连续作业时，应加强保暖，必要时休息取暖
25	应经常检查脚手架的接头处是否牢固，检查安全防护设置是否齐全，是否因冰、雪、风、雨的影响而松动下沉。对走道及跳板通道，应经常清扫或进行防滑处理
26	严禁酒后及患有高血压、心脏病、癫痫的人参加高空作业

16.3.3 细石混凝土、水泥砂浆安全技术

细石混凝土、水泥砂浆安全技术见表 16.15。

表 16.15 细石混凝土、水泥砂浆安全技术

序号	要　求
1	进入现场时，必须戴好安全帽，扣好帽带，并正确使用个人劳动防护用具
2	操作时必须穿胶鞋，以免水泥烧脚
3	晚上收光地面时要有足够的照明。不得随意移动临时照明线，不要把衣物等挂在电线上
4	在室内用手推车运输时，特别是在过道中拐弯时要注意避免车把挤手。人推小车时不准倒退
5	清理楼地面时，清理出的垃圾杂物等，不得由窗口、阳台、井道随意向下抛掷
6	井架吊篮提升或下降时，必须关好井架安全门，头、手不准伸入井架内，待吊篮停稳后，方能进入吊篮内工作
7	冬期施工时，如需生炉增温，必须经主管防火工作的领导批准，并落实好防火措施

16.3.4 硫黄混凝土施工安全技术

硫黄混凝土施工安全技术见表16.16。

表16.16 硫黄混凝土施工安全技术

序号	要 求
1	进入现场时，必须戴好安全帽，扣好帽带，并正确使用个人劳动防护用具
2	熬制硫黄胶泥和砂浆时会产生有毒气体，熬制地点应设在下风方向，室内熬制时锅上应有排气罩
3	熬制硫黄时要严格控制温度，防止着火，发现黄烟时应立即撤火降温，局部燃烧时可撒石灰粉灭火
4	操作人员要戴口罩、手套等劳动防护用品

16.4 砌筑工程安全文明操作

16.4.1 砌筑工程安全技术

砌筑工程安全技术见表16.17。

表16.17 砌筑工程安全技术

序号	要 求
1	进入施工现场，必须戴好安全帽，扣好帽带，并正确使用个人劳动防护用具
2	操作人员必须身体健康，在经过专业培训考试并合格，且取得有关部门颁发的操作证和特殊工种操作证后，方可独立操作。学徒必须在师傅的指导下进行作业操作
3	悬空作业处应有牢靠的立足处，并应视具体情况，配置防护网、栏杆或其他安全设施
4	悬空作业所用的索具、脚手板、吊篮、吊笼、平台等设备，均须经过技术鉴定或验证后方可使用
5	在操作之前必须检查操作环境是否符合安全要求，道路是否畅通，机具是否完好牢固，安全设施和防护用品是否齐全，经检查符合要求后才可施工
6	砌基础时，应经常注意和检查基坑土质变化情况，检查有无崩裂现象，堆放砖块材料应离开坑边1 m以上，当深基坑装设挡板支撑时，操作人员应设梯子上下，不得攀跳，运料时不得碰撞支撑，也不得踩踏砌体和支撑上下
7	墙身砌体高度超过地坪1.2 m以上时，应搭设脚手架，高度在一层以上或超过4 m，且采用里脚手架时，必须支搭安全网，采用外脚手架时，应设护身栏杆和挡脚板
8	脚手架上堆料量不得超过规定荷载，堆砖高度不得超过3皮侧砖，同一块脚手板上的操作人员不应超过2人

续表16.17

序号	要　　求
9	在楼层(特别是预制板面)上施工时,堆放的机械、砖块等物品不得超过使用荷载,如超过荷载,必须经过验算采取有效加固措施后方可进行堆放和施工
10	不准站在墙顶上进行划线、刮缝和清扫墙面或检查大角垂直等工作
11	不准用不稳固的工具或物体在脚手板面进行垫高操作,更不准在未经加固的情况下,在一层脚手架上随意再叠加一层,脚手板不允许有空头现象,不准用钢模板作立人板
12	砍砖时应面向内操作,以免碎砖跳出伤人
13	用于垂直运输的吊笼、绳索具等,必须满足负荷要求,确保牢固无损,吊运时不得超载,并须经常检查,发现问题应及时修理
14	用起重机吊砖时要用砖笼,吊砂浆的料斗不能装得过满,吊件回转范围内不得有人停留
15	砖料运输车辆的两车前后距离在平道上不小于 2 m,坡道上不小于 10 m,装砖时要先取高处后取低处,防止倒塌伤人
16	砌好的山墙,应用临时系杆(如檩条等)放置在各跨山墙上,使其连系稳定,或采取其他有效的加固措施
17	冬季施工时,若脚手板上有冰霜、积雪,应先清除后才能上架操作
18	如遇雨天及每天下班时,要做好防雨措施,以防雨水冲走砂浆,使砌体倒塌
19	在同一垂直面内上下交叉作业时,必须设置安全隔板,下方操作人员必须戴好安全帽
20	人工垂直向上或往下(深坑)传递砖块时,架子上的立人板宽度应不小于 60 cm

16.4.2　砌块运输、堆放安全技术

砌块运输、堆放安全技术见表 16.18。

表 16.18　砌块运输、堆放安全技术

序号	要　　求
1	进入现场时,必须戴好安全帽,扣好帽带,并正确使用个人劳动防护用具
2	悬空作业处应有牢靠的立足处,并应视具体情况,配置防护网、栏杆或其他安全设施
3	悬空作业所用的索具、脚手板、吊篮、吊笼、平台等设备,均须经过技术鉴定或验证后方可使用
4	上班前,应对各种起重机械设备、绳索、夹具、临时脚手架和其他施工安全设施进行检查,特别是要检查夹具的有关零件是否灵活牢靠,剪刀夹具悬空吊起后是否自动拉拢,夹板齿或橡胶块是否磨损,夹板齿槽中的垃圾是否清除。对夹具应定期进行检查及有关性能的测试,如发现歪曲变形、裂痕、夹板磨损等情况,应及时修理,不应勉强使用。新夹具使用前,应先认真验收,检查尺寸是否准确,并进行性能测试

续表16.18

序号	要　求
5	在装夹砌块前,应先检查砌块是否平稳,如果歪斜不齐,应撬正后再夹,夹具的夹板应在砌块的中心线上,以防止砌块起吊后歪斜;砌块起吊过程中,如发现有部分破裂,且有脱落危险的砌块,严禁继续起吊。起重摆杆回转时,严禁将砌块停留在操作人员上空或在空中修理、处理砌块,摆杆及吊钩下方不得站人或进行其他操作。砌块吊装时不准在下层楼面进行其他任何工作。利用台灵架吊装较重的构件时,台灵架应加设稳绳
6	台灵架或其他楼面起重机等设备就位后,吊装前应检查这些设备的位置、压重、缆绳的锚口等是否符合要求。砌块或其他构件吊装时应注意被吊物体重心的位置。起重量应严格控制在允许范围内,应严格控制起重拔杆的回转半径和变幅角度。不准起吊在台灵架的前支柱之后的砌块或其他构件,不准放长吊索拖拉砌块或构件。吊起砌块后作水平回转时,应由操作人员牵引,以免砌块摇摆或碰撞墙体、临时脚手架等
7	卸下和堆放砌块的地方应平整、无杂物、无块状物体,以防止个别砌块在夹具松开后倒下伤人。在楼面卸下、堆放砌块时,应尽量避免冲击,严禁砌块倾斜及撞击楼板。砌块的堆放应尽量靠近楼板的端部。楼面上砌块的质量,应考虑楼面的承载能力和变形情况,楼面荷载不准超过楼板的允许承载能力,否则应采取相应的加固措施,如在楼板底加设支撑等
8	砌块吊装就位时,待砌块放稳后,方可松开夹具
9	遇到下列情况时,应停止吊装作业: (1) 不能听清信号时。 (2) 起吊设备、索具、夹具等有不安全因素尚未排除时。 (3) 大雾或照明不足时 (4) 大风
10	冬期施工时,应在上班操作前清除机械、脚手板和作业区内的积雪、冰霜,严禁起吊同其他材料冻结在一起的砌块和构件

17 材料的现场管理

17.1 现场材料管理

17.1.1 现场材料管理的概念

建筑材料是建筑的物质基础，材料的质量是工程质量的保障，不同工程项目、不同施工阶段，对材料的要求不同。另外，材料的使用是否合理直接影响施工企业的经济效益。因此，加强材料管理，对提高工程质量、减少材料消耗、降低工程成本、提高企业经济效益有着重要的作用。建筑材料费用一般占总投资的50%～60%，材料的管理是建筑工程管理的重要组成部分，在建筑企业中占据重要地位，属于建筑企业生产领域材料耗用过程的管理，与企业的施工技术管理、施工进度管理、财务成本管理、质量安全管理等其他技术经济管理有着密切关系，是建筑企业项目管理的出发点和落脚点，更是建筑企业实现工程项目进度目标、质量目标、安全目标、成本目标的保障。

17.1.2 现场材料管理的特点

建筑企业的材料管理，是对施工过程中所需的各种材料进行采购、储备、保管及使用等一系列组织和管理工作的总称。它借助施工管理过程中如计划、组织、指挥、监督和调节等管理职能，根据一定的原则、程序和方法，来实现材料供应平衡以及高效、合理地组织材料的储存、消费和使用，从而保证建筑施工生产的顺利进行。

由于建筑施工存在工期长、流动性大、产品单一等特点，建筑企业的材料管理工作具有特殊性、艰巨性和复杂性，其主要表现在：

(1) 建筑材料品种、规格多样，消耗量大。由于建筑产品各不相同，技术要求各异，需用材料的品种、规格、数量及构成比例也随之变化。

(2) 建筑材料占用储备资金较多且施工周期较长。一个建筑从投入施工到交付使用，往往要以月或年计算工期，由于自然条件的限制，部分建筑材料的生产和供应受到季节性影响，需要作季节性储备，这就决定了材料储备数量较大，占用储备资金较多。

(3) 建筑材料供应不均衡。建筑施工生产是分部分项进行的，生产按工艺程序展开，施工各阶段用料的品种、数量都不相同，材料消耗数量时高时低，这就决定了材料供应的不均衡性。

(4) 材料供应工作涉及面广。在常用的建筑材料中，既有大宗材料，又有零星或特殊材料，材料货源和供应渠道复杂。其中很大一部分需自外省市运入，建筑企业自身不能解决运输问题，需要借助大量的社会运输力量，这就使材料供应受运输方式和运输环节的牵制和影响，稍微疏忽就会在某环节出问题，影响施工生产的正常进行，因此需要周密规划。

(5) 建筑材料的来源不稳定。由于建筑施工场所不固定，建筑材料的供应没有固定的来源和渠道，也没有固定的运输方式，反映了建筑材料供应工作的复杂性。

材料管理人员，只有充分了解材料管理的特点，充分认识到建筑材料供应与管理工作的重要性、特殊性和复杂性以及做好材料供应与管理工作的艰巨性，才能掌握工作的主动权，做好材料供应与管理工作。

17.2 现场材料管理的原则和任务

17.2.1 现场材料管理的原则

材料管理原则是指在生产和运营过程中，对材料的采购、储存、使用和保管等环节进行有效管理的一系列原则。以下是几个常见的材料管理原则：

(1) 需求预测原则：通过调研市场、分析历史数据和与供应商沟通等方式，准确预测和估计材料的需求量和需求时间，以避免过多或过少地采购和储存材料。

(2) 经济订购原则：根据供应商的报价、材料的价格和质量以及物流成本等因素，选择最经济和合适的订购方式和数量，以最大程度地降低仓储成本。

(3) 定时供应原则：建立稳定的供应链，与供应商保持密切的合作和沟通，确保材料能够按时到货，避免因材料短缺而影响生产计划。

(4) 质量管理原则：建立完善的质量管理体系，对采购的材料进行严格的质量检验和控制，并与供应商合作，确保其提供符合质量要求的材料。

(5) 库存控制原则：根据材料的特性、需求变化和资金成本等因素，合理控制库存水平，避免过多或过少地储存材料。

(6) 跟踪管理原则：建立材料使用和消耗的跟踪系统，及时了解材料的使用情况和消耗量，以便及时作出调整和决策。

(7) 节能减排原则：在材料的选择和使用过程中，注重节能，减少环境污染，选择符合环保标准的材料，合理利用材料资源，减少浪费。

总之，材料管理原则旨在实现材料的合理采购、储存和使用，确保生产运营的连续性和效益，并最大程度地降低成本和减少资源浪费。

17.2.2 现场材料管理的主要任务

(1) 全面规划

在开工前作出现场材料管理规划,参与施工组织设计的编制,规划材料存放场地、运输道路,做好材料预算,制定现场材料管理目标。全面规划是现场材料管理全过程有序进行的前提和保证。施工现场各种材料应按施工平面布置图中的指定位置存放,主要是规划好钢筋的存放场地和加工场地。制定材料管理目标主要是指制定周转材料和主要材料消耗的降低率指标。

(2) 计划进场

按施工进度计划,组织材料分期分批有秩序地入场,一方面要保证施工生产需要,另一方面要防止大批工程材料剩余,计划进场是现场材料管理的重要环节和基础。

(3) 严格验收

按照各种材料的品种、规格、数量要求,严格对进场材料进行检查,并办理发料。验收是保证进场材料品种、规格对路,质量完好、数量准确的第一道关口,是保证工程质量、降低成本的重要前提条件。

(4) 合理存放

按照现场平面图布置要求,适当存放现场材料,在方便施工,保证道路畅通、安全可靠的原则下,尽量减少二次搬运,合理存放是妥善保管的前提,是生产顺利进行的保证,是降低成本的重要手段。各种材料要分规格码放整齐、稳固,做到一头齐、一条线。大堆物料必须成堆,界限清楚,不得混杂。砖、砌块要成丁、成行,码放高度不得超过 1.8 m。标识应齐全、清楚。施工现场外临时存放材料必须经有关部门批准,材料要码放整齐,符合要求,不得妨碍交通和影响市容,堆放散料时应进行围挡,围挡高度不得低于 0.5 m。

(5) 妥善保管

按照各项材料的自然属性,依据物资保管技术要求和现场客观条件,采取各种有效措施进行维护、保养,保证各项材料不降低使用价值。妥善保管是实现物尽其用、降低成本的又一保证。成品、半成品和构配件应按施工平面布置图划定的位置分类码放整齐,确保安全可靠。模板、预制板等大型构件存放时,场地应平整夯实,有排水措施。预制楼梯踏步棱角、木门口、磨石、各种石料、镜面、玻璃、铝合金制品、洁具等易损坏的部位和成品应有保护措施,确保成品完好。根据材料的性能,应采取必要的防水、防潮、防晒、防冻、防火、防爆、防损坏措施,易燃、易爆及有毒物品应按有关规定分别存放或入库,标识应明显。

(6) 控制发料

按照操作工班所承担的任务,依据定额及有关预算资料进行严格的发料数量控制。控制发料是控制工程消耗的重要关口,是实现节约的重要保证。目前采取的方法主要是限额领料。

(7) 监督使用

按照施工规范要求和用料要求,对已转移到操作者手中的材料,在使用过程中进行检查,督促班组合理使用、节约材料,监督使用是实现节约、防止超耗的主要手段。

(8) 准确核算

用实物量形式,通过对消耗活动进行记录、计算、控制、分析、考核和比较,反映消耗水平。准确核算既能反映本期管理结果,又能为下期提供改进的依据。

17.3 现场材料管理的内容

施工项目材料管理是项目经理部为顺利完成项目施工任务,从施工准备开始到项目竣工交付为止,所进行的材料计划、订货采购、运输、库存保管、供应、加工、使用、回收等所有材料管理工作。

施工项目材料管理的主要内容:

(1) 项目材料管理体系和制度的建立。建立施工项目材料管理岗位责任制,明确项目材料的计划、采购、验收、保管、使用等各环节管理人员的管理责任,制定管理制度,实现合理使用材料,降低材料成本的管理目标。

(2) 材料流通过程的管理。包括材料采购策划、供方的评审和评定、合格供货商的选择、采购、运输、仓储等材料供应环节所需要的组织、计划、控制、监督等各项工作,旨在实现材料供应的有效管理。

(3) 材料使用过程管理。包括材料进场验收,保管出库,材料领用,材料使用过程中的跟踪检查、盘点,剩余物质的回收利用等,旨在实现材料使用消耗的有效管理。

(4) 探索节约材料、代用材料、降低材料成本的新技术、新途径和先进科学方法。

17.4 建设工程材料质量监督管理制度

17.4.1 建立严格的质量监督制度

为确保建筑工程材料的质量,应建立严格的质量监督制度。这包括以下几个方面的措施:

(1) 档案管理:建立完善的建筑工程材料档案,记录每一批材料的来源、质量检测结果等信息,以便追溯和监督。

(2) 供应商评估:对供应商进行评估,评估其产品质量、技术能力、服务水平等方面。只有评估合格的供应商才能供应材料。

(3) 样品检测:每次收到新批次的材料时,需要抽取样品进行检测,以验证其质量是否符合标准要求。

(4) 检测报告审核:对检测报告进行审核,确保检测工作的准确性和可靠性。

17.4.2 加强现场监督管理

除了建立质量监督制度，还应加强现场监督管理，确保建筑工程材料的质量符合要求。以下是几个相关的措施：

(1) 现场质量抽查：随机抽查现场所使用的材料，对其进行质量检测，确保符合标准。

(2) 建立质量监督责任制：明确每个责任人员在质量监督方面的职责和义务，确保各个环节不出现疏漏。

(3) 建立质量问题处理机制：及时处理发现的质量问题，采取有效措施进行纠正，并追究责任。

17.4.3 加强培训和教育

增强员工的质量意识，提高员工的技术水平，是保障建筑工程材料质量的重要措施。因此，应加强培训和教育工作，其包括以下几个方面：

(1) 质量培训：组织相关的质量培训，增强员工的质量意识，提升知识水平，使其能够有效、负责地开展工作。

(2) 技术培训：定期组织技术培训，提高员工的技术水平和工艺能力。

(3) 学习交流：鼓励员工之间进行学习和交流，分享经验和技术，从而提高整个团队的综合素质和能力。

17.4.4 加强沟通与协调

建筑工程涉及多个环节和多个部门，因此加强沟通与协调是保证材料质量的关键。以下是几个需要注意的方面：

(1) 内部沟通：各个部门之间要保持良好的沟通和协调，及时传递信息，解决问题。

(2) 外部沟通：要与供应商、监理方、业主等建立良好的沟通渠道，共同解决问题，确保建筑工程材料的质量。

(3) 定期会议：定期召开相关会议，对工程进展、质量情况等进行交流和协调，及时解决存在的问题。

17.5 材料员的职责

在建筑企业中，从事施工材料计划、采购、检查、统计、核算等工作的专业人员，称为材料员。

材料员的主要职责包括材料管理计划、材料采购验收、材料使用存储、材料统计核算等。材料员的主要工作职责和应具备的专业技能见表 17.1。材料员应具备的专业知识见表 17.2。

表 17.1　材料员的主要工作职责和应具备的专业技能

分类	主要工作职责	应具备的专业技能
材料管理计划	(1) 参与编制材料、设备配置计划。 (2) 参与建立材料、设备管理制度	能够参与编制材料、设备配置计划和管理制度
材料采购验收	(1) 负责收集材料、设备的价格信息。 (2) 参与供应单位的评价、选择。 (3) 负责材料、设备的选购。 (4) 参与采购合同的管理。 (5) 负责进场材料、设备的验收和抽样复检	(1) 能够分析建筑材料市场信息，并进行材料、设备的采购计划编制与采购。 (2) 能够对进场材料、设备进行符合性判断
材料使用存储	(1) 负责材料、设备进场后的接收、发放、储存管理。 (2) 负责监督、检查材料和设备的合理使用。 (3) 参与回收和处置剩余及不合格的材料和设备	(1) 能够组织保管、发放施工材料、设备。 (2) 能够对危险物品进行安全管理。 (3) 能够参与对施工余料、废弃物进行处置或再利用
材料统计核算	(1) 负责建立材料、设备管理台账。 (2) 负责材料、设备的盘点、统计。 (3) 参与材料、设备的成本核算	(1) 能够建立材料、设备的统计台账。 (2) 能够参与材料、设备的成本核算

表 17.2　材料员应具备的专业知识

分类	专业知识
通用知识	(1) 熟悉国家工程建设相关法律法规。 (2) 掌握工程材料的基本知识。 (3) 了解施工图识读的基本知识。 (4) 了解工程施工工艺和方法。 (5) 熟悉工程项目管理的基本知识
基础知识	(1) 了解建筑力学的基本知识。 (2) 熟悉工程预算的基本知识。 (3) 掌握物资管理的基本知识。 (4) 熟悉抽样统计分析的基本知识
岗位知识	(1) 熟悉与本岗位相关的标准和管理规定。 (2) 熟悉建筑材料市场调查分析的内容和方法。 (3) 熟悉工程招投标和合同管理的基本知识。 (4) 掌握建筑材料验收、存储、供应的基本知识。 (5) 掌握建筑材料成本核算的内容和方法

下面对材料员的部分职责进行解释。

材料管理计划的制订一般由工程项目部项目经理组织，项目技术负责人负责，材料员等参与编制。

材料、设备配置计划是指为了实现建筑与市政工程项目施工目标，根据工程施工任务、进度，对材料、设备的使用作出的具体安排和确定的搭配方案。

表 17.1 和表 17.2 中提到的材料包括工程材料和周转材料；设备指建筑设备、小型施工设备和工器具，不包括大中型施工机械设备。

材料采购验收工作一般包括材料采购与验收。材料采购工作中对供应单位的评价和选择及材料采购合同的签订和管理一般由项目经理负责，材料员与其他相关人员参与。

剩余材料、设备的回收和处置及不合格材料、设备的处置由工程项目部负责，材料员参与。

材料成本核算由工程项目部主管经济的负责人组织，材料员参与。

18 建筑材料的验收

18.1 材料的进场验收和复验

建筑材料是建筑工程的最基本要素，其质量直接影响到整个建筑物的质量等级、结构安全、外部造型和建成后的使用功能等。因此，建筑材料的质量控制一直是建筑工程中一个至关重要的内容。

18.1.1 进场验收和复验的意义

建筑材料是指进入建筑工程施工现场，直接影响建筑工程质量，节能、环保效益以及重要使用功能，构成建筑工程实体的组成部分。建筑材料质量直接影响建设工程的总体质量。目前，建筑材料业发展迅猛，新材料、新技术层出不穷，不少新材料还没有确定的质量标准，同时，部分建材生产厂家的产品粗制滥造，质量低劣，甚至在出场前不经检验，也无出场合格证明。所以，材料进场时一定要严格把关，做好材料使用前的检查、检验工作。

18.1.2 进场验收和复验的方法

(1) 材料进场验收

验收是指对到货材料在入库前的质量、数量进行检验，核对单据、合同，如发现问题，要划清买方、卖方、运方责任，填好相应记录，签好相应凭证，为今后的材料保管和发放提供条件。其工作顺序如下：

① 验收准备

搜集并熟悉验收凭证及有关资料，准备相应的检验工具，计划堆放位置及准备苫垫材料，安排搬运人员和工具，准备特殊材料防护设施，有特殊要求时通知有关部门或单位共同验收。

② 核对凭证

认真核对到货合同、发票、发货明细、材质证明、产品出厂合格证、生产许可证、厂名、品种、出厂日期、出厂编号、试验数据等有关资料，查看资料是否齐全、有效。

③ 检验实物

根据各种证件和凭证对材料进行数量检验与质量检验。数量检验是指按合同规定的方法进行称重计量、量长计量、清点数量计量。材料质量检验又分为外观质量检验和内在质量检验。外观质量检验是指材料员通过眼看、手摸的方式和简单的工具查看材料的规格、型号、尺寸、颜色、完整程度等。内在质量检验主要是指对材料的化学成分、力学性能、工艺性能、技术参数等的检测，通常由专业人员负责抽样送检，采用试验仪器和检测设备检测，由具有检验资质的检验部门进行并写出检验报告。

要求复检的材料要有取样送检证明报告；新材料未经试验鉴定，不得用于工程中；现场配制的材料应经试配，使用前应经认证。

对所有数量、质量检验中发现的问题，均应作详细记录，以备复验和索赔。

④ 问题处理

在材料验收中检查出数量不足、规格型号不符、质量不合格等问题时，仓库应实事求是地办理材料验收记录，及时报送业务主管部门处理。

⑤ 办理入库手续

验收合格的材料，必须及时入库，并应分别按材料的品名、规格、数量进行建卡登记和记账，从实物和价值两个方面反映入库材料的收、发、存动态，做到账、卡、实相符。

（2）建筑材料复验

工程所用的原材料、半成品或成品构件等应有出厂合格证和材质报关单。对要做材质复验的进场材料，应按规定的取样方法进行取样并填写复验内容委托单，在监理工程师的见证下由试验员将样品送往有资质的试验单位进行检验，检验合格的材料方能使用。

（3）材料见证取样

见证取样和送检制度是指在监理单位或建设单位见证下，对进入施工现场的有关建筑材料，由施工单位专职材料试验人员在现场取样或制作试件后，将其送至符合资质资格管理要求的实验室进行试验的一道程序。

取样是指按照有关技术标准规范的规定，从检验（或检测）对象中抽取实验样品的过程；送检是指取样后将样品从现场移交给有检测资格的承检单位的过程。取样和送检是工程质量检测的首要环节，其真实性和代表性直接影响到检测数据的公正性。

按规定下列试块、试件和材料必须实施见证取样和送检：

① 用于承重结构的混凝土试块；

② 用于承重墙体的砌筑砂浆试块；

③ 用于承重结构的钢筋及连接接头试件；

④ 用于承重墙的砖和混凝土小型砌块；

⑤ 用于拌制混凝土和砌筑砂浆的水泥；

⑥ 用于承重结构的混凝土中使用的掺加剂；

⑦ 地下、屋面、厕浴间使用的防水材料；

⑧ 国家规定的必须实行见证取样和送检的其他试块、试件和材料。

18.2 常用建筑材料进场验收

18.2.1 水泥的进场验收

18.2.1.1 基本要求和内容

(1) 凡建设工程用的水泥均应按厂别、品种提供水泥出厂合格证，合格证备注栏中由施工单位填写单位工程名称及使用部位、进场数量，散装水泥还应提供出厂卡片。

(2) 水泥进场时应对其品种、级别、包装或散装仓号、出厂日期进行检查，并应对其强度、安定性及其他必要的性能指标进行复验。

(3) 凡属下列情况之一者，必须进行水泥物理力学性能检验，并提供水泥检验报告单：

① 水泥出厂时间超过 3 个月(快硬硅酸盐水泥出厂超过 1 个月)；

② 在使用中对水泥质量有疑义；

③ 水泥因运输或存放条件不良，有受潮结块等异常现象；

④ 进口水泥；

⑤ 设计中有特殊要求的水泥。

(4) 水泥检验应按批进行，在同一生产厂家、同一强度等级、同一品种、同一批号且连续进场的水泥中，袋装水泥以不超过 200 t 为一批，散装水泥以不超过 500 t 为一批，每批水泥抽样不少于一次。散装水泥必须在散装车上取样，以一辆次为一取样点，每点取样不少于 1 kg，累积留样不得少于 12 kg；袋装水泥可从 20 个以上不同部位取等量样品，总量至少为 12 kg。

(5) 钢筋混凝土结构、预应力混凝土结构中，严禁使用含氯化物的水泥。

(6) 对进口水泥除须按国产水泥检验标准进行检验外，尚应对水泥有害成分含量(氧化镁、三氧化硫)进行检验，符合规范标准要求后方可使用。

(7) 特种水泥(白色硅酸盐水泥、低热水泥、膨胀水泥)也应提供合格证或检验报告，其性能指标应符合相应标准的规定。

(8) 水泥检验报告上注明的水泥品种、出厂日期、强度等级、出厂编号等应与水泥合格证上注明的相一致。

18.2.1.2 对水泥按验收批进行进场验收及记录

(1) 通用硅酸盐水泥

① 通用硅酸盐水泥类型

通用硅酸盐水泥包括硅酸盐水泥(P·Ⅰ、P·Ⅱ)、普通硅酸盐水泥(P·O)、矿渣硅酸盐水泥(P·S·A、P·S·B)、火山灰质硅酸盐水泥(P·P)、粉煤灰硅酸盐水泥(P·F)、复合硅酸盐水泥(P·C)。

② 通用硅酸盐水泥的技术要求

a. 化学指标

通用硅酸盐水泥的化学指标见表 18.1。

表 18.1 通用硅酸盐水泥的化学指标(%)

<table>
<tr><th>品种</th><th>代号</th><th>不溶物
(质量分数)</th><th>烧失量
(质量分数)</th><th>三氧化硫
(质量分数)</th><th>氧化镁
(质量分数)</th><th>氯离子
(质量分数)</th></tr>
<tr><td rowspan="2">硅酸盐水泥</td><td>P·Ⅰ</td><td>≤0.75</td><td>≤3.0</td><td rowspan="3">≤3.5</td><td rowspan="3">≤5.0</td><td rowspan="8">≤0.06</td></tr>
<tr><td>P·Ⅱ</td><td>≤1.50</td><td>≤3.5</td></tr>
<tr><td>普通硅酸盐水泥</td><td>P·O</td><td>—</td><td>≤5.0</td></tr>
<tr><td rowspan="2">矿渣硅酸盐水泥</td><td>P·S·A</td><td>—</td><td>—</td><td rowspan="2">≤4.0</td><td>≤6.0</td></tr>
<tr><td>P·S·B</td><td>—</td><td>—</td><td>—</td></tr>
<tr><td>火山灰质硅酸盐水泥</td><td>P·P</td><td>—</td><td>—</td><td rowspan="3">≤3.5</td><td rowspan="3">≤6.0</td></tr>
<tr><td>粉煤灰硅酸盐水泥</td><td>P·F</td><td>—</td><td>—</td></tr>
<tr><td>复合硅酸盐水泥</td><td>P·C</td><td>—</td><td>—</td></tr>
</table>

不溶物是指水泥经酸和碱处理后的不能被溶解的残余物。它是水泥中的非活性组分，主要由生料、混合材和石膏中的杂质构成。

烧失量是指水泥经高温灼烧以后的质量损失率，损失部分主要由水泥中未煅烧组分构成，如未烧透的生料、石膏带入的杂质、掺合料及存放过程中的风化物等。样品在高温下灼烧时，会发生氧化、还原、分解及化合等一系列反应并放出气体。

b. 碱含量

通用硅酸盐水泥除主要矿物成分以外，还含有少量其他化学成分，如钠和钾的化合物。碱含量按 $Na_2O+0.658K_2O$ 的计算值来表示。当用于混凝土的水泥碱含量过高，且骨料又具有一定的活性时，会发生有害的碱集料反应。因此，国家标准规定：当使用活性骨料，且用户要求提供低碱水泥时，水泥中碱含量不得大于 0.6%或由买卖双方商定。

c. 物理指标

i. 凝结时间

硅酸盐水泥初凝时间不小于 45 min，终凝时间不大于 390 min。

普通硅酸盐水泥、矿渣硅酸盐水泥、火山灰质硅酸盐水泥、粉煤灰硅酸盐水泥和复合硅酸盐水泥初凝时间不小于 45 min，终凝时间不大于 600 min。

ii. 安定性

经沸煮法检验合格。

iii. 细度

硅酸盐水泥和普通硅酸盐水泥的细度以比表面积表示，其比表面积不小于 300 m^2/kg；矿渣硅酸盐水泥、火山灰质硅酸盐水泥、粉煤灰硅酸盐水泥和复合硅酸盐水泥的细度以筛余表示，其 80 μm 方孔筛筛余不大于 10%或 45 μm 方孔筛筛余不大于 30%。

iv. 强度

硅酸盐水泥按 3 d 和 28 d 龄期的抗折和抗压强度分为 42.5、42.5R、52.5、52.5R、62.5、62.5R(R 为早强型)六个强度等级。

普通硅酸盐水泥按 3 d 和 28 d 龄期的抗折和抗压强度分为 42.5、42.5R、52.5、52.5R 四个强度等级。

矿渣硅酸盐水泥、火山灰质硅酸盐水泥、粉煤灰硅酸盐水泥、复合硅酸盐水泥按 3 d 和 28 d 龄期的抗压强度及抗折强度分为 32.5、32.5R、42.5、42.5R、52.5、52.5R 六个强度等级。各强度等级各龄期的强度不得低于表 18.2 中的数值。

表 18.2　通用硅酸盐水泥各强度等级各龄期强度值

品种	强度等级	抗压强度/MPa		抗折强度/MPa	
		3 d	28 d	3 d	28 d
硅酸盐水泥	42.5	≥17.0	≥42.5	≥3.5	≥6.5
	42.5R	≥22.0	≥42.5	≥4.0	≥6.5
	52.5	≥23.0	≥52.5	≥4.0	≥7.0
	52.5R	≥27.0	≥52.5	≥5.0	≥7.0
	62.5	≥28.0	≥62.5	≥5.0	≥8.0
	62.5R	≥32.0	≥62.5	≥5.5	≥8.0
普通硅酸盐水泥	42.5	≥17.0	≥42.5	≥3.5	≥6.5
	42.5R	≥22.0		≥4.0	
	52.5	≥23.0	≥52.5	≥4.0	≥7.0
	52.5R	≥27.0		≥5.0	
矿渣硅酸盐水泥、火山灰质硅酸盐水泥、粉煤灰硅酸盐水泥、复合硅酸盐水泥	32.5	≥10.0	≥32.5	≥2.5	≥5.5
	32.5R	≥15.0		≥3.5	
	42.5	≥15.0	≥42.5	≥3.5	≥6.5
	42.5R	≥19.0		≥4.0	
	52.5	≥21.0	≥52.5	≥4.0	≥7.0
	52.5R	≥23.0		≥4.5	

(2) 其他水泥

① 铝酸盐水泥

铝酸盐水泥是由铝酸盐水泥熟料磨细制成的水硬性胶凝材料，代号 CA。

铝酸盐水泥按水泥中 Al_2O_3 含量(质量分数)分为 CA50、CA60、CA70 和 CA80 四个品种，对各品种作如下规定：

a. CA50：$50\% \leqslant w(Al_2O_3) < 60\%$，该品种根据强度分为 CA50-Ⅰ、CA50-Ⅱ、CA50-Ⅲ和 CA50-Ⅳ四类。

b. CA60：60%≤$w(Al_2O_3)$<68%，该品种根据主要矿物组成分为CA60-Ⅰ（以铝酸一钙为主）和CA60-Ⅱ（以铝酸二钙为主）两类。

c. CA70：68%≤$w(Al_2O_3)$<77%。

d. CA80：$w(Al_2O_3)$≥77%。

② 特性水泥

所谓特性水泥是指具有特殊性能的水泥和用于某种工程的专用水泥，特性水泥有快硬硅酸盐水泥、低热和中热水泥、油井水泥、膨胀水泥、防辐射水泥、防火水泥、抗菌水泥、彩色硅酸盐水泥、白色硅酸盐水泥等。

a. 道路硅酸盐水泥

道路硅酸盐水泥熟料是由标准规定的活性混合材料（含量为0～10%）和适量石膏磨细制成的水硬性胶凝材料，代号P·R。道路硅酸盐水泥熟料是以硅酸钙为主要成分，含有较多量的铁铝酸钙的硅酸盐水泥熟料。根据相关的规定，其比表面积应为300～450 m^2/kg，28 d干缩率不得大于0.10%，初凝时间不得短于1.5 h，终凝时间不得长于10 h。

道路硅酸盐水泥主要用于公路路面、机场跑道等工程结构，也可用于要求较高的工厂地面和停车场等工程。

b. 快硬硅酸盐水泥

快硬硅酸盐水泥的初凝时间不得短于45 min，终凝时间不得长于10 h。安定性（沸煮法检验）必须合格。其强度等级以3 d抗压强度表示，分为32.5、37.5、42.5三个等级，28 d强度仅作为供需双方参考指标。

快硬硅酸盐水泥的特点是凝结硬化快，早期强度增长率高，其适用于早期强度要求高的工程，可用于紧急抢修工程、低温施工工程、高等级混凝土等。

快硬水泥易受潮变质，在运输和储存时，必须注意防潮，并应及时使用，不宜久存，出厂一个月后，应重新检验强度，合格后方可使用。

c. 低碱度硫铝酸盐水泥（代号L-SAC）

低碱度硫铝酸盐水泥细度要求为比表面积不得低于450 m^2/kg；初凝时间不得短于25 min，终凝时间不得长于3 h；碱度要求：灰水比为1∶10的水泥浆液放置1 h后的pH值不得大于10.5；28 d自由膨胀率应为0～0.15%；低碱度硫铝酸盐水泥的强度以7 d抗压强度表示，分为42.5及52.5两个强度等级。

出厂水泥应保证7 d强度、28 d自由膨胀率合格，凡比表面积、凝结时间、强度中任一项不符合规定要求时为不合格品，凡碱度和自由膨胀率中任一项不符合规定要求时为废品。该水泥不得与其他品种水泥混用，在运输与储存时，不得受潮和混入杂物，应与其他水泥分别储运，不得混杂。水泥储存期为3个月，逾期水泥应重新检验，合格后方可使用。

18.2.1.3　对水泥按检验批进行复验及记录

（1）水泥的取样

① 检验批取样规则

水泥进场时应对其品种、级别、包装或散装仓号、出厂日期进行检查，并应对其强度、安定性及其他必要的性能指标进行复验。

当使用中对水泥质量有疑义或水泥出厂超过三个月(快硬硅酸盐水泥出厂超过一个月)时,应进行复验,并按复验结果使用。

② 检查数量

在同一生产厂家、同一强度等级(标号)、同一品种、同一批号且连续进场的水泥中,袋装水泥以不超过 200 t 为一批,散装水泥以不超过 500 t 为一批,每批抽样不少于一次。

(2) 取样方法

① 袋装水泥取样

对进场的袋装水泥,每批随机选择 20 个以上不同的部位,将取样管插入水泥适当深度,用大拇指按住气孔,小心抽出样管,将所取样品放入洁净、干燥、不易受污染的容器中。

② 散装水泥取样

对于散装水泥,当所取水泥深度不超过 2 m 时,采用槽形管式取样器,通过转动取样器内管控制开关,在适当位置将其插入水泥一定深度,关闭后小心抽出,将所取样品放入洁净、干燥、不易受污染的容器中。取样总量至少为 12 kg。

18.2.2 砂、石进场验收

18.2.2.1 基本要求和内容

(1) 混凝土用砂、石及砂浆用砂应有出厂合格证或检验报告,同时混凝土用砂、石还要符合《普通混凝土用砂、石质量及检验方法标准》(JGJ 52—2006)的规定。

(2) 设计有特殊要求时必须按要求取样检验,并提供检验报告。

(3) 砂、石检验报告应根据有关规定填写,对一些主要的检验指标不得缺检,检验方法应符合《普通混凝土用砂、石质量及检验方法标准》(JGJ 52—2006)规定。

(4) 砂、石应按同产地同规格分批检验,用大型工具(如火车、货船、汽车)运输的,以 400 m^3 或 600 t 为一批;用小型工具运输的,以 200 m^3 或 300 t 为一批,不足上述数量时以 200 m^3 一批论。

(5) 每批砂应进行颗粒级配、含泥量、泥块含量检验,如为海砂还应检验其氯离子含量,对重要工程或特殊工程,应根据工程要求增加检测项目,如对其他指标合格性有疑义,应予以检验。使用新产源的砂时,应由供货单位按《普通混凝土用砂、石质量及检验方法标准》(JGJ 52—2006)的质量要求进行全面检验。

(6) 每批石子应进行颗粒级配、含泥量、泥块含量及针、片状含量检验,对高强度等级混凝土石子应进行压碎指标检验。对重要工程或特殊工程应根据工程要求增加检测项目,对其他指标合格性有疑义时,应予以检验。使用新产源的石子时,应由供货单位按《普通混凝土用砂、石质量及检验方法标准》(JGJ 52—2006)的质量要求进行全面检验.

18.2.2.2 取样方法

每验收批取样方法应符合下列规定：

（1）在料堆上取样时，取样部位应均匀分布。取样前应先将取样部位表层铲除，对于砂子应从各部位抽取质量大致相等的 8 份，组成一组样品。对于石子应从各部位抽取质量大致相等的 15 份（从料堆的顶部、中部和底部各取均匀分布的 5 个不同部位的样品），组成一组样品。

（2）从皮带运输机上取样时，应在机尾的出料处用接料器定时抽取，砂为 4 份，石子为 8 份，分别组成一组样品。

（3）从火车、汽车、货船上取样时，应从不同部位和深度抽取大致相等的砂 8 份，石子 16 份，分别组成一组样品。

（4）若检验不合格，应重新取样。对不合格项进行加倍复验时，若仍有一个试样不能满足标准要求，应按不合格处理。

（5）取样量，对于砂子，一般为 30 kg；对于石子，一般为 100～120 kg。

（6）所取样品应妥善包装，避免细料散失及防止污染，并附样品卡片，标明样品的编号、名称、取样时间、产地、规格、样品量、要求检验的项目、取样方式等。

18.2.3 商品混凝土的进场验收与复验

18.2.3.1 对商品混凝土按验收批进行复验及记录

（1）粗骨料

① 分类

粗骨料是指粒径大于 4.75 mm 的岩石颗粒。常将人工破碎而成的石子称为碎石，即人工石子，而将天然形成的石子称为卵石。卵石按其产源特点，可分为河卵石、海卵石和山卵石。其各自的特点与相应的天然砂类似，它们虽各有其优缺点，但因用量大，故应按就地取材的原则选用。卵石的表面光滑，用卵石拌和的混凝土比用碎石拌和的流动性要好，但与水泥砂浆一起黏结性差，故强度较低。卵石和碎石按技术要求分为Ⅰ类、Ⅱ类、Ⅲ类三个等级。Ⅰ类用于强度等级大于 C60 级的混凝土；Ⅱ类用于强度等级 C30～C60 级及有抗冻、抗渗或其他要求的混凝土；Ⅲ类适用于强度等级小于 C30 级的混凝土。

② 粗骨料的技术要求

a. 颗粒级配

粗骨料的颗粒级配按供应情况分为连续级配和单粒级配，按实际使用情况分为连续级配和间断级配两种。

b. 强度及坚固性

i. 强度

粗骨料在混凝土中要形成结实的骨架，故其强度要满足一定的要求。粗骨料的强度指标有立方体抗压强度和压碎指标值两种，碎石和卵石的压碎指标值见表 18.3。

表 18.3 碎石和卵石的压碎指标值

石类型	岩石品种	混凝土强度等级	压碎指标值(%)
碎石	沉积岩	C40～C60	≤10
		≤C35	≤16
	变质岩或深成的火成岩	C40～C60	≤12
		≤C35	≤20
	喷出的火成岩	C40～C60	≤13
		≤C35	≤30
卵石	—	C40～C60	≤12
		≤C35	≤16

注:沉积岩包括石灰岩、砂岩等;变质岩包括片麻岩、石英岩等;深成的火成岩包括花岗岩、正长岩、闪长岩、橄榄岩等;喷出的火成岩包括玄武岩、辉绿岩等。

ii. 坚固性

砂、碎石和卵石的坚固性指标见表 18.4。

表 18.4 砂、碎石和卵石的坚固性指标

混凝土所处的环境条件及其性能要求	砂石类型	5 次循环后的质量损失(%)
在严寒及寒冷地区室外使用,并经常处于潮湿或干湿交替状态下的混凝土; 有抗疲劳、耐磨、抗冲击要求的混凝土; 有腐蚀介质作用或经常处于水位变化区的地下结构混凝土	砂	≤8
	碎石、卵石	≤8
其他条件下使用的混凝土	砂	≤10
	碎石、卵石	≤12

iii. 针片状颗粒

骨料颗粒的理想形状应为立方体,但实际骨料产品中常会出现颗粒长度大于 4 倍平均粒径的针状颗粒和厚度小于 0.4 倍平均粒径的片状颗粒。针、片状颗粒的外形和较低的抗折能力,会降低混凝土的密实度和强度,并使其工作性变差,故其含量应予以控制,针片状颗粒含量见表 18.5。

表 18.5 针片状颗粒含量

混凝土强度等级	≥C60	C30～C55	≤C25
针片状颗粒含量(按质量计,%)	≤8	≤15	≤25

iv. 含泥量和泥块含量

卵石、碎石的含泥量和泥块含量应符合表 18.6 的规定。

表 18.6 碎石、卵石的含泥量和泥块含量

混凝土强度等级	≥C60	C30～C55	≤C25
含泥量(按质量计,%)	≤0.5	≤1.0	≤2.0
泥块含量(按质量计,%)	≤0.2	≤0.5	≤0.7

v. 有害物质

卵石和碎石中不应混有草根、树叶、树枝、塑料、煤块、炉渣等杂物,且其中的有害物质(有机物、硫化物和硫酸盐)的含量应控制。粗细骨料中的活性二氧化硅(如蛋白石、凝灰岩、鳞石英等岩石),可与水泥中的碱性氧化物 Na_2O 或 K_2O 发生化学反应,生成碱-硅酸凝胶体,该种物质吸水会膨胀,从而造成硬化混凝土严重开裂,甚至造成工程事故,这种有害作用称为碱骨料反应。国标《建设用卵石、碎石》(GB/T 14685—2022)规定,当骨料中含有活性二氧化硅,而水泥含碱量超过 0.6%时,需进行专门试验,以确定骨料的可用性。

(2) 细骨料

① 分类

细骨料是指粒径小于 4.75 mm 的岩石颗粒,通常按砂的生成过程特点,可将砂分为天然砂和人工砂。天然砂根据产地特征,分为河砂、湖砂、山砂和海砂。人工砂是经除土处理的机制砂和混合砂的统称。机制砂是由机械破碎、筛分而得的岩石颗粒,但不包括软质岩、风化岩石的颗粒。混合砂是由机制砂和天然砂混合而成的砂。

② 细骨料的技术要求

a. 细度模数

根据行业标准《普通混凝土用砂、石质量及检验方法标准》(JGJ 52—2006),可按细度模数将砂分为粗砂、中砂、细砂、特细砂四级。普通混凝土在可能情况下应尽量选用粗砂或中砂,以节约水泥。

b. 颗粒级配

砂颗粒级配见表 18.7。

表 18.7 砂颗粒级配

筛孔尺寸	累计筛余(%)		
	级配Ⅰ区	级配Ⅱ区	级配Ⅲ区
9.50 mm	0	0	0
4.75 mm	0～10	0～10	0～10
2.36 mm	5～35	0～25	0～15
1.18 mm	35～65	10～50	0～25
600 μm	71～85	41～70	16～40
300 μm	80～95	70～92	55～85
150 μm	90～100	90～100	90～100

注:Ⅰ区人工砂的 150 μm 筛孔的累计筛余率可以放宽至 85%～100%,Ⅱ区人工砂的 150 μm 筛孔的累计筛余率可以放宽至 80%～100%,Ⅲ区人工砂的 150 μm 筛孔的累计筛余率可以放宽至 75%～100%。

如果砂的自然级配不符合级配的要求，可采用人工调整级配的方法来改善，即将粗细不同的砂进行掺配或筛除砂中过粗、过细的颗粒。

c. 含泥量、泥块含量和石粉含量

天然砂的含泥量、泥块含量应符合规定，人工砂和混合砂中的石粉含量也应符合规定。

d. 砂的有害物质

砂中不应混有草根、树叶、树枝、塑料、煤块、炉渣等杂物。其他有害物质，包括云母、轻物质、有机物、硫化物和硫酸盐、氯盐的含量应控制。

(3) 轻骨料

堆积密度不大于 1100 kg/m^3 的轻粗骨料和堆积密度不大于 1200 kg/m^3 的轻细骨料统称为轻骨料。

① 分类

轻粗骨料按其性能分为三类：堆积密度不大于 500 kg/m^3 的保温用或结构保温用超轻骨料；堆积密度大于 510 kg/m^3 的轻骨料；强度等级不小于 25 MPa 的结构用高强轻骨料。轻骨料按来源不同可分为天然轻骨料、人造轻骨料、工业废料轻骨料三类。

按颗粒形状不同，轻骨料可分为圆球形（粉煤灰陶粒、黏土陶粒）、普通型（页岩陶粒和膨胀珍珠岩等）及碎石型（浮石、火山渣、煤渣等）。轻骨料的生产方法有烧结法和烧胀法。烧结法是将原料加工成球，经高强烧结而获得多孔骨料，如粉煤灰陶粒。烧胀法是将原料加工制粒，经高温焙烧原料膨胀形成多孔结构，如黏土陶粒和页岩陶粒等。

轻骨料按其技术指标，分为优等品(A)、一等品(B)和合格品(C)三类。

② 轻骨料的技术要求

轻骨料的技术要求主要有颗粒级配（细度模数）、堆积密度、粒型系数、筒压强度（高强轻粗骨料尚应检测强度等级）、吸水率等，此外软化系数、烧失量、有毒物质含量等也应符合有关规定。

a. 颗粒级配和细度模数

轻骨料与普通骨料同样，也通过筛分试验而得的累计筛余率来评定和计算颗粒级配及轻细骨料的细度模数。

各种轻骨料的颗粒级配应符合规范的要求，但人造轻粗骨料的最大粒径不宜大于20.0 mm。轻细骨料的细度模数宜在 2.3～4.0。

b. 堆积密度

轻骨料的堆积密度变化范围较普通混凝土大，其直接影响到配制而成的轻骨料混凝土的强度、导热系数等主要技术性能。轻骨料按堆积密度划分为不同的密度等级，轻细骨料以由堆积密度计算而得的变异系数为其均匀性指标，该系数值不应大于 0.10。

c. 强度

轻粗骨料的强度可用筒压强度和强度等级两种指标表示。

筒压强度是间接评定骨料颗粒本身强度的。测量时，将轻粗骨料按标准方法置于承压筒(ϕ 115×100)内，在压力机上将置于承压筒上的冲压模以每秒 300～500 N 的速度匀速加荷压入，当压入深度为 20 mm 时，其压力值(MPa)即为该轻粗骨料的筒压强度。不同品种、密度级别和质量等级的轻粗骨料筒压强度要求见表 18.8。

表 18.8 轻粗骨料筒压强度

轻骨料品种		密度等级	筒压强度/MPa		
			优等品	一等品	合格品
超轻骨料	黏土陶粒 页岩陶粒 粉煤灰陶粒	200	0.3	0.2	
		300	0.7	0.5	
		400	1.3	1.0	
		500	2.0	1.5	
	其他超轻粗骨料	≤500	—		
普通轻骨料	黏土陶粒	600	3.0	2.0	
		700	4.0	3.0	
		800	5.0	4.0	
		900	6.0	5.0	
	浮石 火山渣 煤渣	600	—	1.0	0.8
		700	—	1.2	1.0
		800	—	1.5	1.2
		900	—	1.8	1.5
	自然煤矸石 膨胀矿渣珠	900	—	3.5	3.0
		1000	—	4.0	3.5

筒压强度只能间接表示轻骨料的强度，因轻粗骨料颗粒在承压筒内为点接触，受应力集中的影响，测得的强度远小于它在混凝土中的真实强度。故国家标准规定，高强轻粗骨料还应检验强度等级。

d. 粒型系数

颗粒形状对轻粗骨料在混凝土中的强度起着重要作用，轻粗骨料理想的外形应是球状。颗粒的形状越细长，其在混凝土中的强度越低，故要控制轻粗骨料的颗粒外形的偏差。粒型系数是用以反映轻粗骨料中的软弱颗粒情况的一个指标，测量时随机选用 50 粒轻粗骨料颗粒，用游标卡尺测量每个颗粒的长向最大值 D_{max} 和中间截面处的最小尺寸 D_{min}，然后计算每颗的粒型系数 K_e'，再计算该种轻粗骨料的平均粒型系数 K_e。

不同粒型轻粗骨料的粒型系数应符合表 18.9 的规定。

表 18.9 轻粗骨料粒型系数

轻骨料粒型	平均粒型系数		
	优等品	一等品	合格品
圆球型	≤1.2	≤1.4	≤1.6
普通型	≤1.4	≤1.6	≤2.0
碎石型	—	≤2.0	≤2.5

(4) 混凝土强度的评定

混凝土强度的评定可分为统计方法评定和非统计方法评定。

① 统计方法评定

根据混凝土强度质量控制的稳定性,《混凝土强度检验评定标准》(GB/T 50107—2010)将评定混凝土强度的统计方法分为两种:标准差已知方案和标准差未知方案。

a. 标准差已知方案

同一品种的混凝土生产,有可能在较长的时期内,通过质量管理,维持基本相同的生产条件,即维持原材料、设备、工艺以及人员配备的稳定性,即使有所变化,也能很快予以调整而恢复正常,从而使同一品种、同一强度等级混凝土的强度变异性保持稳定。对于这类状况,每检验批混凝土的强度采用标准差已知方案评定。一般来说,预制构件生产可以采用标准差已知方案。

采用该种方案时,按《混凝土强度检验评定标准》(GB/T 50107—2010)要求,一个检验批的样本容量应为连续的 3 组试件,其强度应符合式(18.1)和式(18.2)的要求。

$$m_{f_{cu}} \geqslant f_{cu,k} + 0.7\sigma_0 \tag{18.1}$$

$$f_{cu,min} \geqslant f_{cu,k} - 0.7\sigma_0 \tag{18.2}$$

当混凝土强度等级高于 C20 时,其强度的最小值尚须满足式(18.3) 和式(18.4) 的要求:

$$f_{cu,min} \geqslant 0.9 f_{cu,k} \tag{18.3}$$

$$\sigma_0 = \sqrt{\frac{\sum_{i=1}^{n} f_{cu,i}^2 - n m_{f_{cu}}^2}{n-1}} \tag{18.4}$$

式中 $m_{f_{cu}}$—— 同一检验批混凝土立方体抗压强度的平均值(N/mm^2),精确至 0.1 N/mm^2。

$f_{cu,k}$—— 混凝土立方体抗压强度标准值(N/mm^2),精确至 0.1 N/mm^2。

σ_0—— 检验批混凝土立方体抗压强度的标准差(N/mm^2),精确至 0.01 N/mm^2。当计算值小于 2.5 N/mm^2 时,应取 2.5 N/mm^2。由前一时期(生产周期不少于 60 d 且不宜超过 90 d) 的同类混凝土的强度数据(样本容量不少于 45 组) 计算确定。假定其值在一个检验期内保持不变,3 个月后,应重新按上一个检验期的强度数据来计算 σ_0 值。

$f_{cu,i}$—— 前一检验期内同一品种、同一强度等级的第 i 组混凝土试件的立方体抗压强度代表值(N/mm^2),精确到 0.1 N/mm^2。该检验期不应少于 60 d,也不得大于 90 d。

$f_{cu,min}$—— 同一检验批混凝土立方体抗压强度的最小值(N/mm^2),精确到 0.1 N/mm^2。

n—— 前一检验期内的样本容量,在该期间内样本容量不应少于 45 组。

b. 标准差未知方案

当生产连续性较差,即在生产中无法维持基本相同的生产条件,或生产周期较短,无法积累强度数据以计算可靠的标准差参数时,只能直接根据每个检验批的样本强度数据来评定混凝土强度。为了提高检验的可靠性,《混凝土强度检验评定标准》(GB/T 50107—2010)要求每批样本组数不少于 10 组,其强度应符合式(18.5) 至式(18.7) 所示要求。

$$m_{f_{cu}} \geqslant f_{cu,k} + \lambda_1 S_{f_{cu}} \quad (18.5)$$

$$f_{cu,min} \geqslant \lambda_2 f_{cu,k} \quad (18.6)$$

$$S_{f_{cu}} = \sqrt{\frac{\sum_{i=1}^{n} f_{cu,i}^2 - nm_{f_{cu}}^2}{n-1}} \quad (18.7)$$

式中　$S_{f_{cu}}$—— 同一检验批混凝土立方体抗压强度的标准差(N/mm^2)，精确至 0.01 N/mm^2，当检验批混凝土强度标准差 $S_{f_{cu}}$ 的计算值小于 2.5 N/mm^2 时，取 2.5 N/mm^2；

λ_1，λ_2—— 合格评定系数，按表 18.10 取用；

n—— 本检验期(为确定检验批强度标准差而规定的统计时段) 内的样本容量。

表 18.10　混凝土强度的合格评定系数

试件组数	10～14	15～19	≥20
λ_1	1.15	1.05	0.95
λ_2	0.90	0.85	

② 非统计方法评定

当用于评定的样本容量小于 10 组时，应采用非统计方法评定混凝土强度，其强度按《混凝土强度检验评定标准》(GB/T 50107—2010)评定，并应同时符合式(18.8)和式(18.9)所示要求。

$$m_{f_{cu}} \geqslant \lambda_3 f_{cu,k} \quad (18.8)$$

$$f_{cu,min} \geqslant \lambda_4 f_{cu,k} \quad (18.9)$$

式中　λ_3，λ_4——合格评定系数，按表 18.11 取用。

表 18.11　混凝土强度的非统计方法合格评定系数

混凝土强度等级	<C60	≥C60
λ_3	1.15	1.10
λ_4	0.95	

③ 混凝土强度的合格性判断

混凝土强度应分批进行检验评定，当检验结果能满足以上评定强度公式的规定时，则判定该批混凝土强度合格；当不能满足上述规定时，判定该批混凝土强度不合格。对不合格批混凝土可按国家现行有关标准进行处理。

当对混凝土试件强度的代表性有怀疑时，可采用从结构或构件中钻取试件的方法或采用非破损检验方法，按有关标准对结构或构件中混凝土的强度进行推定。

结构或构件拆模、出池、出厂、吊装、预应力筋张拉或放张，以及施工期间须短暂负荷时的混凝土强度，应满足设计要求或现行国家标准的有关规定。

18.2.3.2　对商品混凝土按检验批进行复验及记录

(1) 普通混凝土用砂、石的取样

① 砂、石的验收

见 18.2.2 节相关内容。

砂、石的验收按《普通混凝土用砂、石质量及检验方法标准》(JGJ 52—2006)中的规定进行，购货单位应按同产地同规格分批验收。用大型工具(如火车、货船或汽车)运输的，以400 m^3 或600 t为一验收批；用小型工具(如马车等)运输的，以200 m^3 或300 t为一验收批；不足200 m^3 或300 t者亦为一批。

② 取样规定

见18.2.2节相关内容。

③ 样品的缩分方法

a. 砂子的缩分方法

采用人工四分法缩分：将所取每组样品置于平板上，在潮湿状态下拌和均匀，并堆成厚度约为200 mm的“圆饼”。然后沿互相垂直的两条直径把“圆饼”分成大致相等的四份，取其对角的两份重新拌匀，再堆成“圆饼”。重复上述过程，直至缩分后的材料量略多于进行试验所必需的量为止。对较少的砂样品(如做单项实验时)，可采用较干的原砂样，但应该仔细拌匀后缩分。砂的堆积密度和紧密密度及含水率检验所用的砂样可不经缩分，在拌匀后直接进行试验。

b. 石子的缩分方法

将每组样品置于平板上，在自然状态下拌和均匀，并堆成锥体，然后沿互相垂直的两条直径把锥体分成大致相等的四份，取其对角的两份重新拌匀，再堆成锥体，重复上述过程，直至缩分后的材料量略多于试验所必需的量为止。石子的含水率、堆积密度、紧密密度检验所用的试样可不经缩分，拌匀后直接进行试验。

(2) 混凝土试件的取样和制作

① 现场搅拌混凝土

用于检查结构构件混凝土强度的试件，应在混凝土的浇筑地点随机抽取。取样与试件留置应符合以下规定：

a. 每拌制100盘但不超过100 m^3 的同一配合比的混凝土，取样次数不得少于一次；

b. 每工作班拌制的同一配合比的混凝土不足100盘时，其取样次数不得少于一次；

c. 当一次连续浇筑超过1000 m^3 混凝土时，对同一配合比的混凝土每200 m^3 取样不得少于一次；

d. 对同一楼层、同一配合比的混凝土，取样不得少于一次；

e. 每次取样时应至少留置一组标准养护试件，同条件养护试件的留置组数应根据实际需要确定。

② 结构实体检验用同条件养护试件

结构实体检验用同条件养护试件的留置方式和取样数量应符合以下规定：

a. 对涉及混凝土结构安全的重要部位应进行结构实体检验，其内容包括混凝土强度、钢筋保护层厚度及工程合同约定的项目等。

b. 同条件养护试件应由各方在混凝土浇筑入模处见证取样。

c. 同一强度等级的同条件养护试件的留置不宜少于10组。

d. 试件达到等效养护龄期后，方可对同条件养护试件进行强度试验。所谓等效养护龄期，就是逐日累计养护温度达到600 ℃·d时所对应的龄期，且龄期宜取14～60 d。一般情况下，温度取当天的平均温度。

③ 预拌(商品)混凝土

对于预拌(商品)混凝土，除应在预拌混凝土厂内按规定留置试块外，混凝土运到施工现场后，还应根据相关的规定取样。

a. 用于交货检验的混凝土试样应在交货地点采取。对相同配合比的混凝土每 100 m^3 取样不得少于一次；一个工作班拌制的相同配合比的混凝土不足 100 m^3 时，取样也不得少于一次；当在一个分项工程中连续供应相同配合比的混凝土量大于 1000 m^3 时，每 200 m^3 混凝土取样不得少于一次。

b. 用于出厂检验的混凝土试样应在搅拌地点采取，每 100 盘相同配合比的混凝土取样不得少于一次；每一工作班组拌制的相同配合比的混凝土不足 100 盘时，取样亦不得少于一次。

c. 对于预拌混凝土拌合物的质量，每车应目测检查；对用于混凝土坍落度检验的试样，每100 m^3 相同配合比的混凝土，取样检验不得少于一次；当一个工作班组拌制的相同配合比的混凝土不足 100 m^3 时，取样也不得少于一次。

④ 混凝土抗渗试块

混凝土抗渗试块取样应符合下列规定：

a. 连续浇筑混凝土量在 500 m^3 以下时，应留置两组(12 块)抗渗试块。

b. 每增加 250～500 m^3 混凝土，应增加两组(12 块)抗渗试块。

c. 如果使用材料、配合比或施工方法有变化，应另行仍按上述规定留置。

d. 抗渗试块应在浇筑地点制作，留置的两组试块中的一组(6 块)应在标准养护室养护，另一组(6 块)应在现场相同条件下养护，养护期不得少于 28 d。

混凝土抗渗试块取样应符合下列规定：对有抗渗要求的混凝土结构，其混凝土试件应在浇筑地点随机取样。对同一工程、同一配合比的混凝土，取样不应少于一次，留置组数可根据实际需要确定。

⑤ 粉煤灰混凝土

a. 粉煤灰混凝土的质量，应以坍落度(或工作度)、抗压强度进行检验。

b. 对现场施工粉煤灰混凝土进行坍落度检验时，每工作班应至少测定两次，其测定值允许偏差为±20 mm。

c. 对于非大体积粉煤灰混凝土，每拌制 100 m^3，至少成型一组试块；对于大体积粉煤灰混凝土，每拌制 500 m^3，至少成型一组试块。不足上述规定数量时，每工作组至少成型一组试块。

⑥ 试件制作

混凝土试件的制作和养护应符合下列规定：

a. 混凝土试件的制作应符合下列规定：

i. 成型前，应检查试模尺寸，确保其符合相关的规定；试模内表面应薄涂一层矿物油或其他不与混凝土发生反应的脱模剂。

ii. 在实验室拌制混凝土时，其材料用量应以质量计，称量的精度：水泥、掺合料、水和外加剂为±0.5%；骨料为±1%。

iii. 取样或实验室拌制的混凝土应在拌制后尽可能短的时间内成型，一般不宜超过15 min。

iv. 根据混凝土拌合物的稠度确定混凝土成型方法，坍落度不大于70 mm的混凝土宜用振动器振实；大于70 mm的宜用捣棒人工捣实；检验现浇混凝土或预制构件的混凝土时，试件成型方法宜与实际采用的方法相同。

v. 圆柱体试件的制作按有关规定执行。

b. 混凝土试件的制作应按下列步骤进行：

第一步，取样或拌制好的混凝土拌合物应至少用铁锹来回拌和三次。

第二步，根据混凝土拌合物的稠度，选择混凝土成型方法，成型混凝土试件。

i. 用振动台振实制作试件应按下述方法进行：

首先，将混凝土拌合物一次性装入试模，装料时应用抹刀沿各试模壁插捣，并使混凝土拌合物高出试模口；

其次，试模应附着或固定在符合有关要求的振动台上，振动时试模不得有任何跳动，振动应持续到表面出浆为止，不得过振。

ii. 用人工插捣制作试件应按下述方法进行：

第一，混凝土拌合物应分两层装入模内，每层的装料厚度应大致相等。

第二，插捣应按螺旋方向从边缘向中心均匀进行。在插捣底层混凝土时，捣棒应达到试模底部；插捣上层时，捣棒应贯穿上层后插入下层20～30 mm；插捣时捣棒应保持垂直，不得倾斜。插捣后应用抹刀沿试模内壁插拔数次。

第三，每层插捣次数在10000 mm^2 截面积内不得少于12次。

第四，插捣后应用橡皮锤轻轻敲击试模四周，直至插捣棒留下的空洞消失为止。

iii. 用插入式振捣棒振实制作试件应按下述方法进行：

第一，将混凝土拌合物一次性装入试模，装料时应用抹刀沿各试模壁插捣，并使混凝土拌合物高出试模口。

第二，宜用直径为 ϕ 25 mm 的插入式振捣棒，插入试模振捣时，振捣棒宜距试模底板10～20 mm且不得触及试模底板，振动应持续到表面出浆为止，且应避免过振，以防止混凝土离析；一般振捣时间为20 s。振捣棒拔出时要缓慢，拔出后不得留有孔洞。

第三，刮除试模上口多余的混凝土，待混凝土临近初凝时，用抹刀抹平。

⑦ 试件的养护

a. 试件成型后应立即用不透水的薄膜覆盖表面。

b. 采用标准养护的试件，应在温度为(20±5)℃的环境中静置一昼夜至两昼夜，然后编号、拆模。拆模后应立即放入温度为(20±2)℃、相对湿度为95%以上的标准养护室中养护，或在温度为(20±2)℃的不流动的氢氧化钙饱和溶液中养护。标准养护室内的试件应放在支架上，彼此间隔10～20 mm，试件表面应保持潮湿，并不得用水直接冲淋试件。

c. 同条件养护试件的拆模时间可与实际构件的拆模时间相同，拆模后，试件仍须保持同条件养护。

d. 标准养护龄期为28 d(从搅拌加水开始计时)。

另外，试件制作和养护的试验记录内容应符合相关的规定。

18.2.4 砂浆的进场验收与复验

18.2.4.1 对砂浆按验收批进行复验及记录

(1) 砌筑砂浆

砌筑砂浆可分为水泥砌筑砂浆、水泥混合砌筑砂浆和预拌砌筑砂浆。砌筑砂浆的技术性能有工作性、强度、抗冻性等。

① 工作性

a. 流动性

砂浆的流动性技术指标为稠度,稠度由砂浆的沉入度试验确定。砌筑砂浆的施工稠度见表 18.12。

表 18.12 砌筑砂浆的施工稠度

砌体种类	施工稠度/mm
烧结普通砖砌体、粉煤灰砖砌体	70～90
烧结多孔砖砌体、烧结空心砖砌体、轻骨料混凝土小型空心砌块砌体、蒸压加气混凝土砌块砌体	60～80
混凝土砖砌体、普通混凝土小型空心砌块砌体、灰砂砖砌体	50～70
石砌体	30～50

b. 保水性

砂浆的保水性用保水率表示。保水性试验应按下列步骤进行:将砂浆拌合物装入圆环试模(底部有不透水片或自身密封性良好),称量试模与砂浆总质量,在砂浆表面覆盖棉纱及滤纸,并在上面加盖不透水片,用 2 kg 的重物压住上部不透水片;静止 2 min 后移走重物及上部不透水片,取出滤纸(不包括棉纱),迅速称量滤纸质量。

② 强度

砂浆的强度等级是以边长为 70.7 mm 的立方体试块,在标准养护条件[温度为(20±2)℃,相对湿度为 90%以上]下用标准试验方法测得的 28 d 龄期的抗压强度来确定的。

水泥混合砂浆的强度等级可分为 M5、M7.5、M10、M15;水泥砂浆及预拌砂浆的强度等级分为 M5、M7.5、M10、M15、M20、M25、M30。

③ 抗冻性

对有抗冻要求的砌体工程所用的砌筑砂浆应进行冻融试验。

(2) 预拌砂浆

预拌砂浆,是指专业生产厂家生产的湿拌或干混砂浆。湿拌砂浆是指将水泥、细骨料、矿物掺合料、外加剂、添加剂和水,按一定比例,在搅拌站计量、拌制后,运至使用地点,并在规定时间内使用完毕的拌合物。干混砂浆是指将水泥、干燥骨料或粉料、添加剂以及根据性能需要确定的其他组分,按一定比例,在专业生产厂计量、混合而成的混合物,干混砂浆需在使用地点按规定比例加水或配套组分拌和使用。

① 预拌砂浆的分类和标记

a. 预拌砂浆的分类

i. 湿拌砂浆

湿拌砂浆按用途分为湿拌砌筑砂浆、湿拌抹灰砂浆、湿拌地面砂浆和湿拌防水砂浆，并采用表 18.13 的代号。湿拌砂浆按强度等级、抗渗等级、稠度和凝结时间分类。

表 18.13　湿拌砂浆代号

品种	湿拌砌筑砂浆	湿拌抹灰砂浆	湿拌地面砂浆	湿拌防水砂浆
代号	WM	WP	WS	WW

ii. 干混砂浆

干混砂浆也称干拌砂浆或干粉砂浆，是主要的砂浆供应形式，按用途可以分为两大类：一是普通干混砂浆，包括干混砌筑砂浆、干混抹灰砂浆、干混地面砂浆和干混普通防水砂浆；二是特种干混砂浆，包括干混陶瓷砖黏结砂浆、干混界面砂浆、干混保温板黏结砂浆、干混保温板抹面砂浆、干混耐磨地坪砂浆、干混饰面砂浆等。

b. 预拌砂浆的标记

i. 湿拌砂浆的标记

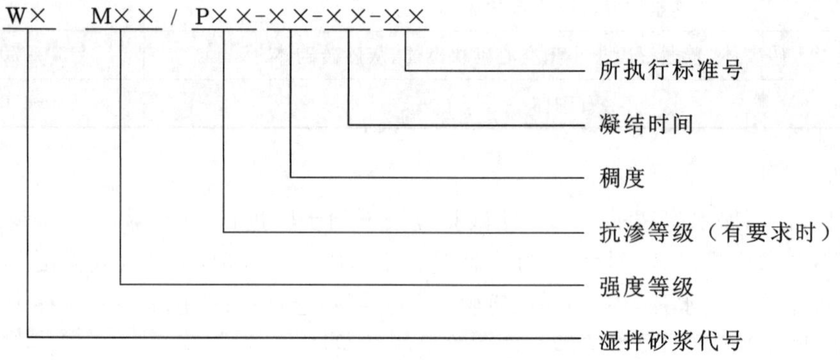

标记示例：

湿拌砌筑砂浆的强度等级为 M10，稠度为 70 mm，凝结时间为 12 h 时，其标记为：WMM10-70-12-GB/T 25181—2019；

湿拌防水砂浆的强度等级为 M15，抗渗等级为 P8，稠度为 70 mm，凝结时间为 12 h 时，其标记为：WWM15/P8-70-12-GB/T 25181—2019。

ii. 干混砂浆的标记

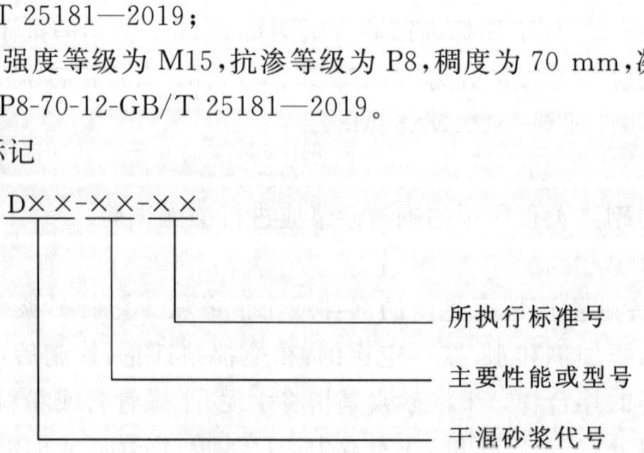

标记示例：

干混砌筑砂浆的强度等级为 M10 时，其标记为：DM-M10-GB/T 25181—2019；

用于混凝土界面处理的干混界面砂浆的标记为：DIT-C-GB/T 25181—2019。

② 预拌砂浆的技术性能

a. 湿拌砂浆

湿拌砌筑砂浆拌合物的体积密度应不小于 1800 kg/m³，湿拌砂浆的性能指标应符合表 18.14 的规定，湿拌砂浆的抗压强度应符合表 18.15 的规定，湿拌防水砂浆的抗渗压力应符合表 18.16 的规定。

表 18.14　湿拌砂浆的性能指标

项目		湿拌砌筑砂浆	湿拌抹灰砂浆	湿拌地面砂浆	湿拌防水砂浆
保水率(%)		≥88	≥88	≥88	≥88
14 d 拉伸黏结强度/MPa		—	≥0.20	—	≥0.20
28 d 收缩率(%)		—	≤0.20	—	≤0.15
抗冻性	强度损失率(%)	≤25			
	质量损失率(%)	≤5			

表 18.15　湿拌砂浆抗压强度

强度等级	M5	M7.5	M10	M15	M20	M25	M30
28 d 抗压强度/MPa	≥5.0	≥7.5	≥10.0	≥15.0	≥20.0	≥25.0	≥30.0

表 18.16　湿拌防水砂浆抗渗压力

抗渗等级	P6	P8	P10
28 d 抗渗压力/MPa	≥0.6	≥0.8	≥1.0

b. 干混砂浆

干混砂浆应呈粉状，且均匀无结块。双组分产品的液料组分经搅拌后应呈均匀状态，无沉淀；粉料组分应均匀，无结块。干混普通砌筑砂浆拌合物的体积密度应不小于 1800 kg/m³。干混砌筑砂浆、干混抹灰砂浆、干混地面砂浆、干混普通防水砂浆的性能应符合表 18.17 的规定。

表 18.17　干混砂浆性能指标

项目	干混砌筑砂浆		干混抹灰砂浆		干混地面砂浆	干混普通防水砂浆
	普通砌筑砂浆	薄层砌筑砂浆[a]	普通抹灰砂浆	薄层抹灰砂浆[a]		
保水率(%)	≥88	≥99	≥88	≥99	≥88	≥88
凝结时间/h	3～9	—	3～9	—	3～9	3～9
2 h 稠度损失率(%)	≤30	—	≤30	—	≤30	≤30

续表 18.17

项目		干混砌筑砂浆		干混抹灰砂浆		干混地面砂浆	干混普通防水砂浆
		普通砌筑砂浆	薄层砌筑砂浆[a]	普通抹灰砂浆	薄层抹灰砂浆[a]		
14 d 拉伸黏结强度/MPa		—	—	M5:≥0.15 >M5:≥0.20	≥0.30	—	≥0.20
28 d 收缩率(%)		—	—	≤0.20	≤0.20	—	≤0.15
抗冻性[b]	强度损失率	≤25%					
	质量损失率	≤5%					

a 干混薄层砌筑砂浆宜用于灰缝厚度不大于 5 mm 的砌筑施工;干混薄层抹灰砂浆宜用于砂浆层厚度不大于 5 mm 的抹灰施工。

b 有抗冻性要求时,应进行抗冻性试验。

18.2.4.2 对砂浆按检验批进行复验及记录

(1) 砌筑砂浆试件的取样

① 抽样频率

对每一楼层或 250 m^3 砌体中的各种强度等级的砂浆,每台搅拌机应至少检查一次,每次至少应制作一组试块。砂浆强度等级或配合比变更时,还应另行制作试块。基础砌体可按一个楼层计。

② 试件制作

a. 砂浆试验用料可以从同一盘搅拌或同一车运送的砂浆中抽取。施工中,应在使用地点的砂浆槽、砂浆运送车或搅拌机出料口取样,至少从三个不同部位采取。所取试样的数量应多于试验用量的 1~2 倍。砂浆拌合物取样后,应尽快进行试验。现场取来的试样,在试验前应经人工再次翻拌,以保证其质量均匀。

b. 砂浆立方体抗压试件每组三块,其尺寸为 70.7 mm×70.7 mm×70.7 mm。试模用铸铁或钢制成。试模应具有足够的刚度,且拆装方便。试模内表面应采用机械加工,其不平度要求为每 100 mm 不超过 0.05 mm,组装后各相邻面的垂直度偏差不应超过±0.5°。制作试件的捣棒为直径 10 mm、长 350 mm 的钢棒,其端头应磨圆。

c. 砂浆立方体抗压试块的制作步骤:

第一步,将有底试模放在预先铺有吸水性较好的纸的普通黏土砖上(砖的吸水率不小于 10%,含水率不大于 20%),试模内壁事先涂刷薄层机油或脱模剂。

第二步,放于砖上的湿纸应用新闻纸(或其他未粘过胶凝材料的纸)。纸的大小要以能盖过砖的四边为准,砖的使用面要求平整,凡砖的四个垂直面粘过水泥或其他胶结材料,该砖不允许再使用。

第三步,向试模内一次性注满砂浆,用捣棒均匀地由外向里按螺旋方向插捣 2~5 次,为了防止低稠度砂浆插捣后留下孔洞,允许用油灰刀沿模壁插捣数次。插捣完后砂浆应高出试模顶面 6~8 mm;当砂浆表面开始呈现麻斑状态时(15~30 min),将高出部分的砂浆沿试模顶面削去抹平。

(2) 试件养护

① 试件制作后应在(20±5)℃环境下停置一昼夜[(24±2)h],当气温较低时,可适当延长时间,但不应超过两昼夜,然后对试件进行编号并拆模。试件拆模后,应在标准养护条件下继续养护至28 d,然后进行试压。

② 标准养护的条件:

a. 水泥混合砂浆:温度(20±3)℃,相对湿度60%~80%。

b. 水泥砂浆和微沫砂浆:温度(20±3)℃,相对湿度90%以上。

c. 养护期间,试件彼此间隔不少于10 mm。

③ 当无标准养护条件时,可采用自然养护。

a. 水泥混合砂浆应在正温度、相对湿度为60%~80%的条件下(如养护箱中或不通风的室内)养护。

b. 水泥砂浆和微沫砂浆应在正温度条件下养护,并保持试块表面湿润(如湿砂堆中)。

c. 养护期间必须做好温度记录。有争议时,以标准养护为准。

18.2.5 线材与型材的进场验收与复验

18.2.5.1 对线材与型材按验收批进行进场验收及记录

碳素结构钢包括一般结构钢和工程用热轧钢板、钢带、型钢等。现行国家标准具体规定了它的牌号表示方法、代号和符号、技术要求、试验方法、检验规则等。碳素结构钢的技术要求包括化学成分、力学性能、冶炼方法、交货状态及表面质量等。碳素结构钢的冷弯试验指标应符合相关的要求。

(1) 低合金高强度结构钢

低合金高强度结构钢是在碳素结构钢的基础上,添加少量的一种或几种合金元素(总含量小于5%)而形成的一种结构钢。添加其他合金元素的目的是提高钢的屈服强度、抗拉强度、耐磨性能、耐蚀性能及耐低温性能等。因此,低合金高强度结构钢是综合性较为理想的建筑钢材,尤其在大跨度、承受动荷载和冲击荷载的结构中更为适用。另外,与使用碳素钢相比,使用低合金高强度结构钢可节约钢材20%~30%,而成本并不很高。低合金高强度结构钢的技术指标应符合规范要求。

(2) 钢筋混凝土结构用钢材

钢筋混凝土结构用的钢筋和钢丝,主要由碳素结构钢或低合金结构钢轧制而成。主要品种有热轧钢筋、热加工钢筋、热处理钢筋、预应力混凝土用钢丝和钢绞线。钢筋混凝土结构用钢材按直条或盘条(也称盘圆)供货。

① 热轧钢筋

用加热后的钢坯轧制成的条形成品钢筋,称为热轧钢筋。它是建筑工程中用量最大的钢材品种之一,主要用于钢筋混凝土和预应力混凝土结构的配筋。热轧钢筋按其轧制外形分为热轧光圆钢筋(HPB)和热轧带肋钢筋(HRB),带肋钢筋按带肋纹的形状分为月牙肋和等高肋。热轧钢筋的力学性能及工艺性能应符合相关的规定。

低碳钢热轧圆盘条的力学性能和工艺性能应符合《低碳钢热轧圆盘条》(GB/T 701—2008)的规定，盘条分为建筑用盘条和拉丝用盘条两类。

② 预应力混凝土用热处理钢筋

预应力混凝土用热处理钢筋，是热轧带肋钢筋经淬火和回火调质处理后制成的钢筋。通常有直径6、8、10(mm)三种规格，其条件屈服强度不小于1325 MPa，抗拉强度不小于1470 MPa，伸长率(δ_{10})不小于6%，1000 h应力松弛率不大于3.5%。按外形分为有纵肋和无纵肋两种，但都有横肋。钢筋热处理后应卷成盘，使用时将钢筋开盘，让其自行伸直，按要求的长度切断。不能用电焊切断，也不能焊接，以免造成强度下降或发生脆断。热处理钢筋在预应力结构中使用时，具有与混凝土黏结性好、应力松弛率低、施工方便等优点。

③ 冷轧带肋钢筋

热轧圆盘经冷轧后，在其表面带有沿长度方向均匀分布的三面或两面横肋，即成为冷轧带肋钢筋，钢筋冷轧后允许进行低温回火处理。冷轧带肋钢筋按抗拉强度分为五个牌号，分别为CRB550、CRB650、CRB800、CRB970、CRB1170。C、R、B分别为冷轧、带肋、钢筋三个词的英文首字母，数值为抗拉强度的最小值。与冷拔低碳钢丝相比，冷轧带肋钢筋具有强度高、塑性好、与混凝土黏结牢固，节约钢材、质量稳定等优点。CRB550宜用在普通钢筋混凝土结构中，其他牌号宜用在预应力混凝土结构中。

④ 冷轧扭钢筋

冷轧扭钢筋是将低碳钢热轧圆盘条专用钢筋经冷轧扭机调直、冷轧并冷扭一次成型而得到的，有规定截面形状和节距的连接螺旋状钢筋。冷轧扭钢筋有两种类型：Ⅰ型(矩形截面)，ϕ6.5、ϕ8、ϕ10、ϕ12、ϕ14；Ⅱ型(菱形截面)，ϕ12。标记符号ϕ表示原材料(母材)轧制前的公称直径(mm)。

⑤ 预应力混凝土用钢丝

预应力混凝土用钢丝是指预应力混凝土用冷拉或消除应力的低松弛光圆、螺旋肋和刻痕钢丝，其中冷拉钢丝仅用于压力管道。钢丝按加工状态分为冷拉钢丝和消除应力钢丝两类，其代号为：冷拉钢丝(WCD)、低松弛钢丝(WLR)。钢丝按外形分为光圆钢丝(P)、螺旋肋钢丝(H)、刻痕钢丝(I)三种。

(3) 钢结构用钢材

① 热轧型钢

常用的热轧型钢有工字钢、槽钢、角钢、L型钢、H型钢、T型钢等，现行标准《热轧型钢》(GB/T 706—2016)对热轧工字钢、热轧槽钢、热轧等边角钢、热轧不等边角钢、L型钢的尺寸、外形、质量、允许偏差以及技术要求等作了相应的规定。《热轧H型钢和剖分T型钢》(GB/T 11263—2024)对H型钢和T型钢的尺寸、外形、质量、允许偏差以及技术要求等作了相应的规定。处于低温环境的结构施工时，应选择韧性好、脆性临界温度低、疲劳极限较高的钢材。

② 冷弯薄壁型钢

冷弯薄壁型钢通常由2～6 mm厚的薄钢板经冷弯和模压而成，有空心薄壁型钢和开口薄壁型钢。冷弯薄壁型钢由于壁薄、刚度好，能高效地发挥材料的性能，在同样的负荷下，可减轻构件质量、节约材料，通常用于轻型钢结构，其构件及连接应符合《冷弯薄壁型钢结构技术规范》(GB 50018—2002)的规定。

③ 钢板材

钢板材包括钢板、花纹钢板、建筑用压型钢板、彩色涂层钢板等。建筑用压型钢板是用于建筑物围护结构(屋面、墙面)及组合楼盖并独立使用的压型钢板。《建筑用压型钢板》(GB/T 12755—2008)给出了建筑用压型钢板的有关技术性质。彩色涂层钢板按用途可分为建筑外用板、建筑内用板和家用电器板;按表面状态分为涂层板、压花板和印花板。《彩色涂层钢板及钢带》(GB/T 12754—2019)给出了彩色涂层板的有关技术性质。用彩色涂层钢板型材加工制作的平开门窗、推拉门窗、固定门窗称为彩色涂层钢板门窗。

④ 钢管和棒材

钢管有轧制无缝钢管及冷弯成型的高频焊接钢管。由于流线型的表面使其承受的风压较小,钢管十分适用于高耸结构。钢管大多用于制作桁架、塔桅等构件,也可以用于网架、网壳结构和制作钢管混凝土。热轧六角钢和八角钢常用作钢结构螺栓的坯材,热轧扁钢一般用于制作屋架构件、扶梯、桥梁和栅栏等,圆钢可用作轻型钢结构的一般杆件和连接杆。

18.2.5.2 钢筋、焊接件及连接件的取样

(1) 热轧钢筋

① 组批规则

以同一牌号、同一炉罐号、同一规格、同一交货状态,不超过 60 t 的钢筋为一批。

② 取样方法

拉伸检验:任选两根钢筋切取两个试样,试样长 500 mm。

冷弯检验:任选两根钢筋切取两个试样,试样长度按下式计算:

$$L=1.55\times(a+d)+140$$

式中 L——试样长度(mm);

a——钢筋公称直径(mm);

d——弯曲试验的弯心直径(mm)。

在切取试样时,应将钢筋端头的 500 mm 去掉后再切取。

(2) 低碳钢热轧圆盘条

① 组批规则

以同一牌号、同一炉罐号、同一品种、同一尺寸、同一交货状态的不超过 60 t 的钢筋为一批。

② 取样方法

拉伸检验:任选一盘,从该盘的任一端切取一个试样,试样长 500 mm。

弯曲检验:任选两盘,从每盘的任一端各切取一个试样,试样长 200 mm。在切取试样时,应将端头的 500 mm 去掉后再切取。

(3) 冷拔低碳钢丝

① 组批规则

甲级钢丝应逐盘检验。乙级钢丝以同直径 5 t 为一批,任选三盘检验。

② 取样方法

将每盘上任一端截去不少于 500 mm 后,再取两个试样,一个拉伸,一个反复弯曲,拉伸

试样长 500 mm，反复弯曲试样长 200 mm。

（4）冷轧带肋钢筋

① 冷轧带肋钢筋应逐盘检验力学性能和工艺性能，将每盘任一端截去 500 mm 以后，取两个试样，拉伸试样长 500 mm，冷弯试样长 200 mm。

② 对成捆供应的 550 级冷轧带肋钢筋应逐捆检验。从每捆中同一根钢筋上截取两个试样，其中，拉伸试样长 500 mm，冷弯试样长 250 mm。如果检验结果有一项达不到标准规定，应从该捆钢筋中取双倍试样进行复验。

（5）钢筋焊接接头的取样

① 钢筋闪光对焊接头取样规定

a. 在同一台班内，由同一焊工完成的 300 个同牌号、同直径钢筋焊接接头应作为一批。当同一台班内焊接的接头数量较少时，可在一周之内累计计算；若累计后仍不足 300 个接头，应按一批计算。

b. 力学性能检验时，应从每批接头中随机切取 6 个试件，其中 3 个做拉伸试验，3 个做弯曲试验。

c. 焊接等长的预应力钢筋（包括螺丝端杆与钢筋）时，可按生产时的同等条件制作模拟试件。

d. 螺丝端杆接头可只做拉伸试验。

e. 对于封闭环式箍筋闪光对焊接头，应以 600 个同牌号、同规格的接头为一批，只做拉伸试验。

f. 当模拟试件试验结果不符合要求时，应进行复验。复验试件应从现场焊接接头中切取，其数量和要求与初始试验时相同。

② 钢筋电弧焊接头取样规定

a. 在现浇混凝土结构中，应以 300 个同牌号、同型式接头为一批；在房屋结构中，应以不超过二层楼中的 300 个同牌号、同型式接头为一批。每批随机切取 3 个接头，做拉伸试验。

b. 在装配式结构中，可按生产条件制作模拟试件，每批 3 个，做拉伸试验。

c. 对钢筋与钢板电弧搭接焊接头可只进行外观检查。

d. 模拟试件的数量和要求应与从成品中切取时相同。当模拟试件试验结果不符合要求时，应再从成品中切取试件复验，其数量和要求与初始试验时相同。

注：在同一批中若有几种不同直径的钢筋焊接接头，应在最大直径接头中切取 3 个试件。

③ 钢筋电渣压力焊接头取样规定

在现浇混凝土结构中，应以 300 个同牌号钢筋接头为一批；在房屋结构中，应以不超过二层楼中的 300 个同牌号钢筋接头为一批；当不足 300 个接头时，仍应作为一批。从每批接头中随机切取 3 个试件做拉伸试验。

注：在同一批中若有几种不同直径的钢筋焊接接头，应在最大直径接头中切取 3 个试件。

④ 钢筋气压焊接头取样规定

a. 在现浇混凝上结构中，应以 300 个同牌号钢筋接头为一批；在房屋结构中，应以不超过二层楼中的300个同牌号钢筋接头为一批；当不足300个接头时，仍应作为一批。

b. 在柱、墙的竖向钢筋连接中，应从每批接头中随机切取3个接头做拉伸试验；在梁、板的水平钢筋连接中，应另切取3个接头做弯曲试验。

注：在同一批中若有几种不同直径的钢筋焊接接头，应在最大直径接头中切取3个试件。

⑤ 钢筋焊接接头取样规定

a. 拉伸试件的最小长度见表18.18。

表18.18 拉伸试件的最小长度

接头型式	试件最小长度/mm
电弧焊双面搭接、双面帮条	$8d+L_h+240$
单面搭接、单面帮条	$5d+L_h+240$
闪光对焊、电渣压力焊、气压焊	$8d+240$

注：L_h—帮条长度或搭接长度(mm)，钢筋帮条或搭接长度应符合相关要求；d—钢筋直径(mm)。

b. 弯曲试件的最小长度

弯曲试件的最小长度计算公式：

$$L=D+2.5d+150$$

式中 L——试件长度(mm)；

D——弯心直径(mm)；

d——钢筋直径(mm)。

切取试件时，焊缝应处于试件长度的中央。

⑥ 机械连接接头

a. 钢筋连接工程开始施工前及施工过程中，应对每批进场钢筋进行接头工艺检验，取样应按以下要求进行：

i. 每种规格钢筋的接头试件不应少于3根。

ii. 钢筋母材抗拉强度试件不应少于3根，且应与接头试件在同一根钢筋上切取。

b. 接头的现场检验按验收批进行。对同一施工条件下采用同一批材料的同等级、同型式、同规格接头，应以500个为一个验收批进行检验与验收，不足500个时也作为一个验收批。对接头的每一验收批，必须在工程结构中随机截取3个试件做单向拉伸试验。

c. 接头试件尺寸

构件长度计算公式：

$$L_1=L+8d+2h$$

式中 L——接头试件连件长度(mm)；

d——钢筋直径(mm)；

h——试验机夹具长度(mm)，当 $d<20$ mm 时 h 取 70 mm，当 $d\geq 20$ mm 时 h 取 100 mm；

L_1——试件长度(mm)。

在取用于工艺检验的接头试件时，尚应从其母材所处的同一根钢筋上取一根原材料试件做力学性能试验。

18.2.6 墙体材料的进场验收与复验

18.2.6.1 对墙体材料进行进场验收及记录

(1) 砌墙砖

常用的砌墙砖品种有烧结普通砖、烧结多孔砖、空心砖、蒸压(养)砖等。

按使用的不同原料，烧结普通砖可分为烧结普通黏土砖(N)、烧结粉煤灰砖(F)、烧结煤矸石砖(M)和烧结页岩砖(Y)。蒸压(养)砖又称免烧砖，根据所用不同原料有灰砂砖、粉煤灰砖等。

① 烧结普通砖

a. 规格

烧结普通砖的外形为直角六面体，公称尺寸为 240 mm×115 mm×53 mm。烧结普通砖按技术指标分为优等品(A)、一等品(B)和合格品(C)三个质量等级。

b. 技术要求

烧结普通砖的外观质量应符合有关规定。

烧结普通砖按抗压强度分为 MU30、MU25、MU20、MU15、MU10 五个强度等级。各强度等级砖的强度值应符合相关的要求。

泛霜也称起霜，是砖在使用过程中的盐析现象。标准规定：优等品无泛霜，一等品不允许出现中等泛霜，合格品不允许出现严重泛霜。

石灰爆裂是指由于砖坯中夹杂有石灰石，砖吸水后，石灰逐渐熟化膨胀而产生爆裂现象。这种现象影响砖的质量，并降低砌体强度。标准规定：优等品不允许出现最大破坏尺寸大于 2 mm 的爆裂区域；一等品不允许出现最大破坏尺寸大于 10 mm 的爆裂区域，在 2～10 mm 间的爆裂区域，每组砖样不得多于 15 处；合格品不允许出现最大破坏尺寸大于 15 mm 的爆裂区域，在 2～15 mm 间的爆裂区域，每组砖样不得多于 15 处，其中大于10 mm 的不得多于 7 处。

② 烧结多孔砖、空心砖

a. 烧结多孔砖的规格和技术要求

烧结多孔砖即竖孔空心砖，其孔洞率在 20%左右，多孔砖的长度、宽度、高度尺寸(mm)应符合下列要求：290，240，190，180(175)，140，115，90。其他规格尺寸由供需双方协商确定。

烧结多孔砖根据抗压强度分为 MU30、MU25、MU20、MU15、MU10 五个强度等级，根据尺寸偏差、外观质量、强度等级和物理性能分为优等品(A)、一等品(B)和合格品(C)三个质量等级。各强度等级的强度应符合相关的规定。

b. 烧结空心砖和空心砌块的规格和技术要求

空心砖和砌块的长度、宽度、高度尺寸应符合下列要求：

长度规格尺寸(mm):390,290,240,190,180(175),140;

宽度规格尺寸(mm):190,180(175),140;

高度规格尺寸(mm):180(175),140,115,90。

烧结空心砖和空心砌块按抗压强度分为 MU10.0、MU7.5、MU5.0、MU3.5 四个强度等级;按体积密度(kg/m^3)分为 800、900、1000、1100 四个密度级别。烧结空心砖和空心砌块强度等级指标、密度等级指标应符合相关要求。

③ 蒸压(养)砖

蒸压(养)砖又称免烧砖。这类砖的强度不是通过烧结获得的,由于在制砖时掺入了一定量的胶凝材料或在生产过程中形成了一定的胶凝物质,蒸压砖才具有一定强度。根据所用原料不同,蒸压砖有灰砂砖、粉煤灰砖等。

a. 蒸压灰砂砖(LSB)

蒸压灰砂砖规格尺寸为 240 mm×115 mm×53 mm。蒸压灰砂砖根据尺寸偏差和外观质量分为优等品(A)、一等品(B)和合格品(C)三个质量等级,根据抗压强度、抗折强度及抗冻性分为 MU25、MU20、MU15、MU10 四个强度等级。

b. 粉煤灰砖

粉煤灰砖是以粉煤灰、石灰或水泥为主要原料,掺加适量的石膏、外加剂和其他集料,经胚料制备、压制成型、高压蒸汽养护而成的实心砖。规格尺寸为 240 mm×115 mm×53 mm。其根据抗压强度及抗折强度分为 MU30、MU25、MU20、MU15、MU10 五个强度等级。

(2) 墙用砌块

建筑砌块可分为实心和空心两种;按大小分为中型砌块(高度为 400 mm、800 mm)和小型砌块(高度为 200 mm),前者用小型起重机械施工,后者可用手工直接砌筑;按原材料不同分为硅酸盐砌块和混凝土砌块,前者用炉渣、粉煤灰、煤矸石等材料加石灰和石膏配合而成,后者用混凝土制作。

① 蒸压加气混凝土砌块(ACB)

蒸压加气混凝土砌块(简称加气混凝土砌块)是以经过细磨的钙质材料(水泥、石灰等)和硅质材料(砂、粉煤灰、矿渣等)为原料,并以铝粉为加气剂,将其按一定比例配合,经过料浆浇注及发气成型、坯胎切割、蒸压养护等工艺制成的一种轻质、多孔的硅酸盐建筑墙体材料。

蒸压加气混凝土砌块的主要技术指标如下:

a. 规格

砌块的规格尺寸有以下两个系列(单位为 mm):

系列 1:长度:600;

高度:200、250、300;

宽度:75 为起点,100、125、150、175、200……(以 25 递增)。

系列 2:长度:600;

高度:240、300;

宽度:60 为起点,120、180、240、300、360……(以 60 递增)。

b. 强度等级与密度等级

加气混凝土砌块按抗压强度分为 A1.0、A2.0、A2.5、A3.5、A5.0、A7.5、A10.0 七个强度等级。按干体积密度分为 B03、B04、B05、B06、B07、B08 六个级别。按外观质量、尺寸偏差、体积密度、抗压强度分为优等品(A)和合格品(C)。

② 混凝土小型空心砌块

混凝土小型空心砌块(简称混凝土小砌块)是以水泥、矿物掺合料、砂、石、水等为原材料,经搅拌、振动成型、养护等工艺制成的小型砌块,包括空心砌块和实心砌块。混凝土小砌块的空心率应不小于25%。混凝土小型空心砌块的主要技术指标如下:

a. 规格

混凝土小型空心砌块主规格尺寸为 390 mm×190 mm×190 mm,其他规格尺寸可由供需双方协商确定。

b. 强度等级

按抗压强度分为 MU5.0、MU7.5、MU10、MU15、MU20、MU25、MU30、MU35、MU40 九个强度等级。

③ 轻骨料混凝土小型空心砌块

轻骨料混凝土小型空心砌块是将陶粒、膨胀珍珠岩、浮石、火山渣、煤渣、炉渣等各种轻粗骨料和水泥按一定比例混合,经搅拌成型、养护而成的空心率大于25%、体积密度不大于1400 kg/m^3 的轻质混凝土小砌块。根据《轻集料混凝土小型空心砌块》(GB/T 15229—2011)规定,其技术要求如下:

a. 规格:主规格尺寸为 390 mm×190 mm×190 mm。其他规格尺寸可由供需双方商定。

b. 强度等级与密度等级:按干体积密度分为 500、600、700、800、900、1000、1200、1400 八个密度等级。按抗压强度分为 MU1.5、MU2.5、MU3.5、MU5.0、MU7.5、MU10.0 六个强度等级。按尺寸允许偏差、外观质量分为优等品(A)、一等品(B)和合格品(C)三个等级。

18.2.6.2 墙体材料的取样

(1) 烧结普通砖

检验批以 3.5 万～15 万块为一批,不足 3.5 万块者亦按一批计。用随机抽样法从外观质量和尺寸偏差检验合格的样品中抽取 15 块,其中 10 块做抗压强度检验,5 块备用。

(2) 普通混凝土小型空心砌块

对于用同一种原材料配成的同强度等级的混凝土,以用同一种工艺制成的同等级的 1 万块为一批,砌块数量不足 1 万块时亦为一批。从外观合格的样品中随机抽取 5 块做抗压强度检验。

(3) 烧结空心砖和空心砌块

检验批以 3.5 万～15 万块为一批,不足 3.5 万块者亦按一批计。用随机抽样法从外观质量检验合格的样品中抽取 15 块,其中 10 块做抗压强度检验,5 块做密度检验。

(4) 轻集料混凝土小型空心砌块

① 组批规则

砌块按密度等级和强度等级分批验收。它以用同一品种轻集料和同一生产工艺制成的相同密度等级、相同强度等级、相同质量等级的1万块为一批；每月生产的砌块数不足1万块时亦为一批。

② 抽样规则

每批随机抽取32块做尺寸偏差和外观质量检验，而后再从外观合格砌块中随机抽取如下数量进行其他项目的检验：

a. 抗压强度检验：5块；

b. 表观密度、吸水率和相对含水率检验：3块。

(5) 蒸压加气混凝土砌块

① 取样方法

同品种、同规格、同等级的砌块以1万块为一批，不足1万块者亦为一批。随机抽取50块砌块进行尺寸偏差、外观检验。砌块外观验收在交货地点进行，从尺寸偏差与外观检验合格的砌块中，随机抽取砌块，制作3组试件进行立方体抗压强度检验，制作3组试件做干体积密度检验。

② 试件制作方法

a. 试件的制备采用机锯或刀锯，锯时不得将试样弄湿。

b. 体积密度、抗压强度试件，应沿制品膨胀方向在中心部分按上、中、下顺序各锯取一组，"上"块上表面距离制品顶面30 mm，"中"块在制品正中处，"下"块下表面距离制品底面30 mm，制品的高度不同，试件间隔也略有不同。

18.2.7 防水、保温材料的进场验收与复验

18.2.7.1 防水材料

(1) 石油沥青和改性石油沥青

① 石油沥青

根据我国现行石油沥青标准，石油沥青主要分为三大类：建筑石油沥青、道路石油沥青和普通石油沥青，各品种按技术性质划分为多种牌号。

② 改性石油沥青

建筑上使用的沥青必须具有一定的物理性质和黏附性，即在低温条件下应有弹性和塑性；在高温条件下要有足够的强度和稳定性；在加工和使用条件下具有抗"老化"能力；还应与各种矿物料和结构表面有较强的黏附力；具有对构件变形的适应性和耐疲劳性等。通常，石油加工厂制备的沥青不一定能全面满足这些要求，如只控制了耐热性(软化点)，其他方面就很难达到要求，致使目前沥青防水屋面渗漏现象严重，使用寿命短。为此，常用橡胶、树脂、矿物填料等对沥青进行改性，橡胶、树脂、矿物填料等统称为石油沥青改性材料。

(2) 防水卷材

防水卷材是建筑工程防水材料的重要品种之一。防水卷材的品种较多，性能各异。建筑工程中常用的有石油沥青防水卷材(有石油沥青纸胎油毡、石油沥青玻璃布油毡、石油沥青玻纤胎油毡、石油沥青麻布胎油毡等)、高聚物改性沥青防水卷材、合成高分子防水卷材

等。各类防水卷材的特点、适用范围及技术要求见表18.19至表18.28。

表 18.19 石油沥青防水卷材的特点及适用范围

卷材名称	特点	适用范围	施工工艺
石油沥青纸胎油毡	是我国传统的防水材料，目前在屋面工程中仍占主导地位。其低温柔性差，防水层耐用年限较短，但价格较低	三毡四油、二毡三油叠层铺设的屋面工程	热玛琋脂、冷玛琋脂粘贴施工
石油沥青玻璃布油毡	抗拉强度高，胎体不易腐烂，材料柔韧性好，耐久性比纸胎油毡提高一倍以上	多用作纸胎油毡的增强附加层和突出部位的防水层	热玛琋脂、冷玛琋脂粘贴施工
石油沥青玻纤胎油毡	有良好的耐水性、耐腐蚀性和耐久性，柔韧性也优于纸胎油毡	常用于屋面或地下防水工程	热玛琋脂、冷玛琋脂粘贴施工
石油沥青麻布胎油毡	抗拉强度高，耐水性好，但胎体材料易腐烂	常用作屋面增强附加层	热玛琋脂、冷玛琋脂粘贴施工
石油沥青铝箔胎油毡	有很高的阻隔蒸汽渗透的能力，防水性能好，且具有一定的抗拉强度	与带孔玻纤毡配合或单独使用，宜用于隔气层	热玛琋脂粘贴施工

表 18.20 沥青防水卷材外观质量

项目	质量要求
孔洞、硌伤	不允许
露胎、涂盖不均	不允许
折纹、皱折	距卷芯1000 mm以外，长度不大于100 mm
裂纹	距卷芯1000 mm以外，长度不大于10 mm
裂口、缺边	边缘裂口小于20 mm；缺边长度小于50 mm，深度小于20 mm
每卷卷材的接头	不超过1处，较短的一段不应小于2500 mm，接头处应加长150 mm

表 18.21 沥青防水卷材物理性能

项目		性能要求	
		350号	500号
纵向拉力[(25±2)℃]/N		≥340	≥440
耐热度[(85±2)℃，2 h]		不流淌，无集中性气泡	
柔性(18±2)℃		绕 ϕ20圆棒无裂纹	绕 ϕ25圆棒无裂纹
不透水性	压力/MPa	≥0.10	≥0.15
	保持时间/min	≥30	≥30

表 18.22 常见高聚物改性沥青防水卷材的特点和适用范围

卷材名称	特点	适用范围	施工工艺
SBS 改性沥青防水卷材	耐高、低温性能有明显提高，卷材的弹性和耐疲劳性明显改善	用于单层铺设的屋面防水工程或复合使用，适用于寒冷地区和结构变形频繁的建筑	冷施工铺贴或热熔铺贴
APP 改性沥青防水卷材	具有良好的强度、延伸性、耐热性、耐紫外线照射及耐老化性能	单层铺设，适用于紫外线辐射强烈及炎热地区的屋面	热熔法或冷粘法铺设
PVC 改性焦油沥青防水卷材	有良好的耐热及耐低温性能，最低开卷温度为－18 ℃	有利于在冬季负温度下施工	可热作业，亦可冷施工
再生胶改性沥青防水卷材	有一定的延伸性，且低温柔性较好，有一定的防腐蚀能力，价格低廉，属低档防水卷材	变性较大或要求较低的防水工程	热沥青粘贴
废橡胶粉改性沥青防水卷材	比普通石油沥青纸胎油毡的抗拉强度、低温柔性均有明显改善	叠层使用于一般屋面防水工程，宜在寒冷地区使用	热沥青粘贴

表 18.23 高聚物改性沥青防水卷材外观质量

项目	质量要求
孔洞、缺边、裂口	不允许
边缘不整齐	不超过 10 mm
胎体露白、未浸透	不允许
撒布材料粒度、颜色	均匀
每卷卷材的接头	不超过 1 处，较短的一段不应小于 1000 mm，接头处应加长 150 mm

表 18.24 高聚物改性沥青防水卷材物理性能

项目		性能要求		
		聚酯毡胎体	玻纤胎体	聚乙烯胎体
拉力/(N/50 mm)		≥450	纵向≥350 横向≥250	≥100
延伸率(%)		最大拉力时，≥30	—	断裂时，≥200
耐热度/℃(2 h)		SBS 卷材 90，APP 卷材 110，无滑动、流淌、滴落		PEE 卷材 90，无流淌、起泡
低温柔度/℃		SBS 卷材-18，APP 卷材-5，PEE 卷材-10， 3 mm 厚，$r=15$ mm；4 mm 厚，$r=25$ mm；弯折 3 s，弯 180°，无裂纹		
不透水性	压力/MPa	≥0.3	≥0.2	≥0.3
	保持时间/min	≥30		

注：SBS—弹性体改性沥青防水卷材；APP—塑性体改性沥青防水卷材；PEE—改性沥青聚乙烯防水卷材。

表 18.25 卷材厚度选用表

屋面防水等级	设防道数	合成高分子防水卷材	高聚物改性沥青防水卷材	沥青防水卷材
Ⅰ级	三道或三道以上设防	不应小于 1.5 mm	不应小于 3 mm	—
Ⅱ级	两道设防	不应小于 1.2 mm	不应小于 3 mm	—
Ⅲ级	一道设防	不应小于 1.2 mm	不应小于 4 mm	三毡四油
Ⅳ级	一道设防	—	—	二毡三油

表 18.26 常见合成高分子防水卷材的特点和适用范围

卷材名称	特点	适用范围	施工工艺
三元乙丙橡胶防水卷材	防水性能优异，耐候性好，耐臭氧、耐化学腐蚀，弹性和抗拉强度高，对基层变形开裂的适应性强，重量轻，使用温度范围广，寿命长，但价格高，黏结材料尚需配套完善	防水要求较高、防水层耐用年限要求长的工业与民用建筑，单层或复合使用	冷粘或自粘法
丁基橡胶防水卷材	有较好的耐候性、耐油性、抗拉强度和延伸率，耐低温性能稍弱于三元乙丙橡胶防水卷材	单层或复合使用于要求较高的防水工程	冷粘法施工
氯化聚乙烯防水卷材	具有良好的耐候、耐臭氧、耐热老化、耐油、耐化学腐蚀及抗撕裂的性能	单层或复合作用，宜用于紫外线强的炎热地区	冷粘法施工
氯磺化聚乙烯防水卷材	延伸率较大、弹性较好，对基层变形开裂的适应性较强，耐高、低温性能好，耐腐蚀性能优良，有良好的难燃性	适用于有腐蚀介质影响及在寒冷地区的防水工程	冷粘法施工
聚氯乙烯防水卷材	具有较高的拉伸和撕裂强度，延伸率较大，耐老化性能好，原材料丰富，价格便宜，容易黏结	单层或复合使用于外露或有保护层的防水工程	冷粘法或热风焊接法施工
氯化聚乙烯-橡胶共混防水卷材	不但具有氯化聚乙烯特有的高强度和优异的耐臭氧、耐老化性能，而且具有橡胶所特有的高弹性、高延伸性以及良好的低温柔性	单层或复合使用，尤宜用于寒冷地区或变形较大的防水工程	冷粘法施工
三元乙丙橡胶-聚乙烯共混防水卷材	是热塑性弹性材料，有良好的耐臭氧和耐老化性能，使用寿命长，低温柔性好，可在负温条件下施工	单层或复合使用于外露防水屋面，宜在寒冷地区使用	冷粘法施工

表 18.27 合成高分子防水卷材外观质量

项目	质量要求
折痕	每卷不超过 2 处，总长度不超过 20 mm
杂质	大于 0.5 mm 颗粒不允许，1 m^2 不超过 9 mm^2
胶块	每卷不超过 6 处，每处面积不大于 4 mm^2
凹痕	每卷不超过 6 处，深度不超过本身厚度的 30%；树脂类深度不超过 15%
每卷卷材的接头	橡胶类每 20 m 不超过 1 处，较短的一段不应小于 3000 mm，接头处应加长 150 mm；树脂类 20 m 长度内不允许有接头

表 18.28 合成高分子防水卷材物理性能

项目		性能要求			
		硫化橡胶类	非硫化橡胶类	树脂类	纤维增强类
断裂拉伸强度/MPa		≥6	≥3	≥10	≥9
扯断伸长率(%)		≥400	≥200	≥200	≥10
低温弯折/℃		−30	−20	−20	−20
不透水性	压力/MPa	≥0.3	≥0.2	≥0.3	≥0.3
	保持时间/min	≥30			
加热收缩率(%)		<1.2	<2.0	<2.0	<1.0
热老化保持率(%)	断裂拉伸强度	≥80			
	扯断伸长率	≥70			

(3) 防水涂料、防水油膏、防水粉

① 防水涂料

防水涂料是一种流态或半流态的物质，其涂布在基层表面，经溶剂、水分挥发或各组分间的化学反应，形成有一定弹性和一定厚度的连续薄膜，使基层表面与水隔绝，起到防水、防潮作用。防水涂料广泛应用于工业与民用建筑的屋面防水工程、地下室防水工程和地面防潮、防渗等。防水涂料按液状类型可分为溶剂型、水乳型和反应型三种，按成膜物质的主要成分可分为沥青类、高聚物改性沥青类和合成高分子类。

防水涂料的品种很多，各品种之间的性能差异很大，但无论何种防水涂料，要想满足防水工程的要求，都必须具备以下性能，包括固体含量、耐热度、柔性、不透水性、延伸性。防水涂料的技术要求应符合表 18.29 至表 18.31 的规定。

表 18.29 高聚物改性沥青防水涂料物理性能

项目	性能要求
固体含量(%)	≥43
耐热度(80 ℃,5 h)	无流淌、起泡和滑动

续表 18.29

项目		性能要求
柔性(−10 ℃)		3 mm 厚,绕 ϕ20 圆棒无裂纹、断裂
不透水性	压力/MPa	≥0.1
	保持时间/min	≥30
延伸[(20±2)℃拉伸]/mm		≥4.5

表 18.30 涂膜厚度选用表

屋面防水等级	设防道数	高聚物改性沥青防水涂料	合成高分子防水涂料
Ⅰ级	三道或三道以上设防	—	不应小于 1.5 mm
Ⅱ级	二道设防	不应小于 3 mm	不应小于 1.5 mm
Ⅲ级	一道设防	不应小于 3 mm	不应小于 2 mm
Ⅳ级	一道设防	不应小于 2 mm	—

表 18.31 合成高分子防水涂料物理性能

项目		性能要求		
		反应固化型	挥发固化型	聚合物水泥涂料
固体含量(%)		≥94	≥65	≥65
拉伸强度/MPa		≥1.65	≥1.5	≥1.2
扯断伸长率(%)		≥350	≥300	≥200
柔性/℃		−30,弯折无裂纹	−20,弯折无裂纹	−10,绕 ϕ10 棒无裂纹
不透水性	压力/MPa	≥0.3		
	保持时间/min	≥30		

② 防水油膏

防水油膏是一种非定型、黏稠状的建筑密封材料,也称密封膏、密封胶、密封剂,可分为溶剂型、乳液型、化学反应型等。

防水油膏的选用,应考虑它的黏结性能和使用部位。

沥青嵌缝油膏主要用作屋面、墙面、沟和槽的防水嵌缝材料。

PVC 接缝膏和塑料油膏有良好的黏结性、防水性、弹塑性,耐热、耐寒、耐腐蚀及抗老化性能也较好。这种油膏适用于各种屋面嵌缝或表面防水层涂布,也可用于水渠、管道等接缝,用于工业厂房防水屋面嵌缝、大型墙板嵌缝等的效果也很好。

丙烯酸类密封膏是在丙烯酸树脂中掺入增塑剂、分散剂、碳酸钙、增量剂等配制而成的,分为溶剂型和水乳型两种,通常为水乳型。丙烯酸类密封膏主要用于屋面、墙板、门、窗嵌缝,但它的耐水性能不好,所以不宜用于经常泡在水中的工程。

聚氨酯密封膏一般是以双组分配制,甲组分是含有异氨酸基的预聚体,乙组分是含有多羟基的固化剂与增塑剂、填充料、稀释剂等。使用时，将甲乙两组分按比例混合，经固化后形成弹性体。聚氨酯密封材料可以用于屋面、墙面的水平或垂直接缝，尤其适用于游泳池工程。它还是公路及机场跑道补缝、接缝的好材料，也可用于玻璃、金属材料的嵌缝。

硅酮密封膏是以聚硅氧烷为主要成分的单组分或双组分室温固化的建筑密封材料。硅酮建筑密封膏分为F类和G类两种类别。其中，F类为建筑接缝用密封膏，适用于预制混凝土墙板、水泥板、大理石板的外墙接缝，混凝土和金属框架的黏结，卫生间和公路接缝的防水密封等；G类为镶装玻璃用密封膏，主要用于镶嵌玻璃和建筑门、窗的密封。

③ 防水粉

防水粉是一种粉状的防水材料。防水粉主要有两种类型：一种以轻质碳酸钙为基料，通过与脂肪酸盐作用形成包裹在粉料表面的憎水膜；另一种以工业废渣（炉渣、矿渣、粉煤灰等）为基料，利用其中有效成分与添加剂的反应，生成包裹其表面的网状结构隔水膜。这两种粉末即为防水粉。

防水粉具有松散、应力分散、透气不透水、不燃、抗老化、性能稳定等特点，适用于屋面防水、地面防潮及地铁工程的防潮、抗渗等。它的缺点是露天风力过大时施工困难，建筑节点处理稍难，立面防水问题不好解决。

18.2.7.2 防水材料的取样及复验

（1）防水卷材

① 凡进入施工现场的防水卷材应附有出厂检验报告单及出厂合格证，并注明生产日期、批号、规格、名称。

② 对于同一品种、牌号、规格的卷材，抽样数量为大于1000卷抽取5卷，500～1000卷抽取4卷，100～499卷抽取3卷，小于100卷抽取2卷，对样品进行规格和外观质量检验。

③ 对于弹性体改性沥青防水卷材和塑性体改性沥青防水卷材，在外观质量合格的卷材中，将取样卷材距外层卷头2500 mm的部分切除后，沿纵向切取长度为800 mm的全幅卷材试样2块，进行封扎、送检和物理性能测定；对于氯化聚乙烯防水卷材和聚氯乙烯防水卷材，在外观质量合格的卷材中，从距端部300 mm处裁取约3 m长的卷材，进行封扎、送检和物理性能测定。

④ 胶结材料是防水卷材中不可缺少的配套材料，因此必须和卷材一并抽检，并按卷材配比取样。同一批出厂、同一规格标号的沥青以20 t为一个取样单位，不足20 t者按一个取样单位计。从每个取样单位的不同部位取五份洁净试样，每处所取质量大致相等，共1 kg左右，作为平均试样。

（2）防水涂料

① 同一规格、品种、牌号的防水涂料，每10 t为一批，不足10 t者按一批进行抽检。取2 kg样品，密封编号后送检。

② 双组分聚氨酯中甲组分以5 t为一批，不足5 t者也按一批计；乙组分按产品质量配比相应增加批量。甲、乙组分样品总量为2 kg，样品封样编号后送检。

（3）建筑密封膏

① 单组分产品以同一等级、同一类型的3000支为一批，不足3000支者也作为一批。

② 双组分产品以同一等级、同一类型的 1 t 为一批，不足 1 t 者按一批进行检验。样品密封编号后送检。

(4) 进口密封材料

① 凡进入现场的进口防水材料应有该国国家标准、出厂标准、技术指标、产品说明书以及我国有关部门的复检报告。

② 现场抽检人员应分别按照上述文件规定的方法对卷材、涂料、密封膏等进行抽检。抽检合格后方可使用。

③ 现场抽检必检项目应符合我国国家标准或有关其他标准，在无标准参照的情况下，可按该国国家标准或其他标准执行。

④ 建筑幕墙用的建筑结构胶、建筑密封胶绝大部分采用进口密封材料，应按照《玻璃幕墙工程技术规范》(JGJ 102—2003)检验。

18.2.7.3 保温材料及进场验收

(1) 保温材料的类型

常用的保温绝热材料按其成分可分为有机、无机两大类，按其形态又可分为纤维状、多孔状、微孔状、气泡状、粒状、层状等多种类型，下面对一些比较常见的材料作简单介绍。

① 矿物棉及其制品

矿物棉是一种优质的保温材料，已有 100 余年生产和应用的历史，其质轻、保温、隔热、吸声、化学稳定性好、不燃烧、耐腐蚀，并且原料来源丰富，成本较低。

矿物棉制品主要用于建筑物的墙壁、屋顶、天花板等处的保温绝热和吸声，还可制成防水毡和管道的套管。

② 玻璃棉及其制品

玻璃棉是用熔融后的玻璃原料或碎玻璃制成的一种纤维状材料，它包括短棉和超细棉两种。短棉主要制成玻璃棉毡、卷毡，用于建筑物的隔热和隔声，通风、空调设备的保温、隔声等。

③ 硅酸铝棉及其制品

硅酸铝棉又称耐火纤维，具有质轻、耐高温、热容量低、导热系数低、热稳定性优良、抗拉强度优良和化学稳定性优良的优点。主要用于电力、石油、冶金、化工、陶瓷等工业部门工业窑炉的高温绝热封闭以及用作过滤、吸声材料。

④ 石棉及其制品

石棉又称“石绵”，具有高度耐火性、电绝缘性和绝热性，是重要的防火、绝缘和保温材料。主要用于机械传动、制动以及保温、防火、隔热、防腐、隔声、绝缘等方面，在汽车、化工、电器设备、建筑业等制造部门有着较为重要的地位。

⑤ 无机微孔材料

硅藻土在工业上常用作保温材料、过滤材料、填料、研磨材料、水玻璃原料、脱色剂及催化剂载体等。硅酸钙及其制品广泛用作冶金、电力、化工等工业的热力管道、设备、窑炉的保温隔热材料，房屋建筑的内外墙、平顶的防火覆盖材料，各类舰船的舱室墙壁及过道的防火隔热材料。

⑥ 无机泡沫保温材料

建筑工程中膨胀珍珠岩散料主要用作填充材料，现浇水泥珍珠岩保温、隔热层材料，粉刷材料以及耐火混凝土材料等，其制品广泛用于较低温度的热管道、热设备及其他工业管道设备和工业建筑的保温绝热，以及工业与民用建筑围护结构的保温、隔热、吸声。

加气混凝土主要用于制作建筑工程中的轻质砖、轻质墙、隔声砖、隔热砖和节能砖。

⑦ 有机泡沫保温材料

模塑聚苯乙烯泡沫塑料(EPS)主要用于日常生活、农业、交通运输业、军事工业、航天工业等领域。特别是大型泡沫板材，其市场需求量很大，可作为彩钢夹芯板、钢丝(板)网架轻质复合板、墙体外贴板、屋面保温板以及地热用板等，它更广泛地被应用在房屋建筑领域，用作保温、隔热、防水和地面的防潮材料等。

挤塑聚苯乙烯泡沫塑料(XPS)广泛用于墙体保温、平面混凝土屋顶及钢结构屋顶的保温；用于低温储藏地面、泊车平台、机场跑道、高速公路等的防潮保温。

聚氨酯硬质泡沫塑料主要用作食品等行业冷冻冷藏设备的绝热材料，工业设备保温材料，如储罐、管道等；建筑保温材料；灌封材料等。

(2) 保温材料进场验收标准

① 岩棉制品检验标准

岩棉类保温材料多为岩棉板、岩棉管，岩棉管规格为25～377(内径)×1000×设计厚度(mm)，岩棉板为1000×630×50(mm)、1000×630×100(mm)。岩棉成品的容重为50～200 kg/m^3。

a. 岩棉管

i. 目测：岩棉管应色泽均匀，无烧焦、结疤现象，管身无破损，管壁厚无肉眼可见的偏差。

ii. 强度检测：对57 mm以下的管壳，手持一端平举，管子应平直、无折断；对57～325 mm的管壳，平举离地1.5 m使其自由落下，管壳应无明显的变形，更不应破裂；325 mm及以上的管壳到厂后，应无明显的变形、破裂现象。

iii. 工具检测：用直尺检测管壳的内径、壁厚、长度。其中长度的允许偏差为－3～＋5 mm；管厚50 mm以下的允许偏差为－2～＋4 mm，50 mm及以上的允许偏差为－3～＋5 mm；内径100 mm以下的允许偏差为－1～＋3 mm，内径100 mm及以上的允许偏差为－1～＋4 mm。

iv. 可燃性检测：用火机点燃一块撕下的岩棉管，当火机熄灭时，岩棉管应随即熄灭。

b. 岩棉板

i. 目测：岩棉板应色泽均匀，无烧焦、结疤现象，板内无掺杂物，板厚无肉眼可见的偏差。

ii. 强度检测：取一包置于地面，双手置于包上向下压，应无明显的凹陷现象，取出一块岩棉板置于地上，用一只脚向下踩，应无明显的凹陷感觉，放下脚后，岩棉板能恢复原状。

iii. 工具检测：用直尺检测岩棉板的长度、宽度、厚度，其中长度的允许偏差为－3～＋15 mm，宽度、厚度的允许偏差为－3～＋5 mm。

iv. 可燃性检测：用火机点燃一块撕下的岩棉板，当火机熄灭时，岩棉板应随即熄灭。

② 离心玻璃丝棉的检验标准

玻璃丝棉制品有玻璃丝棉管壳、玻璃丝棉板以及玻璃丝棉毡等，其主要用于碱厂、化工厂的绝热保温工程。

玻璃丝棉板、毡的密度为 24～120 kg/m³，玻璃棉管壳的密度为 45～90 kg/m³。

a. 玻璃丝棉管壳

i. 目测：玻璃丝棉管应色泽均匀，表面平整，纤维分布均匀，没有妨碍使用的伤痕、污迹、破损，轴向无翘曲且端面垂直。

ii. 强度检测：平举离地 1.5 m 使其自由落下，管壳应无明显的变形，更不应破裂。

iii. 工具检测：用直尺检测管壳的内径、壁厚、长度。其中长度的允许偏差为－3～＋5 mm；管厚 30 mm 以下的允许偏差为－2～＋3 mm，30 mm 及以上的允许偏差为－2～＋5 mm；内径 108 mm 以下的允许偏差为－1～＋3 mm，内径 108～219 mm 的允许偏差为－1～＋4 mm，内径 219 mm 以上的允许偏差为－1～＋5 mm。

iv. 可燃性检测：用火机点燃一块撕下的玻璃丝棉管壳，当火机熄灭时，玻璃丝棉管壳应随即熄灭。

b. 玻璃丝棉板

i. 目测：表面应平整，不得有妨碍使用的伤痕、污迹、破损，树脂分布应基本均匀。

ii. 强度检测：取一包置于地面，双手置于包上向下压，有轻微的凹陷现象，松力后应能立即自行恢复。

iii. 工具检测：用直尺检测玻璃丝棉板的长度、宽度、厚度。

iv. 可燃性检测：用火机点燃一块撕下的玻璃丝棉板，当火机熄灭时，玻璃丝棉板应随即熄灭。

c. 玻璃丝棉毡

i. 目测：表面应平整，边缘应整齐，不得有妨碍使用的伤痕、污迹、破损。

ii. 强度检测：将一卷玻璃丝棉毡摊开，掀起一端抖动，毡子应保持完整，然后掀起另一端重复上述动作。

iii. 工具检测：用直尺检测玻璃丝棉毡的长度、宽度、厚度。

iv. 可燃性检测：用火机点燃一块撕下的玻璃丝棉毡，当火机熄灭时，玻璃毡应随即熄灭。

19 材料的储存保管和使用管理制度

19.1 材料的储存保管

19.1.1 材料储存保管的一般要求

(1) 材料仓库或现场堆放的材料必须有必要的防火、防雨、防潮、防盗、防风、防变质、防损坏等措施。

(2) 易燃易爆、有毒等危险品材料，应专门存放，由专人负责保管，并应有严格的安全措施。

(3) 有保质期的材料应做好标识，定期检查，防止过期。

(4) 现场材料要按平面布置图定位放置，应有保管措施，符合堆放保管制度。

(5) 对材料要做到日清、月结、定期盘点，确保账物相符。

(6) 材料保管时应将性能互相抵触的材料严格分开，避免发生相互作用而降低使用性能甚至导致材料变质。进库的材料必须验收后入库，按型号、品种分区堆放，并编号、标识，建立台账。

19.1.2 材料保管场所

(1) 封闭库房。价值高、易被偷盗的小型材料，怕风吹日晒雨淋，对温、湿度及有害气体反应较敏感的材料应存放在封闭库房内。例如，水泥、镀锌板、镀锌管、溶剂、外加剂、水暖管件、小型机具设备、电线电料、零件配件等均应在封闭库房内保管。

(2) 货棚。不易被偷盗，体积较大，只怕雨淋、日晒，而对温度、湿度要求不高的材料，可以放在货棚内。例如，陶瓷制品、散热器、石材制品等均可存放在货棚内。

(3) 料场。存放在料场的材料，必须是不怕风吹、日晒、雨淋，对温、湿度及有害气体反应不敏感的材料，或者是虽然受到各种自然因素影响，但是在使用时可以消除影响的材料，如钢材中大型型材、钢筋、砂石、砖、砌块、木材等可以存放在料场。料场一般要求地势较高，地面夯实或对地面进行适当处理，如做混凝土地面或铺砖。货位应用垛基垫起，高出地面30～50 cm，以免地面潮气上返。

(4) 特殊材料仓库。对保管条件要求较高，如需要保温、低温、冷冻、隔离保管的材料，必须按保管要求存放在特殊库房内。例如：汽油、柴油、煤油等燃料必须分别放在单独库房内保管；氧气、乙炔应各专设库房保管；毒害品必须单独保管。

19.1.3 材料码放

(1) 材料的码放形状，必须根据材料性能、特点、体积等确定。

(2) 材料的码放数量，首先视存放地点的地坪负荷能力而定，以地面、垛基不下陷，垛位不倒塌，高度不超标为原则；同时根据底层材料所能承受的荷载确定，以材料不受压变形、变质为原则。避免材料码放数量不当造成材料底层受压变形、变质，从而影响使用。

19.1.4 按照材料的消防性能分类设库

材料的不同性能决定了其消防方式不同。材料燃烧时，有的宜采用高压水灭火，有的只能用干粉灭火器或黄沙灭火，有的材料在燃烧时伴有有害气体挥发，有的材料存在燃烧爆炸危险，所以现场材料应按材料的消防性能分类设库。

19.1.5 材料保养

(1) 为防止金属材料及金属制品产生锈蚀，应采取除锈保养。

(2) 为避免油脂干脱影响其性能，相应的工具、用具、配件、零件、仪表、设备等需定期进行涂油保养。

(3) 对于易受潮的材料，应采用日晒、烘干、翻晾等措施，使吸入的水分挥发，或在库房内放置干燥剂吸收潮气以降低环境湿度。

(4) 对于怕高温的材料，应在夏季采用房顶喷水、室内放置冰块、夜间通风等措施进行降温保养。

(5) 对于易受虫、鼠侵害的材料，应喷洒、投放药物，采取减少虫害和鼠害的保养措施。

19.1.6 材料标识管理

(1) 材料基本情况标识。入库或进入现场的材料都应挂标识牌，注明材料的名称、品种、规格(标号)、产地、进货日期、有效期等。

(2) 状态标识。仓库及现场应设置物资合格区、不合格区、待检区，标识材料的检验状态(合格、不合格、待检、已检待判定)。

(3) 半成品标识。半成品的标识是通过记号、成品收库单、构件表及布置图等形式来实现的。

(4) 标牌。应视材料种类和标注内容选择适宜大小(一般为 250 mm×150 mm，80 mm×60 mm 等)的标识牌来标识。

19.2 材料发放

项目部对现场物资应严格执行限额领料制度，控制物资使用，定期对物资使用和消耗情况进行统计分析，掌握物资消耗、使用规律。

超限额用料时，须事先办理手续，填写限额领料单，注明超耗原因，经批准后方可领发材料。

项目部物资管理人员应掌握各种物资的保存期限，按"先进先出"原则办理物资发放，对不合格物资进行登记申报并追踪处理。

核对凭证。材料出库凭证是发放材料的依据。要认真审核材料发放地点、单位、品种、规格、数量，并核对签发人的签章及单据、有效印章，无误后方可发放。

物资出库时，物资保管人员和使用人员应共同核对领料单，复核、点校实物，保管员登卡、记账；凡经双方签认的出库物资，由现场使用人员负责运输、保管。

检查发放的材料与出库凭证所列内容是否一致，检查发放后的材料实存数量与账务结存数量是否相符。

项目部要对物资使用情况定期进行分析，随时掌握库存情况，及时办理采购申请，补足库存，保证材料正常供应。

建立领发料台账，记录领发和节超状况。

19.3 材料使用监督

对于发放后投入使用的材料，项目部相关人员应进行以下监督管理：

(1) 组织原材料集中加工，扩大成品供应。根据现场条件，将混凝土、钢筋、木材、石灰、玻璃、油漆、砂、石等不同程度地集中加工处理。

(2) 坚持按分部工程或按层数分阶段进行材料使用分析和核算，以便及时发现问题，防止材料超用。

(3) 现场材料管理责任者应对现场材料使用情况进行分工监督检查。

(4) 认真办理领发料手续，记录材料使用台账。

(5) 按施工场地平面图堆料，按要求采取防护措施保护材料。

(6) 按规定进行用料交底和工序交接。

(7) 严格执行材料配合比，合理用料。

(8) 做到工完场清，要求"谁做谁清，随做随清，操作环境清，工完场地清"。

(9) 回收和利用废旧材料，要求实行交旧(废)领新、包装回收、修旧利废制度。

① 施工班组必须回收余料，及时办理退料手续，余料应在领料单中登记扣除。

② 余料要造表上报，按供应部门的安排办理调拨和退料。

③ 设施用料、包装物及容器等，在使用周期结束后应回收。

④ 建立回收台账，做好节约或超领记录。

19.4 周转材料现场管理

19.4.1 周转材料的分类

(1) 按材料的自然属性划分。周转材料按其自然属性可分为钢质、木质和复合型三类。钢质周转材料主要有定型组合钢模板、大钢模板、钢脚手板等；木质周转材料主要有木模板、杉槁、架木、木脚手板等；复合型周转材料包括竹木、塑钢周转材料，如酚醛覆膜胶合板等。

近年来，通过在原有基础上进行改进和提高，传统的杉槁、架木、木脚手板等“三大工具”已经被高频焊管和钢制脚手板替代；木模板也基本被钢模板取代。这些都有利于周转材料的工具化、标准化和系列化。

(2) 按使用对象划分。周转材料按使用对象可分为混凝土工程用周转材料、结构及装修工程用周转材料和安全防护用周转材料三类。

19.4.2 周转材料的管理任务

周转材料的管理任务，就是以满足施工生产要求为前提，保证施工生产任务的顺利进行，以最低的费用完成周转材料的使用、养护、维修、改制及核算等一系列工作。

(1) 准备周转材料。根据施工生产的需要，及时、配套地提供足够的、适用的周转材料。

(2) 制定管理制度。各种周转材料具有不同的特点，建立健全相应的管理制度和方法，可以加快周转材料的流转，以较少的投入发挥更大的效能。

(3) 加强养护维修。加强对周转材料的养护维修，可以延长其使用寿命，提高使用效率。

19.4.3 周转材料的管理

周转材料的管理多采用租赁制，对施工项目实行费用承包并对班组实行实物损耗承包。一般是建立租赁站统一管理周转材料，规定租赁标准和租用手续，制定承包方法。

(1) 周转材料的租赁

租赁是产权的拥有方和使用方之间的一种经济关系，指在一定期限内产权的拥有方为使用方提供材料的使用权，但不改变其所有权，双方各自承担一定的义务，履行契约。实行租赁制度的前提条件是周转材料的产权必须由企业进行集中、统一管理。

① 租赁方法

租赁管理应根据周转材料的市场价格和摊销额度的要求测算租金标准。其计算公式为，

日租金=(月摊销费+管理费+保养费)/月度日历天数

管理费和保养费均按材料原值的一定比例计取,一般不超过原值的2%。

租赁须签订租赁合同,在合同中应明确租赁的品种、规格、数量,并附租用物明细表以备核查;租用的起止日期、租用费用以及租金结算方式;使用要求、质量验收标准和赔偿办法;双方的责任、义务及违约责任的追究和处理。

通过对租赁效果进行考核可以及时找出问题,采取相应的有效措施提高租赁管理水平。主要考核指标有出租率、损耗率和周转次数。

a. 出租率

出租率=(租赁期内平均出租数量/租赁期内平均拥有量)×100%

租赁期内平均出租数量=租赁期内租金收入/租赁期内单位租金

租赁期内平均拥有量是以天数为权数的各阶段拥有量的加权平均值。

b. 损耗率

损耗率=(租赁期内消耗量总金额/租赁期内出租数量总金额)×100%

c. 周转次数

周转次数主要用来考核组合钢模板。

周转次数=租赁期内钢模支模面积/租赁期内钢模平均拥有量

② 租赁管理过程

a. 租用。工程项目确定使用周转材料后,应根据使用方案制订需用计划,由专人同租赁部门签订租赁合同,并做好周转材料进入施工现场的各项准备工作,如准备存放及拼装场地等。租赁部门必须按合同保证配套供应,并登记周转材料租赁台账。

b. 验收和赔偿。租用单位退租前必须清除混凝土灰垢,为验收创造条件。租赁部门对退库周转材料应进行外观质量验收。如有丢失或损坏,应由租用单位赔偿。验收和赔偿都有一定的标准,对丢失或损坏严重的(指不可修复的,如管体有死弯、板面有严重扭曲等),按原值的50%赔偿;一般性损坏的(指可以修复的,如板面打孔、开焊等),按原值的30%赔偿;轻微损坏的(指不需使用机械,仅用手工即可修复的),按原值的10%赔偿。

c. 结算。租用天数一般是指从提运的次日至退租日的日历天数,租金逐日计取、按月结算。租用单位实际支付的租赁费用包括租金和赔偿费。

$$租金 = \sum(租用数量 \times 单件日租金 \times 租用天数)$$

$$赔偿费 = \sum(丢失损坏数量 \times 单件原值 \times 相应赔偿率)$$

$$租赁费用 = 租金 + 赔偿费$$

根据结算结果,由租赁部门填制租金和赔偿结算单。为简化结算工作,也可直接根据租赁合同进行结算,这就要求加强合同管理,严防遗失,避免错算和漏算。

(2) 周转材料的费用承包

周转材料的费用承包是指以单位工程为基础,在上级核定的费用额度内,组织周转材料的使用,实行节约有奖、超耗受罚的管理方法。费用承包管理是适应项目法施工的一种管理形式,或者说是项目法施工对周转材料管理的要求,包括签订承包协议、确定承包额和考核费用承包效果。

① 签订承包协议。承包协议是对承、发包双方的责、权、利进行约束的内部法律文件。一般包括工程概况，应完成的工程量，需用周转材料的品种、规格、数量，承包费用，承包期限，双方的责任与权利，不可预见问题的处理以及奖罚制度等内容。

② 确定承包额。承包额是承包者所接受的承包费用的收入。承包额有两种确定方法，一种是扣额法，是指从单位工程周转材料的预（概）算费用收入中扣除规定的成本降低额。计算公式如下：

扣额法费用收入＝概算费用收入×(1－成本降低率)

另一种是系数法，是指根据施工方案所确定的使用数量，把额定周转次数和计划工期等因素所限定的实际使用费用加上一定的系数额作为承包者的最终费用收入，系数额是指一定历史时期的平均耗费系数与施工方案所确定的费用收入的乘积，计算公式如下：

系数额＝施工方案所确定的费用收入×平均耗费系数

系数法费用收入＝施工方案所确定的费用收入＋系数额

＝施工方案所确定的费用收入×(1＋平均耗费系数)

平均耗费系数＝(实际耗用量－定额耗用量)/实际耗用量

③ 考核费用承包效果。承包的考核和结算是指将承包费用的收支进行对比，出现盈余为节约，反之为亏损。

提高承包经济效果的基本途径有两条：a.在使用数量既定的条件下努力增加周转次数；b.在使用期限既定的条件下，努力减少占用量。还应减少丢失和损坏数量，积极实行和推广组合钢模的整体转移方法，以减少停滞时间，加快周转。

(3) 周转材料的实物量承包

实物量承包的主体是施工班组，其又称为班组定包。实物量承包是指由班组承包使用周转材料，对施工班组进行回收率和损耗率考核，实行节约有奖、超耗受罚的管理方法。在实行班组实物量承包过程中，要明确施工方法和用料要求，合理确定每次周转损耗率，抓好班组领、退的交点，及时进行结算和奖罚兑现。对工期较短、用量较少的项目，可对班组实行费用承包，在核定费用水平后，由班组向租赁部门办理租用、退租和结算，实行盈亏自负。实物量承包是费用承包的深入和继续，是保证费用承包目标值的实现和避免费用承包出现断层的管理措施。

无论是项目费用承包还是实物量承包，都应建立周转材料核算台账，记录项目租用周转材料的数量、使用时间、费用支出及班组实物量承包的结算情况。

19.5 库存管理方法

19.5.1 库存储备分类

项目的材料储备形成了材料的库存。项目的材料库存可以分为经常储备、保险储备、季节性储备。

(1) 经常储备

经常储备是项目在正常施工条件下材料两次到货之间经常保持的材料储备。

经常储备量＝日均消耗量×供应间隔时间

(2) 保险储备

保险储备是指材料供应发生异常，不能按时到货时，为保证工程正常施工而进行的材料储备。

保险储备量＝日均消耗量×保险储备时间

保险储备时间须参考以往发生的材料供应延误情况总结确定。

(3) 季节性储备

季节性储备是指有些材料受季节影响，在特殊季节不能生产，项目须提前进行储备。

季节性储备量＝日均消耗量×季节间歇时间

根据上述库存储备的概念，可以得到：

项目最高储备量＝经常储备量＋保险储备量＋季节性储备量

项目最低储备量＝保险储备量

19.5.2 定量库存控制法

施工企业在生产过程中很难做到均衡消耗材料，材料也很难等间隔、等批量供应，所以为保证工程的顺利进行，合理对库存量进行管理就是根据现场情况的变化不断调整库存和采购量，以保证工程材料的供应满足现场生产需求。

影响材料库存的几种常见情况包括：材料消耗速度增大、材料消耗速度减小、近期交货、提前到货。上述情况都会造成库存的异常变化，采取合理的库存管理方法才能使库存处于合理状态。

(1) 定量库存控制法。定量库存控制法是指当材料库存量下降到订购点时立即提出订购，每次订购数量均为订购点到最高储备量之间的数量。

(2) 订购点库存水平应高于保险储备量。因为从材料订购到入库期间(包括采购招投标、谈判、供应商备料、运输、检验验收等备用期所需的时间)，备用期阶段材料消耗仍在继续，所以订购点必须设在保险储备量和备用期间材料消耗量的基础上，才能保证材料的连续供应。

这种方法使订购点和订购批量相对稳定，订购周期随情况变化。如果消耗速度增大，则订购周期变短；如果消耗速度减小，则订购周期变长。

订购点的计算公式如下：

订购点＝备用期间材料需用量＋保险储备量

(3) 定期库存控制法。定期库存控制法是指事先确定好订购周期，如每季、每月或每旬订购一次，到达订货日期就组织订货。这种方法以每期末的库存量为订购点，结合下周期材料需用计划，从而确定本期订购批量。这种方法订购周期相等，但每次订购点不同，订购数量不同。当材料消耗速度增大时，订购点降低，订购批量增大；当材料消耗速度减小时，订购点增高，订购批量减少。

订购批量＝最高储备量－订购点实际库存量＋备用期间需用量

19.6 材料盘点管理

19.6.1 材料盘点的一般要求

项目部应定期对物资进行盘点，并对期间的物资管理情况进行总结分析。

项目部物资盘点工作包括对需用计划、物资台账、物资领用记录、现场材料清理记录等方面进行综合分析，总结计划的合理性、仓库管理的完好性、领用控制的科学性，检查材料消耗比例是否正常。

项目部对库存物资进行盘点时，应建立盘点计划，明确各盘点人员的职责；盘点期间存货不能流动，或应将流入的存货暂时与正在盘点的存货分开，并做盘点记录。

通过材料盘点，准确掌握实际库存材料的数量、质量状况。

19.6.2 材料盘点的内容

通过对仓库材料数量进行盘查清点，核对库存材料与账面所记载的数量是否一致。若出现账面数量多于或少于实物数量的情况，则分别记录为盘亏和盘盈。

在清点材料数量的过程中，应同时检查材料外观质量是否有变化，材料是否临近或超过保质期，材料是否已属于淘汰或限制使用的产品，若有则做好记录，上报业务主管部门处理。检查安全消防、材料码放、温湿度控制及货架等保管措施是否得当，检查地面、门窗是否存在隐患，检查操作工具是否完好和计量器具是否符合校验标准。

19.6.3 材料盘点的方法

(1) 定期盘点。定期按照以下步骤对仓库材料进行全面、彻底盘点：

① 按照盘点要求，确定截止日期。

② 将实际库存量和账面结存量逐项核对，并同时检查材料质量、有效期、安全消防及保管状况。

③ 编制盘点报告。凡发生数量盈亏时，应编制盘点盈亏报告。发生质量降低或材料损坏时，应编制报损报废报告。

④ 根据盘点报告批复意见调整账务并做好善后处理。

(2) 每日盘查。对库房每日有变动的常用材料，即当天库房收入或发出的材料，核对是否账物吻合、质量完好，以便及时发现问题及采取措施，必须做到当天收发当天记账。

19.6.4 盘点总结及报告

根据盘点期间的各种情况进行总结，尤其应对盘点差异原因进行总结，写成盘点总结及报告，报项目经理审核，并报项目财务部门。

盘点总结及报告需要对以下项目进行说明：本次盘点结果、初盘情况、复盘情况、盘点差异原因分析、日后的工作改善措施等。

19.6.5 材料盘点出现问题的处理

盘点中发现数量出现盈亏，且盈亏量在国家和企业规定的范围之内时，可在盘点报告中反映，经业务主管领导审批后调整账务；当盈亏量超过规定范围时，除在盘点报告中反映外，还应填报盘点盈亏报告，经项目领导审批后再行处理。

当库存材料发生损坏、变质、等级降低问题时应填写材料报损报废报告，并通过有关部门鉴定等级降低程度、变质情况及损坏损失金额，经领导审批后再行处理。

库存材料在1年以上没有动态时列为积压材料，对此应编制积压材料报告，经领导审批后再行处理。

当出现品种、规格混串和单价错误时，应经项目领导审批后进行调整。

19.7 材料账务管理

(1) 材料记账依据

仓库材料记账依据一般包括以下几种：

① 材料入库凭证，主要包括验收单、入库单、加工单等。

② 材料出库凭证，主要包括限额领料单、调拨单、借用单等。

③ 盘点、报废、调整凭证，主要指盘点中产生并经项目领导审批后的库存材料盈亏调整单、数量规格调整单、报损报废单等。

(2) 材料记账程序

① 凭证审核。有效凭证要按规定填写齐全，如日期、名称、规格、数量、单位、单价审核审批以及收发签字要齐全，否则为无效凭证，不能据以记账。对于材料管理过程中出现的临时性指令，应及时补办相关手续，否则不能作为记账的合法凭证。

② 凭证整理。记账前应先将凭证按规定记账科目类别分类排列，并按照材料收发实际发生日期的先后进行排列，然后依次序逐项登记。

③ 账册登记。根据账页上的各项指标逐项登记，记账后对账册上的结存数进行验算。验算公式为：

$$本项结存=上期结存+本期收入-本项发出$$

19.8 现场工具管理

(1) 工具的概念

工具是人们用以改变劳动对象的手段,是生产要素中的重要组成部分。工具具有能多次使用,在劳动生产中能长时间发挥作用的特点。

(2) 工具的分类

施工工具不仅品种繁多,而且用量大。建筑企业的工具消耗,一般约占工程造价的2%,因此,搞好工具管理,对提高企业经济效益也很重要。工具分类的目的是满足某一方面管理的需要,便于分析工具管理动态,提高工具管理水平。为了便于管理应将工具按不同内容进行分类。

① 按工具的价值和使用期限分类

a. 固定资产工具,是指使用年限1年以上,单价在规定限额(一般为1000元)以上的工具。如50 t以上的千斤顶、测量用的水准仪等。

b. 低值易耗工具,是指使用期或价值低于固定资产标准的工具,如手电钻、灰槽、苫布、灰桶等。这类工具量大繁杂,约占企业生产工具总价值的60%以上。

c. 消耗性工具,是指价值较低(一般单价在10元以下),使用寿命很短,重复使用次数很少且无回收价值的工具,如铅笔、扫帚、油刷、锹把、锯片等。

② 按使用范围分类

a. 专用工具,指为满足特殊需要或完成特定作用项目而使用的工具,如量卡具、根据需要自制或定制的非标准工具。

b. 通用工具,指广泛使用的定性工具,如扳手、钳子等。

③ 按使用方式和保管范围分类

a. 个人随手工具,指施工中使用频繁、体积小、便于携带、交由个人保管的工具,如砖刀、抹子等。

b. 班组共用工具,指在一定作业范围内为一个或多个施工班组所共同使用的工具,如脚轮车、水桶、水管、磅秤等。

另外,按工具的性能分类,有电动工具、手动工具两类;按使用方向划分,有木工工具、瓦工工具、油漆工具等;按工具的产权划分,有自有工具、借入工具、租赁工具。

(3) 工具管理的主要任务

① 及时、齐备地向施工班组提供优良、适用的工具,积极推广和采用先进工具,保证施工生产,提高劳动效率。

② 采取有效的管理办法,加快工具的周转,延长其使用寿命,最大限度地发挥工具效能。

③ 做好工具的收、发、保管和维护、维修工作。

(4) 工具管理的内容

工具管理主要包括储存管理、发放管理、使用管理等。

① 储存管理

工具验收入库后，应按品种、质量、规格、新旧残次程度分开存放。同样工具一般不得分存两处，并注意不同工具不叠放压存，成套工具不随意拆开存放。对损坏的工具应及时修复，延长工具使用寿命，让工具随时可投入使用。同时，注意制定工具的维修保养技术规程，如防锈、防刃口碰伤、防易燃品自燃、防雨淋和日晒。

② 发放管理

按工具费定额发出的工具，要根据品种、规格、数量、金额和发出日期登记入账，以便考核班组执行工具费定额的情况。对出租和临时借出的工具，要做好详细记录并办理相关租赁或借用手续，以便按质、按量、按期归还。坚持交旧领新、交旧换新、修旧利废等行之有效的制度，更要做好废旧工具的回收和修理工作。

③ 使用管理

根据不同工具的性能和特点制定相应的工具使用技术规程和规则。监督、指导班组按照工具的用途和性能合理使用。

(5) 工具管理的方法

由于工具具有能多次使用，在劳动生产中能长时间发挥作用等特点，工具管理的实质是使用过程中的管理，是在保证生产使用的基础上延长工具使用寿命的管理。工具管理主要有租赁管理、定包管理、工具津贴法、临时借用管理等方法。

参考文献

[1] 陈安生.质量员[M].修订版.北京:中国环境出版社,2014.

[2] 程桢.建筑工程质量管理与质量控制[M].2版.北京:中国质检出版社;中国标准出版社,2015.

[3] 邓宗国.安全员[M].修订版.北京:中国环境出版社,2014.

[4] 李辉.建筑施工现场专业人员岗位操作必备 材料员[M].北京:机械工业出版社,2015.

[5] 李建钊.施工员全能图解[M].天津:天津大学出版社,2009.

[6] 李祥军,王政.劳务员管理与实务[M].徐州:中国矿业大学出版社,2015.

[7] 门玉明.建筑施工安全[M].北京:国防工业出版社,2012.

[8] 乔景顺.安全员专业管理实务[M].郑州:黄河水利出版社,2010.

[9] 王东升,李军.劳务员专业基础知识[M].徐州:中国矿业大学出版社,2015.

[10] 王天魁,张敬.建筑工程资料管理[M].北京:化学工业出版社,2007.

[11] 赵长歌.质量员[M].北京:中国建筑工业出版社,2014.

[12] 赵虹.建筑工程资料管理[M].北京:北京理工大学出版社,2012.

[13] 郑伟.施工员(土建)[M].修订版.北京:中国环境出版社,2014.

[14] 魏文彪.建筑结构施工图[M].北京:中国电力出版社,2015.

[15] 周海涛.建筑施工图识读技法[M].太原:山西科学技术出版社,2009.